中国水利教育协会　组织

U0229530

全国水利行业"十三五"规划教材（职业技术教育）
全国水利职业教育示范院校建设教材

土石坝

主　编　彭晓兰　郑荣伟

副主编　朱友聪　程　静　姚　杰　杨　明

主　审　刘进宝

中国水利水电出版社
www.waterpub.com.cn
·北京·

内 容 提 要

本书分土石坝设计、土石坝施工、土石坝管理三篇，其中，土石坝设计篇包括土石坝概述、土石坝的剖面及构造、土石坝的地基处理、土石坝的渗流分析、土石坝的稳定分析、河岸式溢洪道、土石坝枢纽工程设计示例；土石坝施工篇包括土石坝施工概述、施工导截流、测量放线、施工总布置、土石坝施工技术、土石坝施工进度计划、土石坝施工资源计划、土石坝施工组织措施、土石坝施工组织设计示例；土石坝管理篇包括土石坝安全监测概述、土石坝安全监测技术、土石坝修理、土石坝防渗加固技术。

本书是浙江省高职高专院校优势专业建设教材，可作为各类高职高专院校水利工程、水利水电工程技术、水利水电建筑工程、水利水电工程管理等专业的"土石坝"课程项目化教材，还可作为水库运行管理岗位人员技术培训、技能鉴定用教材，亦可供其他相关专业的师生和工程技术人员参考。

图书在版编目（ＣＩＰ）数据

土石坝 / 彭晓兰，郑荣伟主编. -- 北京 ：中国水利水电出版社，2018.9

全国水利行业"十三五"规划教材. 职业技术教育

全国水利职业教育示范院校建设教材

ISBN 978-7-5170-4683-7

Ⅰ．①土… Ⅱ．①彭… ②郑… Ⅲ．①土石坝-高等职业教育-教材 Ⅳ．①TV641

中国版本图书馆CIP数据核字(2018)第231207号

书　　名	全国水利行业"十三五"规划教材（职业技术教育） 全国水利职业教育示范院校建设教材 **土石坝** TUSHIBA
作　　者	主　编　彭晓兰　郑荣伟 副主编　朱友聪　程　静　姚　杰　杨　明 主　审　刘进宝
出版发行	中国水利水电出版社 （北京市海淀区玉渊潭南路1号D座　100038） 网址：www．waterpub．com．cn E-mail：sales@waterpub．com．cn 电话：（010）68367658（营销中心）
经　　售	北京科水图书销售中心（零售） 电话：（010）88383994、63202643、68545874 全国各地新华书店和相关出版物销售网点
排　　版	中国水利水电出版社微机排版中心
印　　刷	北京合众伟业印刷有限公司
规　　格	184mm×260mm　16开本　15.5印张　368千字
版　　次	2018年9月第1版　2018年9月第1次印刷
印　　数	0001—2500册
定　　价	**42.00**元

前　言

　　本书是根据 2014 年全国职业教育工作会议及《中共中央　国务院关于加快水利改革发展的决定》（2011 年中央 1 号文件）、《国家中长期教育改革和发展规划纲要》（2010—2020 年）、《国务院关于加快发展现代职业教育的决定》（国发〔2014〕19 号）、《教育部关于全面提高高等职业教育教学质量的若干意见》（教高〔2006〕16 号）、《高等职业教育创新发展行动计划》（2015—2018 年）等文件精神，按照现代水利职业教育要求，在总结水利类高等职业教育多年教学改革经验的基础上，由校企合作编写而成的项目化教学教材。

　　本书紧紧围绕"土石坝"项目化课程教学要求，以土石坝设计、施工及管理为主线，整合传统的水工建筑物、水利工程施工技术、施工组织与管理、水利工程管理等教材中有关土石坝设计、施工、检测与维护等相关内容编写而成，并附有土石坝枢纽工程初步设计示例和土石坝施工组织设计示例，方便读者自学及实训教学参考。全书分土石坝设计、土石坝施工、土石坝管理三篇，其中，土石坝设计篇包括土石坝概述、土石坝的剖面及构造、土石坝的地基处理、土石坝的渗流分析、土石坝的稳定分析、河岸式溢洪道、土石坝枢纽工程设计示例；土石坝施工篇包括土石坝施工概述、施工导截流、测量放线、施工总布置、土石坝施工技术、土石坝施工进度计划、土石坝施工资源计划、土石坝施工组织措施、土石坝施工组织设计示例；土石坝管理篇包括土石坝安全监测技术、土石坝安全监测技术、土石坝修理、土石坝防渗加固技术。

　　本书编写分工为：浙江同济科技职业学院郑荣伟、朱友聪，浙江中水工程技术有限公司姚杰编写第 1 篇；浙江同济科技职业学院彭晓兰、浙江省第一水电建设集团股份有限公司杨明编写第 2 篇；浙江同济科技职业学院彭晓兰、朱友聪、程静编写第 3 篇。浙江省水利水电干部学校廖文化参加了部分章节的编写工作，并提供了工程案例资料。

　　本书由彭晓兰和郑荣伟任主编，朱友聪、程静、姚杰、杨明任副主编，浙江同济科技职业学院刘进宝教授主审。

由于编者水平有限，本书错误和疏漏之处在所难免，恳请读者在使用过程中将发现的问题及时反馈给编者，以便日后修改完善，进一步提高本书质量。

编者

2018 年 3 月

目 录

前言

第1篇 土石坝设计

1 土石坝概述 …………………………………………………………… 3

  1.1 土石坝的特点 …………………………………………………… 3

  1.2 土石坝的类型 …………………………………………………… 4

  1.3 土石坝的工作条件 ……………………………………………… 5

  1.4 土石坝枢纽布置 ………………………………………………… 6

2 土石坝的剖面及构造 ……………………………………………… 9

  2.1 碾压式土石坝 …………………………………………………… 9

  2.2 土石坝筑坝材料的选择与填筑标准 ………………………… 18

  2.3 面板堆石坝 ……………………………………………………… 20

3 土石坝的地基处理 ………………………………………………… 25

  3.1 地基处理的任务 ………………………………………………… 25

  3.2 砂砾石地基的处理 ……………………………………………… 25

  3.3 其他地基的处理 ………………………………………………… 28

4 土石坝的渗流分析 ………………………………………………… 29

  4.1 渗流分析的任务和方法 ………………………………………… 29

  4.2 渗流计算的水力学法 …………………………………………… 30

  4.3 土石坝的渗透稳定分析 ………………………………………… 37

5 土石坝的稳定分析 ………………………………………………… 40

  5.1 土石坝的失稳型式 ……………………………………………… 40

  5.2 土石坝的荷载及稳定安全系数的标准 ……………………… 41

  5.3 土料抗剪强度指标的选取 ……………………………………… 42

  5.4 坝坡稳定分析方法 ……………………………………………… 43

6 河岸式溢洪道 ……………………………………………………… 49

  6.1 泄水建筑物的作用及类型 ……………………………………… 49

  6.2 河岸式溢洪道的型式 …………………………………………… 49

  6.3 河岸式溢洪道的布置原则 ……………………………………… 51

6.4 正槽式溢洪道 ··· 52

6.5 非常溢洪道 ··· 58

7 土石坝枢纽工程设计示例 ··· 60

7.1 基本资料 ··· 60

7.2 设计内容及要求 ··· 61

7.3 枢纽布置和工程等级确定 ··· 61

7.4 大坝设计 ··· 62

7.5 岸边溢洪道设计 ··· 67

7.6 绘制设置图纸及提交设计文件 ··· 75

第2篇 土石坝施工

8 土石坝施工概述 ··· 79

8.1 土石坝施工组织设计 ··· 79

8.2 施工组织机构 ··· 82

9 施工导截流 ··· 88

9.1 施工导流标准 ··· 88

9.2 施工导流 ··· 90

9.3 导流建筑物 ··· 93

9.4 截流施工 ··· 98

9.5 施工排水 ··· 102

9.6 施工度汛 ··· 106

10 测量放线 ··· 108

10.1 土石坝施工控制测量 ··· 108

10.2 土石坝施工放样 ··· 110

11 施工总布置 ··· 112

11.1 施工总布置概述 ··· 112

11.2 施工总布置的步骤 ··· 113

12 土石坝施工技术 ··· 116

12.1 坝料使用规划与开采加工 ··· 116

12.2 碾压式土石坝施工 ··· 118

12.3 面板堆石坝施工 ··· 122

13 土石坝施工进度计划 ··· 129

13.1 施工进度计划概述 ··· 129

13.2 土石坝施工进度计划编制 ··· 131

14 土石坝施工资源计划 ··· 135

  14.1 劳动力计划 ·· 135

  14.2 材料、构件及半成品需用量计划 ··· 136

  14.3 施工机械需用量计划 ·· 138

15 土石坝施工组织措施 ··· 142

  15.1 施工质量控制措施 ··· 142

  15.2 施工安全措施 ·· 144

  15.3 冬雨季施工措施 ··· 147

  15.4 文明施工措施 ·· 149

  15.5 施工环保措施 ·· 150

  15.6 水土保持措施 ·· 152

16 土石坝施工组织设计示例 ··· 154

  16.1 综合说明 ·· 154

  16.2 施工组织管理 ·· 159

  16.3 施工总平面布置 ··· 164

  16.4 施工导流 ·· 169

  16.5 混凝土面板堆石坝施工 ·· 170

  16.6 溢洪道施工 ·· 179

  16.7 隧洞工程 ·· 179

  16.8 上坝公路施工 ·· 179

  16.9 施工总进度计划 ··· 180

  16.10 施工技术组织措施 ·· 184

第3篇 土 石 坝 管 理

17 土石坝安全监测概述 ··· 195

  17.1 土石坝的安全监测 ··· 195

  17.2 土石坝的巡视检查 ··· 198

  17.3 安全监测资料整理 ··· 201

  17.4 安全监测资料分析方法 ·· 204

18 土石坝安全监测技术 ··· 206

  18.1 变形监测一般规定 ··· 206

  18.2 水平位移监测 ·· 206

  18.3 垂直位移监测 ·· 207

  18.4 裂缝监测 ·· 208

  18.5 渗流监测 ·· 209

  18.6 土石坝压力（应力）监测 ··· 211

19　土石坝修理……………………………………………………… 214

　19.1　土石坝的裂缝修理 ……………………………………… 214

　19.2　土石坝渗漏修理 ………………………………………… 216

　19.3　土石坝滑坡修理 ………………………………………… 219

　19.4　土石坝护坡的破坏 ……………………………………… 223

　19.5　土石坝蚁害修理 ………………………………………… 224

20　土石坝防渗加固技术 ………………………………………… 228

　20.1　套井回填 ………………………………………………… 228

　20.2　坝体防渗灌浆 …………………………………………… 229

　20.3　混凝土防渗墙 …………………………………………… 232

　20.4　高压喷射灌浆 …………………………………………… 236

参考文献 ………………………………………………………… 239

第1篇

土 石 坝 设 计

1 土 石 坝 概 述

知识目标：掌握土石坝的特点和类型；熟悉土石坝的工作条件和设计要求；了解土石坝的发展状况和布置要求。

能力目标：会根据不同的地形、地质、当地材料情况及运用要求选择坝型。

土石坝是指由当地土料、石料或混合料，经过抛填、碾压方法堆筑成的挡水坝，是世界上最古老的一种坝型，利用坝址附近的土石料填筑而成，故又称当地材料坝。远在公元前，中国、印度、埃及等国就修建了一些古老土石坝。到了 20 世纪 50—60 年代以后，随着大型高效土石坝施工机械的出现、岩土力学理论和计算机技术的发展，缩短了土石坝的工期，放宽了对筑坝材料的限制，为建筑高土石坝提供了有利的条件，使土石坝得到了飞跃发展，成为当今世界上坝体高度最高、应用最广泛的坝型。据统计，我国已建成的 8 万多座水库大坝中，土石坝占 90％左右，如黄河上已建成的小浪底斜心墙土石坝，坝高154m；在清江上建成的水布垭混凝土面板堆石坝，坝高 233m；位于长江水系白龙江上的甘肃碧口土石混合坝，坝高 101.8m；位于南盘江支流黄泥河上的鲁布革土石坝，坝高103.8m。目前世界上最高的大坝是塔吉克斯坦的罗贡土石坝，坝高 325m。近 20 年来，随着土石坝筑坝技术的迅速发展及向现代水利的发展转变，土质心墙堆石坝和混凝土面板堆石坝越来越多地被推广应用于坝工技术领域。

1.1 土石坝的特点

1.1.1 土石坝的优点

（1）就地取材。采用当地土石料筑坝，可以节约大量的水泥、钢材和木材。

（2）适应地基变形能力强。土石坝的散粒体结构具有适应地基变形的良好条件，能适应各种不同的地形、地质和气候条件，对地基的要求较混凝土坝低，几乎在任何地基上都可修建土石坝。

（3）施工技术简单，施工方法灵活性大。能适应不同的施工方法，从简单的人工填筑到机械化快速施工都可以采用；且工序简单、施工速度快，质量也易保证。

（4）结构简单，造价低廉，工作可靠，运行管理方便，便于维修、加高和扩建。

1.1.2 土石坝的缺点

（1）抗冲能力差，通常坝顶不允许过水，需在坝体以外的河岸上另设溢洪道。

（2）施工导流不方便，采用黏性土填筑时，雨季和严寒季节不能施工，受气候影响较大。

1.2 土石坝的类型

土石坝可按坝高、筑坝材料、施工方法和坝体防渗型式分为不同的类型。

1.2.1 按坝高分类

土石坝按坝高可分为低坝、中坝、高坝。坝高在 30m 以下的为低坝；坝高在 30～70m 之间的为中坝；坝高超过 70m 的为高坝。（注：土石坝的坝高均从清基后的坝基面算起，不计防浪墙高度。）

1.2.2 按筑坝材料分类

按筑坝材料可分为土石坝、堆石坝和土石混合坝。

当筑坝材料以当地土料和砂、砂砾、卵砾为主时，称为土石坝；以石渣、块石为主时，称为堆石坝；由土、石料混合堆筑时称为土石混合坝。

1.2.3 按施工方法分类

按施工方法可分为碾压式土石坝、水力冲填坝、水中倒土石坝和定向爆破坝。

（1）碾压式土石坝。碾压式土石坝是由适宜的土石料分层填筑，并用压实机械逐层碾压而成的坝型。近二三十年来，随着大型高效碾压机械的采用，使得碾压式土石坝得到最广泛的应用。

（2）水力冲填坝。水力冲填坝是利用水力和简易的水力机械完成土料的开采、运输和填筑等主要的工序而成的坝型。典型的水力冲填坝是用高压水枪冲击料场土体形成泥浆，然后通过泥浆泵和输浆管把泥浆输送到坝体预定位置，分层淤积、沉淀、排水和固结后形成坝体。水力冲填坝的特点是土料的干密度较小，抗剪强度低，施工质量难以保证，在高坝中很少应用。

（3）水中倒土石坝。水中倒土石坝是在填筑范围内用堤埂围埝分格，在格中灌水，再将易于崩解的土料分层倒入格内静水中，依靠土体的自重压实而成的坝型。

（4）定向爆破坝。定向爆破坝是在坝肩山体内开挖硐室，埋放炸药，通过定向爆破将山体的土石料抛到预定的设计位置，完成大部分坝体填筑，再经过防渗加高修复而成的坝型。但由于爆破力很大，可能造成坝址附近地质构造破坏等方面问题，因而一般较少采用。当坝址两岸地势较高、河谷狭窄及岩石结构较为紧密时，才可考虑这种坝型。

1.2.4 按坝体防渗型式分类

土石坝按坝体防渗型式可分为均质坝、土质防渗体分区坝和非土质防渗体坝。

（1）均质坝。均质坝基本上是只由一种透水性较小的土料（黏性壤土、砂壤土）分层填筑而成的。整个坝体本身具有防渗作用，不需另设专门的防渗设备，如图 1.1（a）所示。这种坝型材料单一，施工方便，便于质量控制，多用于中、低坝。当坝址附近有数量足够、性质适宜土料时，宜优先采用。

（2）土质防渗体分区坝。在黏性土料少而砂、石料较多的地方，可采用土质防渗体分区坝。土质防渗体分区坝是由透水性很小的土质防渗体及若干透水性不同的土石料（如砂、砂砾料或堆石）分区分层填筑而成的。其中，土质防渗体设在坝体中部或稍向上游倾斜的称为心墙坝［图 1.1（b）、（c）］或斜心墙坝［图 1.1（g）］；土质防渗体设在坝体上

游的称为斜墙坝 [图 1.1 (d)、(e)]；此外，还有其他型式的分区坝，如坝体上游部分为防渗土料，而下游部分为透水土料的土石混合坝 [图 1.1 (f)] 等。

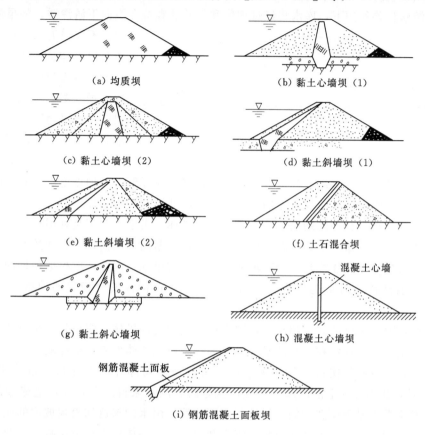

（a）均质坝　　　　　　　　　　　　（b）黏土心墙坝（1）

（c）黏土心墙坝（2）　　　　　　　　　（d）黏土斜墙坝（1）

（e）黏土斜墙坝（2）　　　　　　　　　　（f）土石混合坝

（g）黏土斜心墙坝　　　　　　　　　　（h）混凝土心墙坝

（i）钢筋混凝土面板坝

图 1.1　碾压式土石坝的类型

　　土质斜墙坝与心墙坝相比，斜墙与坝壳之间施工干扰小，防渗效果也较好。但黏土用量和坝体总工程量一般比心墙坝大些，且其抗震性能和对不均匀沉陷的适应性也不如心墙坝。斜心墙坝的防渗体位置介于心墙和斜墙之间，其抗震性能要比斜墙坝好，而下游坝坡的稳定性比心墙坝高。

　　（3）非土质防渗体坝。当坝址附近缺少合适的防渗土料而又有充足的石、砂料时，可采用钢筋混凝土、沥青混凝土或其他非土质材料（如土工膜）作防渗体，坝体其余部分由砂砾料或堆石填筑而成。其中，防渗体设在坝体中部附近的称为心墙坝 [图 1.1 (h)]；防渗体设在上游坝面的称为面板坝 [图 1.1 (i)]。面板坝坝体较小，运用安全，施工维修也方便。在地质条件较好，又有适宜石料的情况下，防渗面板坝是一种经济安全的坝型。在堆石坝中，一般将防渗体设在上游坝面，形成面板堆石坝。

1.3　土石坝的工作条件

　　土石坝由土料、砂砾、石渣、石料等散粒体材料填筑而成，为使其安全有效地工作，在设计、施工和运行中必须满足以下要求。

（1）须设置防渗和排水措施，减少水库的渗漏损失，保证坝坡稳定。土石坝挡水后，在上、下游水位差作用下，库水将经过坝体和坝基的颗粒孔隙向下游渗透。如果渗漏量过大，不仅损失水库水量，而且还会使坝体或坝基产生管涌、流土等渗透变形，严重者可导致溃坝事故。如图1.2所示，坝体内部浸润线（坝体内渗透水流的水面线）以下的土体处于饱和状态。饱和状态的土体，承受着渗透压力的作用，其抗剪强度指标也将相应降低，对坝坡稳定不利。因此，必须设置防渗和排水措施，减少水库的渗漏损失，降低浸润线，保证坝坡稳定。

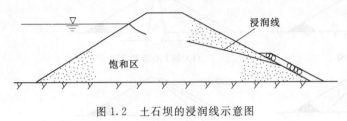

图1.2 土石坝的浸润线示意图

（2）要选择经济合理的断面，防止局部失稳破坏。由于土石坝是利用松散的土石料筑成的，坝体剖面需要做成上、下游边坡较平缓的梯形断面。因而，土石坝的断面面积一般都较庞大，其失稳型式往往是以局部坝坡坍塌的型式出现。因此，应根据坝址的地形、地质条件和筑坝材料等因素选择适宜的坝坡，使坝体在保证安全稳定的前提下做到经济合理。

（3）坝顶要有足够的安全超高，坝坡应有相应的防冲措施，应设具有足够泄洪能力的泄洪措施。由于土石料颗粒之间的黏结力很小，土石坝整体性差，抗冲能力也差。当洪水漫过坝顶时，水流必然挟带土粒流失，从而引起坝体局部冲刷破坏乃至整体溃坝。如，1975年8月，我国淮河上的两座土石坝，就是因为洪水来得过急过大，造成溢洪道泄洪能力不足发生洪水漫顶而溃坝的。另外，水面波浪、雨水的渗透和沿坝坡面的流动，也会对坝坡产生冲刷作用，导致坡面土料的流失和坍塌，对坝体稳定造成影响。因此，在设计中应采取一定的防冲措施：①在土石坝上下游坝坡设置护坡，坝顶及下游坝面布置排水措施，以免风浪、雨水及气温变化带来有害影响；②坝顶在最高库水位以上要留一定的超高，以防止洪水漫过坝顶造成事故；③布置泄水建筑物时，注意进出口离坝坡要有一定距离，以免泄水时对坝坡产生淘刷。

（4）坝体沉陷量大，在设计坝高时应考虑预留沉降值。由于坝体土料、石料之间存在孔隙，在坝体自重和水荷载作用下，坝体和坝基（土基）都会由于压缩而产生沉陷。尽管在筑坝时要求分层填筑、逐层压实，但坝体的沉陷仍然是不可避免的。当坝基为土基时，沉陷量将更大。过大的沉陷量将会降低坝顶的设计高程而影响坝的正常工作；而不均匀的沉陷将使坝体产生纵向、横向和各种走向的裂缝，危及坝身安全。因此，为防止坝顶低于设计高程和产生裂缝，施工时应严格控制碾压标准并预留沉陷量，使竣工时坝顶高程高于设计高程。一般可按坝高的1‰～2‰预留沉陷值。

1.4 土石坝枢纽布置

由于土石坝抗冲能力差，一般不允许坝顶过水，因而土石坝蓄水枢纽中泄水建筑物常布置成河岸式溢洪道和深式泄水洞（孔）两种。溢洪道是土石坝蓄水枢纽的主要泄水建筑物，深式泄水洞（孔）主要有泄洪隧洞、坝下涵管、坝身泄水孔等，一般仅作为辅助泄洪建筑物，如图1.3所示。深式泄水洞（孔）位于水库水位以下，除向下游宣泄部分洪水外，还可兼做供水泄放、施工导流、放空水库、排沙以及预泄洪水等之用。

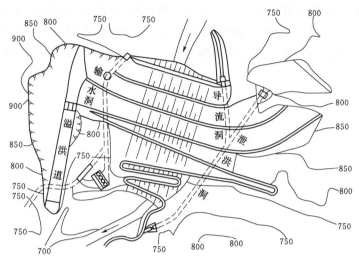

图1.3　土石坝蓄水枢纽平面布置图

　　如图1.4所示的土石坝枢纽布置，其特点是坝址附近及其上游均无合适布置溢洪道的地方，坝址地形狭窄，左岸山势陡峻，但右岸在坝顶高程附近的山坡较平缓；灌区在右岸，要求的坝后渠首高程与原河床有较大的高差。针对这种情况，采用了图1.4的布置方案，这在技术上是可行的，经济上也是合理的。

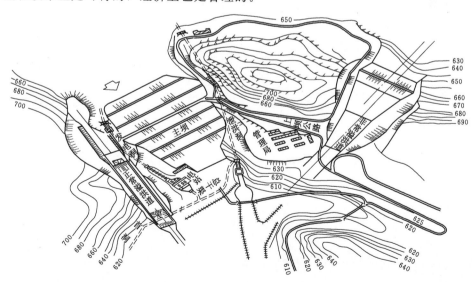

图1.4　某土石坝枢纽平面布置图

　　这一方案利用了右岸山坡比较平缓这个条件布置了坝肩溢洪道。溢洪道在平面上顺直，出口离坝脚有较大的距离，且方向与原河道大致平行；在溢洪道与右坝头之间留出了一段距离，其下布置灌溉、发电相结合的取水隧洞，隧洞后部用压力管道接水电站，尾水渠后接灌溉干渠；在溢洪道出口段下面的山岩内布置输水隧洞，以解决泄洪与灌溉引水交叉问题。从右岸的工程布置来看，尽可能地利用了地形条件，保证了土石坝、溢洪道、灌溉及发电等建筑物安全而正常地运行。由于右岸灌溉、发电取水隧洞的进、出口高程较高，不能兼做施工导流之用，故在左岸布置了施工导流隧洞，并使其与泄洪相结合，且进、出口的位置和方向也是较合适的，施工导流与泄洪时的运用条件均较好；同时，也为土石坝及右岸工程的施工安排（工期和施工程序）提供了很好的条件，既能解决施工干扰，又能缩短枢纽的施工工期。

2　土石坝的剖面及构造

知识目标：掌握碾压式土石坝的剖面型式、构造特点；熟悉土石坝筑坝材料性能和填筑要求；熟悉面板堆石坝的类型、型式和构造；了解面板堆石坝的发展和特点。

能力目标：会根据基础资料设计拟定碾压式土石坝的剖面；会根据坝体不同部位选择不同的筑坝材料、确定填筑标准。

2.1　碾压式土石坝

为了维持坝体稳定，土石坝的基本剖面一般做成坡度较缓的梯形。坝体剖面应根据就地取材和挖填平衡的原则进行分区。均质坝一般分为坝体、排水体、反滤层和护坡等区；土质防渗体分区坝一般分为防渗体、反滤层、过渡层、坝壳、排水体和护坡等区。当采用风化料或软岩筑坝时，坝表面应设垂直厚度不小于 1.50m 的保护层。

2.1.1　剖面尺寸

在剖面设计时，首先根据坝址附近土石料的种类、储量、运距，坝址的地形、地质条件及施工条件等多种因素选择适宜的坝型；其次初步拟定满足土石坝工作要求的坝顶高程、坝顶宽度、坝坡以及防渗排水设备和护坡等基本尺寸；然后进行必要的计算和校核（主要是渗流和稳定方面），并对初拟尺寸进一步修正，使之达到安全、经济、合理的目的。

2.1.1.1　坝顶高程

为了防止库水漫过坝顶，坝顶高程应由水库静水位（正常运用情况或非常运用情况）加波浪爬高及安全加高决定。坝顶在水库静水位以上的超高可按式（2.1）计算，坝顶超高计算图如图 2.1 所示。

$$y = R + e + A \tag{2.1}$$

式中　y——坝顶在水库静水位以上的超高，m；

R——最大波浪在坝坡上的爬高，m，可按《碾压式土石坝设计规范》（SL 274—2001）中附录计算；

e——计算点处的最大风壅水面高度（图 2.1），m，可按《碾压式土石坝设计规范》（SL 274—2001）中附录 A 计算，小型土石坝的 h_a 值很小，一般忽略不计；

A——安全加高，按表 2.1 采用，m。

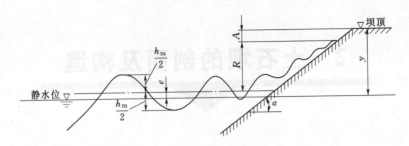

图 2.1 坝顶超高计算图

表 2.1		土 石 坝 安 全 加 高 A			单位：m
坝 的 级 别		1	2	3	4、5
设计		1.50	1.00	0.70	0.50
校核	山区、丘陵区	0.70	0.50	0.40	0.30
	平原、滨海区	1.00	0.70	0.50	0.30

坝顶高程等于水库静水位与坝顶超高之和，应分别按正常运用情况或非常运用情况计算，取其最大值，具体如下：

（1）设计洪水位加正常运用条件的坝顶超高。

（2）正常蓄水位加正常运用条件的坝顶超高。

（3）校核洪水位加非常运用条件的坝顶超高。

（4）正常蓄水位加非常运用条件的坝顶超高，再加地震安全超高（地震设计烈度为 7 度及 7 度以上的地区）。

对于设有防渗体的土石坝，防渗体顶部在静水位以上也应有一定的超高，具体要求是：正常运用情况，心墙坝超高值取 0.3～0.6m，斜墙坝取 0.6～0.8 m；非常运用情况下，防渗体顶部应不低于相应的静水位。

当坝顶上游侧设有坚固稳定且与防渗体紧密接合的防浪墙时，可利用防浪墙抵御风浪，此时，坝顶超高可改为对防浪墙顶的要求。但在正常运用情况下，坝顶应高出静水位至少 0.5m；在非常情况下，坝顶应不低于相应的静水位。

在地震区的安全超高应包括地震引起的坝顶沉陷和涌浪高度，可按《水工建筑物抗震设计规范》（SL 203—97）的有关规定确定。

以上所要求的坝顶高程是指沉降稳定后的数值。因此，竣工时的坝顶高程应有足够的预留沉降值，且预留沉降值不计入坝的计算高度。一般施工质量良好的坝，坝体沉降值约为坝高的 1%。重要的大坝要进行专门的沉降分析以决定预留值。具体计算可参阅有关文献。

2.1.1.2 坝顶宽度

坝顶宽度应根据运用、构造、施工、交通和人防等方面的要求综合研究后确定。当坝顶有交通要求时，应按交通部门的有关规定执行。如无特殊要求，高坝的坝顶宽度可选用 10～15m，中、低坝可选用 5～10m。坝顶宽度必须考虑心墙或斜墙顶部及反滤层布置的需要。在寒冷地区，坝顶还须有足够的厚度以保护黏性土料防渗体免受冻害。

2.1.1.3 坝坡

土石坝的坝坡对坝的稳定性及工程量有直接影响，主要取决于坝型、坝高、坝体和坝基材料的性质、坝体所承受的荷载以及坝的施工情况和运用条件等因素。一般可参照已建工程的实践经验初步拟定，然后由稳定计算确定合理的坝坡。

（1）一般情况下，上游坝坡经常浸在水中，并将承受库水位骤降的影响，因而在土料相同的情况下，上游坝坡应比下游坝坡缓些，但堆石坝上、下游坝坡坡率的差别要比砂土料的小；地基条件好、土料碾压密实的坝坡可以陡些，反之则应放缓。

（2）土质防渗体斜墙坝上游坝坡的稳定受斜墙土料特性的控制，斜墙的上游坝坡一般较心墙坝为缓。而心墙坝，特别是厚心墙坝的下游坝坡，因其稳定性受心墙土料特性的影响，一般较斜墙坝为缓。

（3）黏性土料的稳定坝坡为一曲面，上部坡陡，下部坡缓，所以用黏性土料做成的坝坡，常沿高度分成数段，每级高度为 $15\sim20$m，相邻坝坡比相差不宜大于 $0.25\sim0.50$。砂土和堆石的稳定坝坡为一平面，可采用均一坡率。由于地震荷载一般沿坝高呈非均匀分布，所以，砂土和石料有时也做成变坡型式。

（4）由粉土、砂、轻壤土修建的均质坝，透水性较大，为了保持渗流稳定，一般要求适当放缓下游坝坡。

（5）当坝基或坝体土料沿坝轴线分布不一致时，应分段采用不同坡率，在各段间设过渡区，使坝坡缓慢变化。

土石坝坝坡确定的步骤是：根据经验用类比法初步拟定，再经过核算、修改以及技术经济比较后确定。沥青混凝土面板坝的上游坡度不宜陡于 1:1.7。

土质防渗体分区坝和均质坝上游坡宜少设马道。非土质防渗材料面板坝上游坡不宜设马道。下游坝坡可沿高程每隔 $10\sim30$m 设置一条马道，其宽度通常为 $1.5\sim2.0$m，用以拦截雨水，防止冲刷坝面，同时也兼做交通、检修和观测之用，还有利于坝坡稳定。马道一般设在坡度变化处。常用的坝坡一般为 $1:2.0\sim1:4.0$，对中低水头的土石坝，可参照表 2.2 初步拟定坝坡，砂性土取表中较陡值，黏性土取较缓值。

表 2.2　　　　　　　　　　土石坝坝坡比参考值

坝高/m	<10	10~20	20~30	>30
上游坝坡	1:2.00~1:2.50	1:2.25~1:2.75	1:2.50~1:3.00	1:3.00~1:3.50
下游坝坡	1:1.50~1:2.50	1:2.00~1:2.50	1:2.25~1:2.75	1:2.50~1:3.00

2.1.2　坝体构造

2.1.2.1　坝顶构造

坝顶一般都做护面，可采用碎石、单层砌石、沥青或混凝土，以防雨水冲刷。如做交通用时，则应满足交通道路的设计要求。

在坝顶上游侧可设置防浪墙。防浪墙墙顶应高于坝顶 $1.00\sim1.20$m，可采用浆砌石或混凝土预制块砌筑，应有足够的坚固性，且底部与防渗体紧密结合，墙身应设置伸缩缝。

为了排出降雨积水，坝顶路面应设2‰～3‰的向下游侧的斜坡；上游不设防浪墙时，斜坡可向两侧倾斜。下游侧设路缘石，结合坝顶排水，路缘石应设置排水口。

对于高坝，坝顶下游侧和不设防浪墙的上游侧，根据运用条件及安全管理要求可设栏杆等安全防护设施。对有旅游功能或位于城镇区域的土石坝，应按运用要求设置照明设备，建筑艺术处理应美观大方，并与周围环境相协调。坝顶构造如图2.2所示。

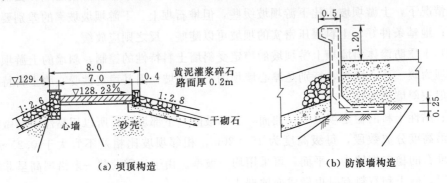

（a）坝顶构造　　　　　　　　　　　　（b）防浪墙构造

图2.2　坝顶构造及防浪墙构造（单位：m）

2.1.2.2　护坡及坝面排水

土石坝的上、下游坝面通常要设置护坡。设置护坡的目的是为了保护上游坝坡免受波浪淘刷、顺坡水流冲刷、冰层和漂浮物等的危害和下游坝坡免遭雨水冲刷、冻胀干裂等主要因素的破坏。此外，还有防止无黏性土料被大风吹散，鼠、蛇和土栖白蚁等野生动物在坝坡中营洞造穴对坝坡造成危害。因此，土石坝除由堆石、卵石、碎石筑成的下游坝坡外，均应设置专门的护坡。

1. 上游护坡

上游坝面的工作条件较差，主要受波浪淘刷、顺坝水流冲刷、漂浮物的撞击、冻冰的挤压等作用，应选择具有足够抗冲能力的护坡。可采用堆石（抛石）、干砌石、浆砌石、预制或现浇的混凝土块（或板）、沥青混凝土、其他型式（如水泥土）。

砌石护坡由人工将块石铺砌而成。其中，干砌石护坡最常用，根据风浪大小，干砌石护坡可采用单层砌石或双层砌石，单层砌石厚30～50cm［图2.3（a）］，双层砌石厚40～

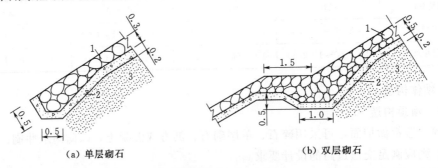

（a）单层砌石　　　　　　　　　　　　（b）双层砌石

图2.3　干砌石护坡（单位：m）

1—干砌石；2—垫层；3—坝体

60cm［图2.3（b）］，下面铺设15～25cm厚的碎石或砾石垫层。浆砌石护坡与干砌石护坡类似，是在块石之间充填砂浆或细石混凝土形成整体，其抗冲能力和稳定性较好，厚度可比干砌石护坡酌情减小。浆砌石护坡一般适用于波浪较高（大于2.0m）、压力较大、采用干砌石容易冲坏的情况。

堆石坝广泛采用堆石或抛石护坡，是在堆石填筑面上用推土机或抓石机将超径大块石置于上游坝坡面，这样有利于机械化施工，可缩短工期，而且保证安全。有条件的土石坝也可采用这种护坡型式。

在石料缺乏的地区可考虑采用混凝土护坡。我国采用的混凝土护坡有现浇和预制两种型式，厚度一般为15～20cm。其平面尺寸，现浇式可采用边长为10～15m的板块，预制式可采用边长为1.5～2.5m的板块或厚度为10cm的六角形预制块，如图2.4所示。

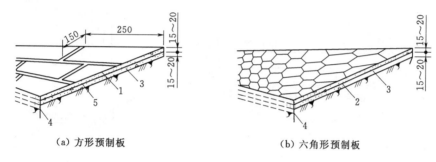

（a）方形预制板　　　　　　　　　（b）六角形预制板

图2.4　混凝土护坡（单位：cm）

1—矩形混凝土板；2—六角形混凝土板；3—碎石或砾石；4—木板桩；5—结合缝

上游护坡范围：上部自坝顶起，如设防浪墙时应与防浪墙连接；下部至水库最低水位以下2.5m（4级、5级坝可减至1.5m），最低水位不确定时常护至坝底，在马道及坡脚应设置基座以增加稳定性。

2. 下游护坡

下游坝坡的工作条件相对上游坝坡好些，主要受冻胀、干裂、蚁鼠等动物破坏及雨水、大风等作用，护坡一般宜简化设置。可采用草皮、单层干砌石护坡、碎石或块石护坡、钢筋混凝土框格填石护坡、其他型式（如土工合成材料）等。

草皮护坡是均质坝最常见的护坡型式，也是最经济的护坡型式之一。如果坝面排水布置合理，则护坡效果会较好，而且可以美化环境，国内外应用较普遍。草皮护坡是在下游坝坡上铺20～30cm厚的腐殖土，然后在上面种草或移植草皮。草苗宜采用爬地草或矮草，以减小日常维护工作。

钢筋混凝土框格填石护坡适用于坝坡较陡、采用卵石或碎石护坡不稳定且不适宜草皮护坡的情况。框格尺寸一般为4m×4m，框条宽20cm，厚30cm，在框格内可填卵石或碎石。

下游护坡范围：上至坝顶，下至排水体顶部，无排水体时也应护至坡脚。

这里需要注意的是：上、下游坝坡采用干砌石、浆砌石、卵石或碎石、混凝土（沥青混凝土或钢筋混凝土）护坡时，护坡底部都应是设置碎石或砂砾石垫层，垫层厚度应满足防冻要求；对有防渗要求的部位，护坡与被保护的土料之间应设置反滤层；当采用现浇混凝土或钢筋混凝土和浆砌石护坡时均应预留排水孔，以便消除护坡底面积水、降低浸润线和护坡底面扬压力。

3. 坝面排水

为了防止雨水冲刷，除干砌石或堆石护坡外，均须在下游坝坡上设坝面排水。沿土石坝与岸坡的连接处也应设置排水沟，以拦截山坡上的雨水。坝面上纵向排水沟沿马道内侧布置，横向排水沟可每隔 50～100m 设置一条，总数不得少于两条。排水沟的横断面可采用浆砌石或混凝土块砌筑，断面一般为深 20cm，宽 30cm，如图 2.5 所示。

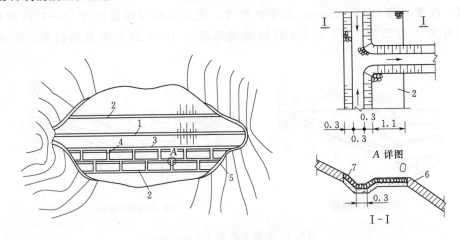

图 2.5　坝面排水（单位：m）
1—坝顶；2—马道；3—纵向排水沟；4—横向排水沟；5—岸坡排水沟；
6—草皮护坡；7—浆砌石排水沟

2.1.2.3　防渗体

为了减少渗漏量、降低浸润线以增加下游坝坡的稳定性、降低渗透坡降以防止渗透变形，土石坝应采取适当的防渗排水措施。土石坝的防渗措施包括坝体防渗、坝基防渗及坝体与坝基、岸坡及其他建筑物连接处的接触防渗。本章仅介绍坝体防渗排水设施，坝基防渗排水设施在本篇第 3 章介绍。

均质坝因坝体土料透水性较小，本身就是一个防渗体。除均质坝外，土石坝均应设置专门的防渗体。如第一章所述，防渗体按材料可分土质防渗体和非土质防渗体，其中，土质防渗体包括黏土心墙和黏土斜墙；非土质防渗体包括沥青混凝土或钢筋混凝土心墙、斜墙、面板和复合土工膜等。

1. 土质防渗体

土质防渗体的顶部高程在正常蓄水位或设计洪水位以上有一定的超高，心墙的超高一般为 0.3～0.6m，斜墙的超高一般为 0.6～0.8m，如防渗体顶部与防浪墙紧密连接时，可不受此限。土质防渗体自顶向底逐渐加宽，心墙两侧的边坡一般为 1∶0.15～1∶0.30。心墙顶厚度按构造和施工要求不得小于 1.5m，心墙底厚由防渗要求及允许渗透坡降决定，不小于 3m；如为机械化施工，心墙顶厚度不小于 2.0m，斜墙顶厚（垂直于斜墙上游面的厚度）不小于2.0m。土质心墙、斜墙的顶部及土质斜墙的上游侧均应设砂性保护层，其厚度应大于冻结和干燥深度，且不小于1.0m。防渗体两侧均应设反滤层或过渡层，如图2.6所示。

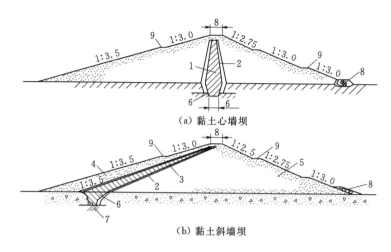

（a）黏土心墙坝

（b）黏土斜墙坝

图2.6　土质防渗体坝（单位：m）
1—黏土心墙；2—过渡层；3—黏土斜墙；4—保护层；5—砂壳；
6—截水槽；7—混凝土齿墙；8—排水体；9—马道

2. 土工膜防渗

岩土工程中用于防渗的人工合成材料称为土工膜。目前在工程中采用较多的是由土工织物和土工膜在工厂加工而成的复合土工膜。土工膜不仅防渗性能好，而且具有质量轻、柔性好、强度高、耐磨等优点。利用土工膜作坝体防渗材料，可以降低工程造价，施工方便快捷，不受气候影响。对2级及其以下的低坝，经论证后可采用土工膜代替黏土、混凝土或沥青等作为坝体的防渗材料。

土工膜易被硬物刺穿，为了保护土工膜免受损坏，应在土工膜上面铺设保护层，其下设置支持层。保护层分面层和垫层，面层防御风浪淘刷，垫层保护土工膜不被刺破。保护层的厚度应以保护土工膜不被紫外线辐射为原则。支持层的作用是使土工膜受力均匀，免受局部应力集中而破坏。支持层应采用透水材料填筑，能通畅排除通过土工膜的渗水。

2.1.2.4　坝体排水

土石坝虽设有防渗体拦截渗水，但仍有一定的水量渗入坝体内。因此，应在渗流出口处设置坝体排水，将渗水有计划地排出坝外，以降低坝体浸润线和孔隙压力，改变渗流方向，防止渗流逸出区产生渗透变形，增加坝坡稳定性，保护坝坡土层不产生冻胀破坏。排水设备通常由排水体和反滤层两部分构成，在排出渗水的同时，可防止渗水带走土颗粒。常用的坝体排水有以下几种。

1. 贴坡排水

贴坡排水又称表面排水，是在下游坝坡底部表面用块石、卵石等分层填筑而成的排水设备，如图2.7所示。排水顶部应高出坝体浸润线逸出点1.5m以上，且应使坝体浸润线在冻结深度以下。当下游有水时，还应满足波浪爬高的要求。当坝体为黏性土时，排水设备的厚度应大于当地冻结深度，以保证渗水不在排水设备内冻结。在贴坡排水下游处应设置排水沟，其深度应使水面结冰后，排水沟的下游仍有足够的排水断面。

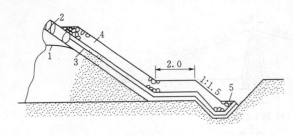

图2.7 贴坡排水（单位：m）

1—浸润线；2—护坡；3—反滤层；
4—排水；5—排水沟

这种排水设备构造简单，省工节料，便于施工和检修，能防止渗流逸出点处的渗透变形，并可保护下游坝坡不受冲刷。但不能降低浸润线，且易冰冻而失效。常用于中、小型工程下游无水的均质坝或浸润线较低的中低坝。

2. 棱体排水

棱体排水又称滤水坝趾，是在下游坡脚紧贴坝坡用块石堆筑而成的排水设备，如图2.8所示。其顶部高程应高出下游最高水位0.5～1.0m，并应保证坝体浸润线距下游坝面的距离大于当地的冻结深度，且应满足波浪爬高的要求。棱体顶宽应根据施工和观测的要求确定，一般为1.0～2.0m。棱体内坡由施工条件决定，一般为1:1.0～1:1.5；外坡根据坝基的性质和施工条件确定，一般为1:1.5～1:2.0。

棱体排水是一种可靠且应用较多的排水形式，能有效降低坝体浸润线，防止坝体发生渗透破坏和冻胀破坏，保护下游坝脚不受尾水冲刷，且有支持坝体稳定的作用。但需要的石料较多，造价高，且与坝体施工有些干扰。土石坝的河槽部位常用这种排水设备。

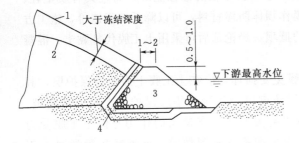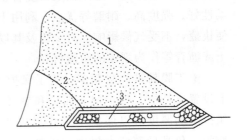

图2.8 棱体排水（单位：m）

1—下游坝坡；2—浸润线；3—棱体排水；4—反滤层

图2.9 褥垫式排水

1—护坡；2—浸润线；3—排水；4—反滤层

3. 褥垫式排水

褥垫式排水是沿坝基面伸入坝体内部的一种平铺式排水设备，如图2.9所示。其深入坝体内部的深度一般不宜超过坝底宽的1/4～1/3，向下游做成0.005～0.01的坡度以便排水，排水层厚度不宜小于0.3m，并应满足反滤层最小厚度要求。

这种排水设备适用于下游无水或下游水位很低的情况，排水体伸入坝体内部，能有效降低浸润线，有利于坝基排水。但对地基不均匀沉陷的适应能力差，且石料用量多，造价高，检修困难，与坝体施工干扰大。所以，单独采用这种排水型式的不多。往往与其他排水结合起来使用，如图2.10 (a)、(c) 所示。

4. 综合型排水

为了充分发挥各种型式排水的优点，在实际工程中常将几种排水设备组合应用，称为综合型排水，如图 2.10 所示。

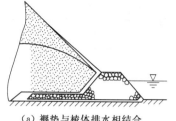 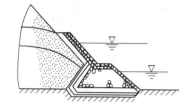 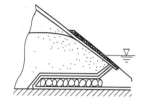

（a）褥垫与棱体排水相结合　　　（b）贴坡与棱体排水相结合　　　（c）贴坡、褥垫与棱体排水相结合

图 2.10　综合型排水

2.1.2.5　反滤层

在渗流出口处或进入排水设备处、土质防渗体与坝壳和坝基透水层之间，通常水力坡降大、渗流速度高，土壤易产生渗透变形。为了防止土体在渗流作用下产生渗透破坏，应在这些部位设置反滤层，如图 2.7～图 2.9 所示。

反滤层的作用是滤土排水，一般由 1～3 层不同粒径的非黏性土料铺筑而成，如图 2.11 所示。其层面与渗流方向近乎垂直，其粒径沿渗流方向逐层增大，第一层反滤料的保护对象是坝体或坝基土料，第二、三层反滤料的保护对象是第一、二层反滤料。水平反滤层的厚度以 15～25cm 为宜，垂直或倾斜反滤层应适当加厚，可采用 40～50cm。采用机械化施工时，每层厚度视施工要求确定。

反滤料一般采用比较均匀的、抗风化砂、砾卵石或碎石，其布置的基本要求是：反滤层的透水性大于被保护土层，能通畅地排除渗透水流；使被保护的土层不发生渗透变形，即被保护土层的土料不应穿越下一层反滤料的孔隙；反滤层不致被细粒土淤塞而失效。

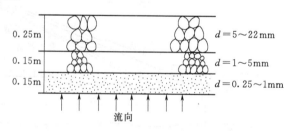

图 2.11　反滤层构造

如防渗体与坝壳料直接的反滤层总厚度不能满足过渡要求时，可加厚反滤层或设置过渡层，达到协调相邻两侧材料变形的功效。

典型的土石坝剖面图如图 2.12～图 2-15 所示。

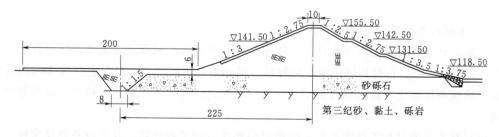

图 2.12　均质坝（单位：m）

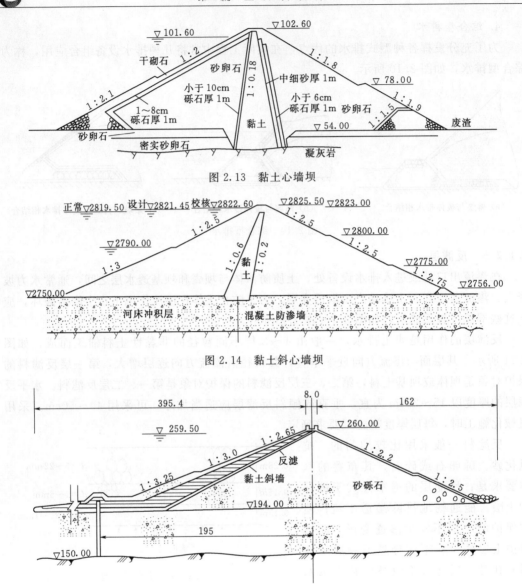

图 2.13　黏土心墙坝

图 2.14　黏土斜心墙坝

图 2.15　黏土斜墙坝（单位：m）

2.2　土石坝筑坝材料的选择与填筑标准

2.2.1　土石料选择的一般原则

就地、就近取材是土石坝设计的基本原则。一般而言，只要不含大量有机混合物和水溶性盐类的土、砂、石料均可作为筑坝材料。但必须将不同的土石料配置在坝体内的适宜部位，填筑坝体的土石料必须具备与其使用目的相适应的性质。具体选择时，应注意以下原则。

（1）具有或经过加工处理后与其使用目的相适应的工程性质，并具有长期稳定性。

（2）就地、就近取材，减少弃料，少占或不占农田，并优先考虑利用坝基及枢纽其他建筑物的开挖料。

（3）便于开采、运输和压实。

料场开采或枢纽建筑物的开挖料原则上均可直接作为筑坝材料，或经处理后用于坝不同部位，但沼泽土、膨润土和地表土不宜采用。

2.2.2　筑坝材料选择

由于防渗体、反滤层、过渡层、坝壳、排水体和护坡等各组成部分的任务和工作条件不同，因而各自对土石料的要求也不同。

2.2.2.1　填筑防渗体及均质坝的土料

填筑防渗体及均质坝的土料，压实后应具有防渗体及均质坝所要求的抗剪强度与抗渗性能，其有机质含量和水溶盐含量不能超过允许值，并且最好是易压实，变形小，塑性好。具体要求如下。

（1）不透水性。防渗体土料的渗透系数至少应小于坝壳土石料渗透系数的 1/50，均质坝应不大于 1×10^{-4} cm/s，心墙和斜墙不大于 1×10^{-5} cm/s。

（2）有机质及水溶盐含量。有机质含量均质坝应不大于 5%（按质量计，下同），心墙和斜墙应不大于 2%；水溶盐含量均质坝、心墙和斜墙均应不大于 3%，以免有机质分解及水溶盐溶滤后降低土的强度和抗渗性。

（3）可塑性。宜选用塑性指数 $I_P = 7 \sim 20$ 的土料，以便经过碾压后能结成整体，并能适应坝体及坝基变形而不产生裂缝。均质坝的有机质含量不大于 5%，心墙、斜墙不大于 2%；水溶盐含量不大于 3%。

（4）变形。土料浸水或失水时体积变化应小，以防发生显著的膨胀与收缩而出现裂缝，浸水后膨胀软化较大的肥黏土不宜做防渗土料。

塑性指数大于 20 和液限大于 40% 的冲积土、膨胀土、开挖压实困难的干硬黏土、冻土、分散性黏土等不宜作为坝的防渗体填筑料。

防渗土料一般可采用黏性土，土中黏粒（粒径 $d < 0.005$mm）含量不宜小于 8%，但也不宜太高，以免造成施工困难。防渗土料也可采用砾石土，当砾石孔隙中填满密实的黏土时，同样具有黏性土的防渗性能。用于填筑防渗体的砾石土，粒径大于 5mm 的颗粒含量不宜超过 50%，最大粒径不宜大于 150mm 或铺土厚度的 2/3，0.075mm 以下的颗粒含量不应小于 15%。填筑时不得发生粗料架空现象。

有合适级配的黏土（我国南方分布较广）、坡积土、湿陷性黄土或黄土状土处理后均可做防渗土料。风化岩或软岩开挖压碎为透水性很小的细颗粒时，也可用做防渗土料。采用土工膜作为防渗材料时，应按土工合成材料的要求执行。

2.2.2.2　填筑坝壳的土石料

填筑坝壳的土石料，应具有排水性能好、抗剪强度高、易于压实和抗震稳定性好等特点。料场开采和枢纽建筑物开挖的无黏性土（包括砂、砾石、卵石和漂石等）、石料和风化料均可作为坝壳料，并应根据材料性质用于坝壳的不同部位。下游坝壳水位以下部位和上游坝壳水位变化区应采用透水性能良好的土石料填筑。护坡石料应采用质地密实、抗水性和抗风化性能满足工程运用条件要求的硬岩石料。

用于填筑坝壳的土石料，有机质含量不宜超过 5％，水溶盐含量应不大于 8％。均匀的中、细砂及粉砂不易压实，在振动荷载作用时容易液化，易产生渗透变形。一般只能用于中、低坝坝壳浸润线以上的干燥区，高坝应避免使用这种土料。地震区的土石坝，更不宜采用这种土料。

2.2.2.3　填筑反滤层、过渡层和排水体的土石料

填筑反滤层、过渡层和排水体的土石料应有足够的抗水性，不易溶蚀，同时，还要能抗冻融和风化。具体要求如下。

（1）质地密实、抗水性和抗风化性能满足工程运用的技术要求。

（2）具有符合使用要求的级配和透水性。

（3）反滤料和排水体料中粒径小于 0.075 mm 的颗粒含量应不大于 5％。

反滤料可利用天然或经过筛选的砂砾石料，也可采用块石、砾石扎制，或采用天然和扎制的混合料。3 级低坝经论证后可采用土工布作为反滤层。

2.2.3　土石料的填筑标准

土石料的填筑标准是指其压实程度及适宜的含水率。一般而言，土石料压的越密实，即干密度越大，其抗剪强度、抗渗性、抗压缩性也越好，可使坝坡较陡、剖面缩小。但过大的密实度，需要增加碾压费用，还可能会延长工期，往往是不经济的。因此，应综合分析各种因素，并通过试验，合理地确定土石料的填筑标准，达到既安全又经济的目的。

2.2.3.1　黏性土的填筑标准

含砾和不含砾的黏性土的填筑碾压标准应以压实度和最优含水率作为设计控制指标。设计干密度应以击实干试验的最大干密度乘以压实度求得。

对 1 级、2 级坝和高坝的压实度应不小于 98％～100％；3 级及 3 级以下的坝（高坝除外）压实度应不小于 96％～98％；如高坝采用重型击实试验，压实度可适当降低，但不低于 95％。烈度为 8 度、9 度的地区宜取最大值。

2.2.3.2　砂砾石和砂的填筑标准

无黏性土可通过击实提高其抗剪强度和减小压缩性，砂砾石和砂的填筑碾压标准应以相对密实度 D_r 作为设计控制指标。

对于砂的相对密实度 D_r 不小于 0.70，反滤料宜为 0.70 以上，砂砾石不应低于 0.75。砂砾石中粗粒含量少于 50％时，应保证细料（小于 5mm 的颗粒）的相对密实度也应满足上述要求。

当缺乏试验资料时，也可用干密度控制，一般采用 1.60～1.70g/cm³。

2.2.3.3　堆石料的填筑标准

对于堆石料的填筑碾压标准宜用孔隙率作为设计控制指标。土质防渗体分区坝和沥青混凝土心墙坝的堆石料，孔隙率可在 20％～28％间选取，必要时由碾压试验确定。

2.3　面板堆石坝

2.3.1　概述

面板堆石坝是以堆石作为支承主体，以钢筋混凝土面板或沥青混凝土面板作为防渗体

的一种坝型。堆石体是坝的主体，对坝体的强度和稳定条件起决定性作用，因而要求由新鲜、完整、耐久、级配良好的石料填筑。

进入 20 世纪 60 年代以后，由于大型振动碾薄层碾压技术的应用，使堆石坝的密实度得到充分提高，从而大幅度降低了堆石坝的变形，加上钢筋混凝土面板结构在设计、施工方法上的改进，其运行性能好、经济效益高、施工工期短等优点得到充分地显示。目前，钢筋混凝土面板堆石坝已成为国内外坝工建设的一种重要坝型，是可行性研究阶段优先考虑的坝型之一，是当今高坝发展的一种趋向。本节将主要介绍钢筋混凝土面板堆石坝的特点和构造。

面板堆石坝与其他坝型相比有如下主要特点。

（1）就地取材，在经济上有较大的优越性，除了在坝址附近开采石料以外，还可以利用枢纽其他建筑物开挖的废弃石料。

（2）施工度汛问题比土石坝较为容易解决，可部分利用坝面溢流度汛，但应做好表面保护措施。

（3）对地形地质和自然条件的适应性较混凝土坝强，可建在地质条件略差的坝址上，且施工不受雨天影响，对温度变化的敏感也应比混凝土坝低得多。

（4）方便机械化施工，有利于加快施工工期和减少沉降，随着重型振动碾等大型施工机械的应用，克服了过去堆石坝抛填法沉降量很大的缺点，面板堆石坝得到迅速发展。

（5）坝身不能泄洪，施工导流问题较混凝土坝难以解决，一般需另设泄洪和导流设施。

2.3.2 钢筋混凝土面板堆石坝的剖面

2.3.2.1 坝顶要求

面板堆石坝一般为梯形剖面，其坝顶宽度和坝顶高程的确定与土石坝类似，其中坝顶宽度除了应参考土石坝的要求外，还应兼顾面板堆石坝的施工要求，以便浇筑面板时有足够的工作面和进行滑模设备的操作，一般不宜小于 5m。

面板堆石坝一般在坝顶上游侧设置钢筋混凝土防浪墙，以利于节省堆石填筑方量。防浪墙高可采用 4～6m，背水面一般高于坝顶 1.0～1.2m，底部与面板间应做好止水连接，如图 2.16 所示。对于低坝也可采用与面板整体连接的低防浪墙结构。

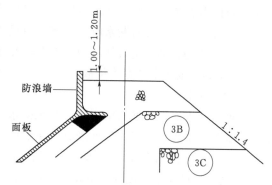

图 2.16 面板堆石坝坝顶构造

2.3.2.2 坝坡

面板堆石坝的坝坡与堆石料的性质、坝高及地基条件有关，设计时可参考类似工程拟定。对于采用抗剪强度高的堆石料，上、下游坝坡在静力条件下均可采用堆石料的天然休止角对应的坡度，鉴于经过大型振动碾压的堆石体内摩擦角多大于 45°，因此，一般采用 1∶1.3～1∶1.4。对于地质条件较差或堆石体填料抗剪强度较低以及地震区的面板堆石坝，其坝坡应适当放缓。

2.3.3 钢筋混凝土面板堆石坝的构造

钢筋混凝土面板堆石坝主要是由堆石体和防渗面板等组成的。

2.3.3.1　堆石体

堆石体是面板堆石坝的主体部分，根据其受力情况和在坝体所发挥的功能，又可划分为垫层区（2A 区）、过渡区（3A 区）、主堆石区（3B 区）和次堆石区（3C 区），如图 2.17 所示。

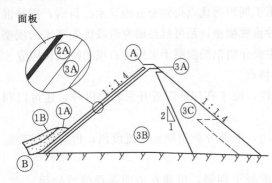

图 2.17　面板堆石坝分区示意图

1. 垫层区

垫层区应选用质地新鲜、坚硬且耐久性较好的石料，可采用经筛选加工的砂砾石、人工石料或者由两者混合掺配。高坝垫层料应具有连续级配，一般最大粒径 80～100mm，粒径小于 5mm 的颗粒含量为 30%～50%，小于 0.075mm 的颗粒含量应少于 8%。垫层料经压实后应具有内部渗透稳定性、低压缩性、抗剪强度高等特点，并应具有良好的施工质量。垫层施工时每层铺筑厚度一般为 0.4～0.5m，用 10t 振动碾碾压 4 遍以上。对垫层上游坡面，由于重型振动碾难于碾压，因此，对上游坡面还应进行斜坡碾压。

垫层上下游之间水平宽度应根据坝高、地形、施工工艺进行技术经济比较后确定。垫层顶部水平宽度一般可采用 3～4m，向下逐渐加宽。坝高 100m 以下的面板堆石墙，为了简化施工也可考虑采用上下等宽的垫层。

对于周边缝附近的特殊垫层区，可以采用粒径小于 40mm 且内部稳定的细反滤料，经薄层碾压密实，以尽量减少周边缝的位移。

2. 过渡区

过渡区介于垫层与主堆石区之间，起过渡作用，石料的粒径级配和密实度应介于垫层与主堆石区两者之间。由于垫层很薄，过渡区实际上是与垫层共同承担面板传力。此外，当面板开裂和止水失效而漏水时，过渡区应具有防止垫层内细颗粒流失的反滤作用，并保持自身的抗渗稳定性。过渡区石料粒径要求可比垫层材料适当放宽，最大粒径一般为 300～400mm。该区水平宽度可取 3～5m，分层碾压厚度一般为 0.40～0.50m。

3. 主堆石区

主堆石区为面板坝堆石的主体，是承受水压力的主要部分，它将面板承受的水压力传递到地基和下游次堆石区，该区既具有足够的强度和较小的沉降量，也应具有一定的透水性和耐久性。该区石料应级配良好，以便碾压密实，主堆石区填筑层厚一般为 0.8～1.0m，最大粒径应不超过 600mm，用 10t 振动碾碾压 4 遍以上。

4. 次堆石区

下游次堆石区承受水压力较小，其沉降和变形对面板变形影响也一般不大，因而对填筑要求可酌情放宽。石料最大粒径可达 1500mm，填筑层厚 1.5～2.0m，用 10t 振动碾碾压 4 遍。下游次堆石区在坝体底部下游水位以下部分，应采用能自由滤水、抗风化能力较强的石料填筑；下游水位以上部分，宜使用与主堆石区相同的材料，但可以采用较低的压实标准，或采用质量较差的石料，如各种软岩料、风化石料等。

另外，混凝土面板上游铺盖区（1A 区）可采用粉土、粉细砂、粉煤灰或其他材料填筑；上游盖重区（1B 区）可采用渣料填筑；下游护坡可采用干砌石，或选用超径大石，运至下游坡面，以大头向外的方式堆放。

2.3.3.2 防渗面板的构造

1. 钢筋混凝土面板

采用钢筋混凝土面板作为防渗体，在堆石坝应用较多，少量土石坝也有采用，下面介绍钢筋混凝土面板的构造要求。

钢筋混凝土面板要求下游非黏性土石坝体必须具有很小的变形，而面板本身也应能够适应坝体的相对变形。为此，钢筋混凝土面板在坝体完成初始变形后铺筑最为理想。

钢筋混凝土面板防渗体主要是由防渗面板和趾板组成，如图 2.18（a）所示。面板是防渗的主体，对质量有较高的要求，即要求面板具有符合设计要求的强度、不透水性和耐久性。面板底部厚度宜采用最大工作水头的 1%，考虑施工要求，顶部最小厚度不宜小于 30cm。

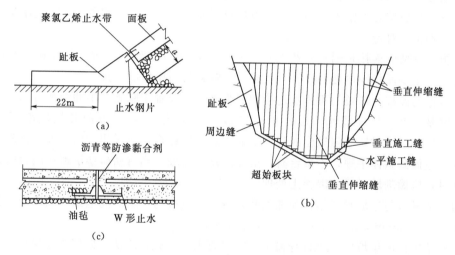

图 2.18　面板与趾板及分缝布置

为使面板适应坝体变形、施工要求和温度变化的影响，面板应设置伸缩缝和施工缝，如图 2.18（b）所示。垂直伸缩缝的间距，应根据面板受力条件和施工要求确定。位于面板中部一带，垂直伸缩缝间距可以取大些，一般以 10～18m 为宜，靠近岸坡的垂直缝间距则应酌情减小。垂直缝宜采用平接［图 2.18（c）］，不使用柔性填充物，以便最大限度地减少面板的位移。水平施工缝一般设在坝底以上 1/4～1/3 坝高处。采用滑模施工时，为适应滑模连续施工的要求，也可以不设水平施工缝。

为控制温度裂缝和干缩裂缝及面板适应坝体变形而产生的应力，面板需要布置双向钢筋，每向配筋率为 0.3%～0.5%。由于面板内力分布复杂，计算有一定的难度，故一般将钢筋布在面板中间部位。周边缝、垂直缝和水平缝附近配筋应适当加密，以控制局部拉应力和边角免遭挤压破坏。

2. 趾板（底座）

趾板是面板的底座，其作用是保证面板与河床及岸坡之间的不透水连接，同时也作为坝基帷幕灌浆的盖板和滑模施工的起始工作面。

趾板的截面型式和布置如图 2.18（a）所示，其沿水流方向的宽度 b 取决于作用水头 H 和坝基的性质，一般可按 $b = H/J$ 确定，J 为坝基的允许渗透比降。无资料时可取相对趾板位置水头的 $1/20 \sim 1/10$，最小 3.0m，低坝最小可取 2.0m。对局部不良岸坡，应加大趾板宽度，增大固结灌浆范围。趾板厚度一般为 $0.5 \sim 1.0$m，最小厚度为 $0.3 \sim 0.4$m。配筋布置可与面板相同，分缝位置应与面板分缝（垂直缝）对应。如果地基为岩基，可设锚筋与岩基固定。

面板接缝设计（包括面板与趾板的周边接缝和趾板之间接缝）主要是止水布置，周边缝止水布置最为关键。面板中间部位的伸缩缝，一般设 $1 \sim 2$ 道止水，底部用止水铜片，上部用聚氯乙烯止水带，周边缝受力较复杂，一般采用 $2 \sim 3$ 道止水，在上述止水布置的中部再加 PVC 止水。如布置止水困难，可将周边缝面板局部加厚。

3. 面板与岩坡的连接

面板与岸坡的连接是整个面板防渗的薄弱环节，面板常因随坝体产生的位移而产生变形，使其与岸坡结合不紧密，甚至出现被拉离岸坡或产生错动的现象，形成集中渗流。设计中应特别慎重对待。

面板与岸坡的连接是通过趾板与岸坡连接的，面板与趾板又通过分缝和止水措施防渗。为此，了解面板与岸坡的连接，就必须了解趾板与岸坡的连接。

趾板作为面板与岸坡的不透水连接和灌浆压帽，应置于坚硬、不冲蚀和可灌浆的弱风化至新鲜基岩上（低坝或水头较小的岸坡段可酌情放宽），岸坡的开挖坡度不宜陡于 $1 : 0.5 \sim 1 : 0.7$；对置于强风化或有地质缺陷岩基的趾板，应采用专门的处理措施。趾板基础开挖应做到整体平顺，不带台阶，避免陡坎和反坡，当有妨碍垫层碾压的台阶、反坡或陡坎时，应做削坡或回填混凝土处理。

为保证趾板与岸坡紧密结合和加大灌浆压重，趾板与岸坡之间应插锚筋固定。锚筋直径一般为 $25 \sim 35$mm，间距 $1.0 \sim 1.5$m，长 $3 \sim 5$m。

趾板范围内的岸坡应满足自身稳定和防渗要求，为此，应认真做好该处岸坡的固结灌浆和帷幕灌浆设计。固结灌浆可布置两排，深 $3 \sim 5$m。帷幕灌浆宜布置在两排固结灌浆之间，一般为一排，深度按相应水头的 $1/3 \sim 1/2$ 确定。灌浆孔的间距视岸坡地质条件而定，一般取 $2 \sim 4$m，重要工程应根据现场灌浆试验确定。为了保证岸坡的稳定，防止岸坡坍塌而砸坏趾板和面板，趾板高程以上的上游坡应按永久性边坡设计。

3 土石坝的地基处理

知识目标：掌握砂砾石地基处理的基本方法；熟悉土石坝与岸坡及其他建筑物的连接方式；了解土石坝地基处理的任务和一般要求。

能力目标：会根据不同的地基条件选择地基处理方法。

3.1 地基处理的任务

土石坝地基处理的任务如下。

（1）控制渗流。使坝基和坝身不产生渗透变形，有效降低坝体浸润线，保证坝坡和坝基渗流逸出处的渗透稳定，并将渗漏量控制在允许的范围之内。

（2）控制稳定。使坝基有足够的强度，不致因坝基强度不足而使坝体及坝基产生滑坡，软土层不致被挤出，砂土层不致发生液化等。

（3）控制变形。要求正常沉陷量和不均匀沉降控制在允许的范围之内，以免发生裂缝，影响正常运行。

土石坝地基处理应力求做到技术上可靠，经济上合理。筑坝前要完全清除表面的腐殖土，以及可能发生集中渗流和可能发生滑动的表层土石，如较薄的细砂层、稀泥、草皮、树根以及乱石和松动的岩块等，清除深度一般为 0.3~1.0m，然后再根据不同地基情况采取不同的处理措施。

岩石地基的强度大、变形小，一般均能满足土石坝的要求，其处理的目的主要是控制渗流，处理方法基本与重力坝相同，本节仅介绍非岩石地基的处理。

3.2 砂砾石地基的处理

砂砾石地基一般强度大，压缩变形也较小，因而这种地基处理的主要任务是控制渗流。渗流控制的基本思路是"上铺、中截、下排"。"上铺"是在上游坝脚附近铺设水平防渗铺盖；"中截"是在坝体中上游侧布置黏土截水槽等截水设备；"下排"就是在坝体下游侧设置各种排水减压设备，达到滤土、排水、降压的作用，以免产生渗透变形。前两者都可起到拦截坝基渗流或延长渗径、降低渗透坡降、以减少渗漏量、控制渗流稳定的作用。其中，垂直截渗往往是最有效和最可靠的方法，在技术条件允许而又经济合理时，应优先采用。

3.2.1 垂直防渗措施

垂直防渗措施应设在坝的防渗体底部，与防渗体紧密连接成一个整体，底部伸入相对不透水层。常见的垂直防渗措施有以下几种。

（1）明挖回填黏土截水槽。当坝基覆盖层深度不大（一般在 10～15m 以内）时，可开挖深槽至不透水层，槽内回填黏土，形成与防渗体连成整体的黏土截水槽，如图 3.1 所示。黏土截水槽是控制砂砾石地基最普遍且稳妥可靠的措施。

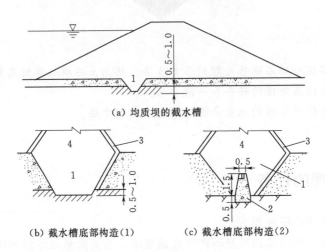

图 3.1 黏土截水槽（单位：m）

1—黏土截水槽；2—混凝土齿墙；3—反滤层；4—防渗体

截水槽的位置一般设在防渗体的底部，横贯整个河床并伸到两岸。均质坝的防渗体是坝体本身，其截水槽的位置可稍偏向上游，一般可布置在距上游 1/3～1/2 的坝底宽度处，如图 3.1（a）所示。

截水槽的底宽应根据回填土料的允许渗透坡降确定（砂壤土的允许坡降为 3.0，壤土为 3.0～5.0，黏土为 5.0～9.0），一般取 5～10m，最小宽度应不小于 3m，以满足施工要求。截水槽的边坡根据开挖砂砾石的施工稳定坡度及开挖深度而定，一般不陡于 1：1.0～1：1.5。截水槽的下游侧需设反滤层。截水槽的底部与不透水层的接触面是防渗薄弱环节。若不透水层为土层时，可将截水槽底部嵌入不透水层 0.5～1.0m，如图 3.1（b）所示。若不透水层为岩基时，可在接触面上做一道混凝土齿墙 ［图 3.1（c）］，墙高 1～2m，墙厚 0.5～0.8m，两侧边坡 1：0.1。

（2）混凝土防渗墙。当地基砂砾石层深度在 15～80m 时，宜采用混凝土防渗墙截渗，如图 3.2 所示。一般做法是用冲击钻沿坝基防渗轴线分段建造深窄式槽形孔直至基岩，以泥浆固壁，在槽内按水下混凝土浇筑方法构成一道连续的混凝土防渗墙。这种防渗方法开挖量小，施工进度快，造价低，防渗效果好，是一种比较经济有效的防渗措施。

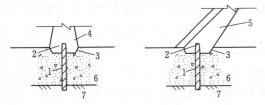

图 3.2 混凝土防渗墙

1—防渗墙；2—楔形体；3—高塑性黏土；4—黏土心墙；
5—黏土斜墙；6—砂砾层；7—基岩

混凝土防渗墙的厚度由坝高和防渗墙的允许渗透坡降、墙体溶蚀速度和施工条件等因素确定。混凝土防渗墙的顶部应做成光滑的楔形插入土质防渗体 1/10 坝高，墙底嵌入基岩 0.5～1.0m。

（3）灌浆帷幕。当地基砂砾石层很深或采用其他防渗截水措施不可行时，可采用灌浆帷幕，或在深层采用灌浆帷幕，上层采用明挖回填黏土截水墙或混凝土防渗墙等方法截渗。帷幕厚度应根据大坝承受的工作水头和帷幕本身的渗透比降确定。帷幕底部伸入相对不透水层的深度，对于高坝应不小于 5m，低坝可酌情减小；当相对不透水层较深时，可根据渗流分析并结合已建工程研究确定。坝基灌浆材料宜用粒状材料（如水泥、黏土和膨胀土等），也可在粒状材料灌浆后，再用化学灌浆材料。

3.2.2 上游水平防渗措施——防渗铺盖

当坝基砂砾石覆盖层较厚，采用其他防渗措施困难或不经济时，可采用水平防渗铺盖。铺盖是将坝身防渗体向上游的延伸部分，用黏性土料分层压实填筑而成，如图 3.3 所示。这种防渗设备结构简单、可靠、造价低廉，多用于斜墙坝和均质坝。它不能完全截断渗流，但可延长渗径，降低渗透坡降，减少渗流量。

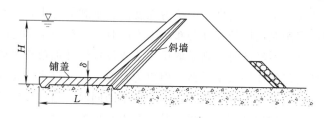

图 3.3　防渗铺盖

铺盖的长度和厚度应根据水头、透水层厚度及铺盖和坝基土的渗透系数通过试验或计算确定。根据已建工程经验，铺盖的长度可取 4～6 倍的设计水头。铺盖的厚度一般自上游向下游逐渐加厚，前端最小厚度可取 0.5～1.0m，与防渗体连接处的末端厚度应满足坝基渗流和铺盖允许渗透坡降的要求，其余各处厚度可取铺盖上下面水位差的 1/15～1/8。

铺盖与坝基接触面应平整、压实。铺盖应采用相对不透水土料填筑，其渗透系数应小于 $1×10^{-6}$ cm/s，也可采用土工膜做铺盖。

当铺盖与地基土之间不满足反滤要求时，应设反滤层。其渗透系数应小于坝基砂砾石层的 1/100，并应小

3.2.3 下游排水减压措施

当采用防渗铺盖时，由于其拦截渗流不彻底，可能使坝下游地层产生渗透变形或沼泽化。因此，当采用铺盖防渗或采用其他措施防渗效果较差时，可在下游坝脚或以外处配套设置排水减压措施，如排水沟、减压井、排水减压井等，如图 3.4 所示。

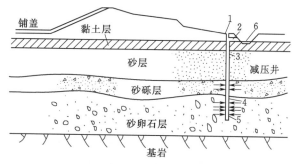

图 3.4　排水减压布置

1—混凝土井帽；2—出水口；3—导水管；4—进水花管；
5—沉淀管；6—排水沟

3.3 其他地基的处理

3.3.1 细砂地基处理

均匀饱和的细砂地基在动力的作用下，特别是在地震作用下易于液化，应采取工程措施加以处理。当厚度不大时，可考虑将其挖除；当厚度较大时，可首先考虑采取人工加密措施，使之达到与设计地震烈度相适应的密实状态，然后采取加盖重、加强排水等附加防护设施。

在易液化土层的人工加密措施中，对浅层土可以表面振动加密，对深层土则以振冲、强夯等方法较为经济和有效。振冲法是依靠振动和水冲使砂土加密，并可在振冲孔中填入粗粒料形成砂石桩。强夯法是利用几吨的重锤反复多次夯击地面，夯击产生的应力和振动通过波的传播影响地层深处，可使不同深度的地层得到不同程度的加固。

3.3.2 淤泥地基处理

淤泥层地基天然含水量大、密度小、抗剪强度低、承载能力小，一般不适宜直接作为坝基，应进行处理。当淤泥土层较浅和分布范围不广时，一般应全部挖除；当淤泥土层深和分布范围广，挖除难或不经济时，则采取压重法或设置砂井加速排水固结。压重施加于坝趾处，与放缓坝坡所起的作用效果类似，但更为有效。砂井排水法是在坝基中钻孔，然后在孔中填入砂砾，在地基中形成砂桩，在加密地基的同时，通过砂井把地基土料的含水量从砂井中导出，从而加快地基固结，提高其承载力和抗剪强度。

3.3.3 软黏土和黄土地基处理

软黏土不宜做坝基。土层较薄时，一般全部挖除；当软黏土层较厚、分布范围较广、全部挖除难度较大或不经济时，可将表面强度很低的部分挖除，换填较高强度的砂，称为换砂法。其余部分可用打砂井、加荷预压、振冲置换等方法处理。

黄土地基在我国西北部地区分布较多，其主要特点是浸水后沉降较大。处理方法一般有：预先浸水，使其湿陷加固；将表层土挖除，换土压实；夯实表层土，破坏黄土的天然结构，使其密实等。

4 土石坝的渗流分析

知识目标：掌握土石坝的渗透变形类型、产生条件及其防止措施；熟悉水力学法渗流分析的基本公式；了解土石坝渗流分析的目的及方法。

能力目标：能根据不同坝型和地基选择渗流计算方法；会利用水力学法进行的土石坝渗流计算，并根据渗流计算结果分析坝坡的渗透稳定性。

在土石坝中，由渗流引起的坝体和坝基渗透破坏对坝体危害很大，且渗透破坏往往具有隐蔽性，如发现和抢修不及时，将会导致难以补救的严重后果。因此，在坝体剖面尺寸和主要构造拟定后，必须进行渗流分析，为确定经济、合理的坝体横断面以及评判坝坡渗流稳定性提供依据。

4.1 渗流分析的任务和方法

4.1.1 渗流分析的任务

土石坝渗流分析的主要任务如下。

（1）确定坝体浸润线及其下游出逸点的位置，绘制坝体和坝基内的等势线分布图和流网图，为坝坡稳定分析和布置坝内排水、测压等设备提供依据。

（2）确定坝体和坝基的渗流量，以估算水库的渗漏损失和确定排水设备尺寸。

（3）确定坝坡出逸段和下游地基表面的出逸坡降，以及不同土层交界处的渗流坡降，以评判相应部位土体的渗透稳定性，以便采取更加有效的防渗反滤保护措施。

（4）确定库水位骤降时，上游坝壳或斜墙内浸润线的位置和孔隙水压力，供上游坝坡稳定分析之用。

（5）计算坝肩的等势线、渗流量和渗透坡降，确定坝体和岸基内的浸润面。

4.1.2 渗流计算的方法

土石坝的渗流是复杂的空间问题，工程上一般简化为平面问题来计算，一般取单位（1m）坝长作为分析对象。目前，常用的土石坝渗流分析方法有流网法、流体力学数值解法和水力学法等。对于重要工程还可采用模型实验对计算结果进行核对。

流网法是根据流网（渗流区域内相互正交的曲边正方形网格，如图 4.1 所示）的性质和渗流场的边界条件求解渗流场内任意点的渗流要素的一种渗流计算方法，用来解决较复杂的渗流场和边界问题。一般先用徒手绘制或水电比拟所得的试验成果绘制出渗流场的流网。

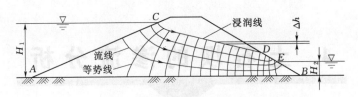

图 4.1 均质坝的流网图

流体力学数值解法是根据流体力学的拉普拉斯方程（水头函数）和一定边界条件，精确计算渗流场各点的渗流要素的一种渗流计算方法。由于实际工程中的土石坝边界条件较为复杂，一般很难求得解析解，目前一般多采用有限元软件或有限差分软件来计算。

水力学法是一种近似解法，其基本思路是：把坝内渗流区域划分为若干段（一般为两段），建立各段的水流运动方程式，再根据渗流连续性原理求解渗流要素和浸润线。

水力学法只能求出渗流区域内的断面平均渗透坡降、平均流速、渗流量以及浸润线，并可以满足一般工程要求，且计算简单，因此，在工程设计中应用较为广泛。

对于1级、2级坝和高坝应采用流体力学数值解法计算确定渗流场的各种渗流要素。对于其他情况可采用水力学进行计算。有关流网法和流体力学数值解法可参阅有关文献，本书重点介绍水力学法。

在进行渗流计算时，应考虑水库运行中可能出现的不利情况，常需计算以下几种水位的组合情况：①上游正常高水位与相应的下游最低水位；②上游设计洪水位与相应的下游最高水位；③上游校核洪水位与相应的下游最高水位；④库水位降落时对上游坝坡稳定最不利的情况。

4.2 渗流计算的水力学法

用水力学法进行土石坝渗流计算时，可将坝内渗流分为若干段（一般为两段），建立各段的水流运动方程式，然后根据渗流连续性原理求解渗透流速、渗透流量和浸润线等。为了使计算得以简化，该法作了如下基本假设：

（1）坝体土料是均质的，坝体内每点在各个方向的渗透系数 K 是相同的。

（2）坝体内部渗流是层流，符合达西定律 $v=KJ$。

（3）渗透水流为渐变流，任一过水断面上各点的坡降和流速是相等的。

基于上述假设，水力学法只能求出渗流区域内的断面平均渗透坡降和平均流速。在具体渗流计算应考虑坝体和坝基渗透系数的各向异性。计算渗流量时，宜采用渗透系数的大值平均值；计算水位降落时的浸润线宜采用小值平均值。渗透系数相差5倍以内的土层可视为同一种土层，其渗透系数由加权平均计算。

4.2.1 不透水地基上土石坝的渗流计算

严格地讲，绝对不透水的地基是不存在的。在土石坝渗流分析中，当地基的渗透系数 K_T 小于坝体土料渗透系数 K 的 1/100 时，就可近似认为地基是不透水的。

4.2.1.1 渗流基本公式

对于不透水地基上矩形土体内的渗流计算如图 4.2 所示。

应用达西定律，渗透流速 $v=KJ$，K 为渗透系数，J 为渗透坡降。假定任一铅直过水断面内各点渗流坡降均相等，则全断面的平均流速 v 等于

$$v=-K\frac{\mathrm{d}y}{\mathrm{d}x} \tag{4.1}$$

将上式变为

$$q\mathrm{d}x=-Ky\mathrm{d}y \tag{4.2}$$

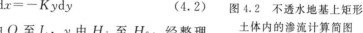

图 4.2　不透水地基上矩形
土体内的渗流计算简图

等式两端积分，x 由 O 至 L，y 由 H_1 至 H_2，经整理则得

$$q=\frac{K(H_1^2-H_2^2)}{2L} \tag{4.3}$$

上式是计算矩形土体渗流量的公式，也是各种型式的土石坝渗流量计算公式的基本型式。

若将式（4.2）两端积分的上、下限改为 x 由 O 至 x，y 由 H_1 至 y，则得浸润线方程

$$q=\frac{K(H_1^2-y^2)}{2x}$$

即

$$y=\sqrt{H_1^2-\frac{2q}{K}x} \tag{4.4}$$

由式（4.4）可知，浸润线是一个二次抛物线。式（4.3）和式（4.4）为渗流基本公式，当渗流量 q 已知时，即可绘制浸润线，若边界条件已知，即可计算单宽渗流量。

4.2.1.2　均质坝的渗流计算

对于上游坝坡斜面入渗的渗流分析要比垂直面入渗复杂得多（图 4.3）。而试验研究证明，以适宜位置的虚拟铅直面代替上游坝面进行渗流分析，其计算精度相差不大。因此，在实际分析中，常以虚拟等效的矩形 $AEOF$ 代替上游坝体三角形 AMF，两者应渗过相同的流量，消耗相等的水头，虚拟矩形的宽度 ΔL 可按式（4.5）计算：

$$\Delta L=\frac{m_1}{1+2m_1}H_1 \tag{4.5}$$

式中　m_1——上游坝坡的坡度系数，变坡时取平均值；

H_1——上游水深。

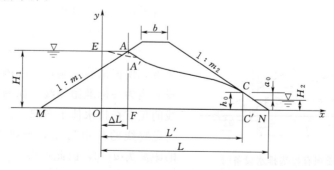

图 4.3　不透水地基上均质坝的渗流计算简图

1. 下游无排水或设贴坡排水设备的情况

在对无排水设备均质坝进行渗流分析时，以渗流逸出点为界把坝内渗流区域划分为上、下游两部分，分别列出各部分的渗流表达式，根据渗流连续性原理就可求出相应的未知量。如图 4.3 所示，以 O 点为坐标原点建立坐标系，OE 为 y 轴，ON 为 x 轴。这样，坝体浸润线就是该坐标系中的曲线方程 $y=f(x)$，图中 C 点即为渗流逸出点，到下游水面的距离为 a_0。单位坝长的渗流量 q 和 a_0 可通过联立求解式（4.6）和式（4.7）得到，渗流曲线方程式见式（4.8），即浸润线方程式。

$$q=K\frac{H_1^2-(a_0+H_2)^2}{2L'} \tag{4.6}$$

$$L'=L-m_2(a_0+H_2)$$

$$q=K\frac{a_0}{m_2}\left(1+\ln\frac{a_0+H_2}{a_0}\right) \tag{4.7}$$

$$y=\sqrt{H_1^2-\frac{2q}{K}x} \tag{4.8}$$

式中　q——单位坝长的渗流量，$\text{m}^3/(\text{s} \cdot \text{m})$；

　　　K——坝体土料渗透系数，m/s，壤土一般为 $(1\sim10)\times10^{-5}\,\text{cm/s}$；

　　　a_0——下游坝坡渗流逸出点到下游水面的距离，m；

H_1、H_2——上、下游水深，m；

　　　L'——虚拟铅直面到下游坝坡渗流逸出点的水平距离，m；

　　　m_2——下游坝坡系数。

当下游无水时，$H_2=0$，式（4.6）、式（4.7）可简化为

$$q=K\frac{H_1^2-a_0^2}{2L'}=K\frac{H_1^2-a_0^2}{2(L-m_2a_0)} \tag{4.9}$$

$$q=K\frac{a_0}{m_2} \tag{4.10}$$

在坝体渗流区域内，取不同的 x 坐标值，代入浸润线方程式（4.4）便可求出相应的 y 值。在图示坐标系内描点，并用平顺曲线连接各点，就得到坝体浸润线。绘出浸润线后，还应对渗流进口部位做适当修正：自 A 点引与坝坡 AM 正交的平滑曲线，曲线下游端与计算得到的浸润线相切于 A' 点。

当坝体有贴坡排水时，由于贴坡排水对坝身浸润线的位置没有影响，计算方法与前述下游无排水设备时相同。

2. 下游设褥垫式排水设备的情况

褥垫式排水设备在下游无水时排水效果最显著。模拟试验证明，设有褥垫式排水的坝体浸润线为一标准抛物线，如图 4.4 所示，抛物线的焦点在排水体上游起点，焦点在铅直方向与抛物线的截距为 a_0，至排水体上游侧顶点的距离为 $a_0/2$，由此可得

$$a_0=\sqrt{L'^2+H_1^2}-L' \tag{4.11}$$

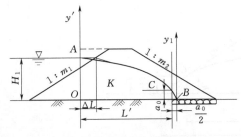

图 4.4　均质坝有褥垫排水设备时
的渗流计算简图

$$q=K\frac{H_1^2-a_0^2}{2L'} \tag{4.12}$$

$$y=\sqrt{\frac{a_0^2-H_1^2}{L'}x+H_1^2} \tag{4.13}$$

3. 下游设有棱体排水设备的情况

如图4.5所示，设有棱体排水设备的土石坝在下游有水时，其 a_0 和单位坝长的渗流量 q 可分别按式（4.11）、式（4.12）计算，而浸润线仍可按式（4.8）计算。

$$a_0=\sqrt{L'^2+(H_1-H_2)^2}-L' \tag{4.14}$$

$$q=K\frac{H_1^2-(a_0+H_2)^2}{2L'} \tag{4.15}$$

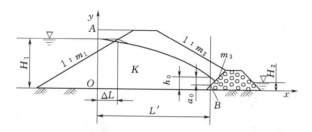

图4.5 均质坝有棱体排水设备时的渗流计算简图

当下游无水时，将 $H_2=0$ 代入式（4.14）、式（4.15）可得到与式（4.11）、式（4.12）完全相同的公式。这说明，设有堆石棱体排水的均质坝在下游无水时的渗流计算可采用褥垫式排水情况的计算公式。

4.2.1.3 心墙坝的渗流计算

由于心墙土料的渗透系数远小于坝壳土料，计算时可近似地忽略上游坝壳段的水头损失，即认为该段的浸润线是与库水位同高的水平线。这样，心墙坝渗流计算可分为心墙坝段和下游坝壳段，将心墙简化为等厚矩形断面，按两段法计算，其计算公式见表4.1。

4.2.1.4 斜墙坝的渗流计算

计算斜墙坝渗流时，也可将其分为斜墙和下游坝壳两部分，将变厚度的斜墙可简化为等厚度斜墙，按两段法计算，其计算公式见表4.1。

4.2.2 有限深透水地基上土石坝的渗流计算

对于透水地基上的均质坝（图4.6），当坝体土料渗透系数和坝基相近时，可近似地将坝体和坝基分开进行渗流计算。即先假定坝基为不透水，按前述方法计算坝体的渗流量和浸润线；然后再假定坝体为不透水，按有压渗流计算坝基渗流量，两者相加便可得到通过坝体和坝基的单位坝长渗流量。

有限深透水地基上土石坝的渗流计算公式见表4.1。

4.2.3 总渗流量的计算

前面所述方法，求得的只是通过每米长坝体的和坝基的渗流量（即单宽渗流量）。计算大坝总渗流量时，应根据坝址的地形、透水层厚度变化情况及坝体结构，将土石

表 4.1　　　　　　不同类型地基土石坝渗流计算的公式

地基类型	坝型		计 算 简 图	浸润线方程	计 算 公 式　q
不透水地基	均质坝	带棱体排水		$y=\sqrt{H_1^2-\dfrac{2q}{k}x}$	$q=\dfrac{k[H_1^2-(H_2+h_0)^2]}{2L'}$ $h_0=\sqrt{L'^2+(H_1-H_2)^2}-L'$
		带褥垫排水		浸润线方程同上	$q=\dfrac{k}{2L'}(H_1^2-h_0^2)$ $h_0=\sqrt{L'^2+H_1^2}-L'$
	心墙坝			$y=\sqrt{\dfrac{2q}{k}x+H_2^2}$	$q=k\dfrac{h_e^2-H_2^2}{2L}$

续表

地基类型	坝型	计算简图	浸润线方程	计算公式 q
不透水地基	斜墙坝		$y = \sqrt{\dfrac{2q}{k}x + H_2^2}$	联立下式求解 h_e、q $\begin{cases} q = k\dfrac{h_e^2 - H_2^2}{2L} \\[2mm] q = k_e\dfrac{H_1^2 - h_e^2 - (\delta\cos a)^2}{2\delta\sin a} \end{cases}$
有限深透水地基	均质坝		$y = \sqrt{H_1^2 - \dfrac{2q}{k}x}$	$q = k\dfrac{H_1^2}{2L'} + k_T\dfrac{TH_1}{L'+0.44T}$
	心墙坝		$y^2 = h^2 - \dfrac{h^2}{L}x$	联立下式求解 h、q $\begin{cases} q = k_e\dfrac{(H_1+T)^2 - (h+T)^2}{2\delta} \\[2mm] q = k\dfrac{h^2}{2L} + k_T\dfrac{h}{L+0.44T} \end{cases}$

坝沿坝轴线方向分成若干段（图 4.6），分别计算各坝段的单宽渗流量，则全坝长总的渗流量为

$$Q = q_1 L_1 + q_2 L_2 + \cdots + q_n L_n = \sum_{i=1}^{n} q_i L_i \tag{4.16}$$

式中　q_i——各计算坝段的平均单宽渗流量，$m^3/(s \cdot m)$；

　　　L_i——与 q_i 相应的各计算坝段长，m。

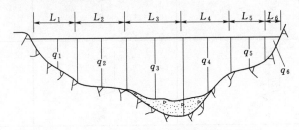

图 4.6　土石坝渗流总量计算分段示意图

【**例 4.1**】　如图 4.7 所示，某均质坝为 5 级建筑物，坝高 10.0m，坝顶宽度 3.5m，上、下游坝坡分别为 1：2.5、1：2.25。筑坝材料为壤土，渗透系数 K 为 3×10^{-4}cm/s，抗剪强度指标为 $\varphi_1 = 25°$，$C_1 = 17.5$kPa，湿容重为 18.5kN/m^3，饱和容重为 20.5kN/m^3，浮容重为 9.5kN/m^3。坝基亦为壤土，渗透系数 K_T 为 2.4×10^{-6}cm/s，抗剪强度指标为 $\varphi_2 = 22.5°$，$C_2 = 21$kPa。坝前水深 8.5m，下游无水。试求通过坝体的单宽渗流量，并在图中画出坝体浸润线。

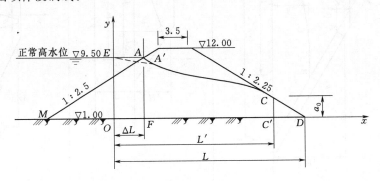

图 4.7　渗流计算图及浸润线（单位：m）

解：已知 $m_1 = 2.5$，$m_2 = 2.25$，$H_1 = 9.5 - 1.0 = 8.5$(m)，$H_2 = 0$，地基的渗透系数 $K_T = 2.4 \times 10^{-6}$cm/s 小于坝体土料渗透系数 $K = 3 \times 10^{-4}$cm/s 的 1/100，可按不透水地基计算。

由式（4.5）计算虚拟矩形的宽度 ΔL 为

$$\Delta L = \frac{m_1}{1 + 2m_1} H_1 = \frac{2.5}{1 + 2 \times 2.5} \times 8.5 = 3.54 \text{(m)}$$

则图中 L 长度为

$$L = 3.54 + (12 - 8.5) \times 2.5 + 3.5 + (12 - 1.0) \times 2.25 = 38.0 \text{(m)}$$

由式（4.9）和式（4.10）联立得

$$\frac{H_1^2 - a_0^2}{2(L - m_2 a_0)} = \frac{a_0}{m_2}$$

代入已知数据，并求解得渗流逸出点的高度：

$$a_0 = 2.29(\text{m})$$

$$L' = L - m_2 a_0 = 38.0 - 2.25 \times 2.29 = 32.85(\text{m})$$

于是，由式（4.10）可计算得到单宽渗流量 q 为

$$q = K \frac{a_0}{m_2} = 3 \times 10^{-4} \times 10^{-2} \times \frac{2.29}{2.25} = 3.1 \times 10^{-6} [\text{m}^3/(\text{s} \cdot \text{m})]$$

将已知数值代入式（4.4）得相应的浸润线方程式：

$$y = \sqrt{H_1^2 - \frac{2q}{K}x} = \sqrt{8.5^2 - \frac{2 \times 3.1 \times 10^{-6}}{3 \times 10^{-6}}x} = \sqrt{72.25 - 2.07x}$$

以 O 点为坐标原点建立坐标系 xOy，如图 4.6 所示。渗流逸出处 C 点的坐标值为 $x_c = 32.85\text{m}$，$y_c = 2.29\text{m}$。在坝体渗流区域 $x_c = 0 \sim 32.85\text{m}$ 内，取不同的 x 坐标值，代入上述浸润线方程式便可求出相应的 y 坐标值。在图示坐标系内描点，并用平顺曲线连接各点，就得到坝体计算浸润线 EC。再对计算浸润线的坝体渗流进口部位进行修正：自 A 点引与坝坡 AM 正交的平滑曲线，曲线下游端与计算得到的浸润线相切于 A' 点。修正后的曲线 $EAA'C$ 即为所求坝体浸润线。

4.3　土石坝的渗透稳定分析

土石坝的坝体和坝基在渗透水流作用下，土体颗粒流失，土壤发生局部破坏的现象称为渗透变形，也称渗透破坏。破坏性的渗透变形可能导致水工建筑物失事。据统计，土石坝破坏的事例中，有 45% 是由于渗透变形造成的。

4.3.1　渗透变形的型式

渗透变形及其发展过程与土料性质、土料的颗粒级配、水流条件及防渗排水措施有关。渗透变形有以下四种型式。

1. 管涌

管涌是指在渗流作用下，无黏性土中的细小颗粒在孔隙中连续移动并被带出土体以外，形成挟砂渗流的集中通道，导致土体破坏的现象。管涌一般发生在无黏性土、砂砾土的下游坝坡面和地基面渗流逸出处。对于黏性土料，由于土料颗粒之间存在着黏聚力，渗流难以把土粒挟带流失，因此一般不会发生管涌。

2. 流土

流土是指在渗流作用下，一定范围内的土体从坝身或坝基表面被掀起浮动或流失的现象。这种渗透变形主要发生在黏性土及均匀的非黏性土无保护措施的渗流出口处，表现型式多为土体表面发生隆起、断裂或剥落。从流土的发生到破坏，整个过程比较迅速，一旦渗透坡降超过土体产生流土的允许渗透坡降，渗透压力超过土体的浮容重时，土体就掀起浮动。

3. 接触流失

接触流失是指渗流通过渗透系数相差较大的两土层接触面（或与接触面成一定交角）

时，将一层的土体带入另一层土体的现象。接触流失又分为接触管涌和接触流土，接触管涌主要发生在无黏性土中，接触流土主要发生在黏性土中。

4. 接触冲刷

接触冲刷是指渗流沿着粗细两种土层的接触面或建筑物与地基的接触面流动时，沿接触面带走细颗粒的现象。一般发生在无黏性土中。

实际工程中发生最多的渗透变形是管涌和流土。

4.3.2 管涌和流土的判别

黏性土只可能发生流土，不会产生管涌。无黏性土则管涌和流土都有可能发生。一般认为，发生何种型式的渗透变形主要取决于土体的颗粒级配、细粒含量和密度等因素。常用的判别方法有两种。

（1）以土体的不均匀系数 $\eta = d_{60}/d_{10}$ 为判别依据，见式（4.17）。

$$\left.\begin{array}{ll} \eta < 10 & \text{流土} \\ \eta > 20 & \text{管涌} \\ 10 < \eta < 20 & \text{过渡型} \end{array}\right\} \tag{4.17}$$

此法虽简单，但准确度较差。

（2）以土体中的细颗粒含量 P_c（%）为判别依据，见式（4.18）。

$$\left.\begin{array}{ll} P_c > 35\% & \text{流土} \\ P_c < 25\% & \text{管涌} \\ 25\% < P_c < 35\% & \text{过渡型} \end{array}\right\} \tag{4.18}$$

此法是目前应用较多的判别方法。

4.3.3 渗透破坏的判别标准

工程中一般以允许渗透坡降 $[J]$ 作为渗透破坏的判别标准。认为当土体的渗透坡降超过了土体的允许渗透坡降 $[J]$ 时，将产生渗透破坏。土体的允许渗透坡降 $[J]$ 一般可由临界坡降 J_{cr} 除以安全系数 k 确定，安全系数 k 可取 1.5～2.0。临界坡降 J_{cr} 是指使土体中的细小颗粒开始在孔隙中运动时的水力坡降，可通过试验和计算方法确定。

1. 管涌的临界渗透坡降 J_{cr}

目前，关于产生管涌的临界渗透坡降 J_{cr} 的研究至今尚不成熟。对于中、小型工程，当渗流自下而上时，非黏性土发生管涌的临界渗透坡降 J_{cr} 可参照式（4.19）计算：

$$J_{cr} = 2.2(G_s - 1)(1 - n)^2 \frac{d_5}{d_{20}} \tag{4.19}$$

式中　n——土的孔隙率，%；

　　　G_s——土的颗粒密度与水的密度之比；

d_5、d_{20}——分别为占总土重 5% 和 20% 的土粒粒径，mm。

2. 流土的临界渗透坡降 J_{cr}

关于流土的临界渗透坡降 J_{cr} 研究比较成熟，公式也多。常用的有太沙基公式，为

$$J_{cr} = (G_s - 1)(1 - n) \tag{4.20}$$

无试验资料时，无黏性土的允许渗透坡降 $[J]$ 可按表 4.2 查用。

表 4.2 无黏性土渗透坡降 [J] 值

允许渗透坡降	渗透变形型式					
	流 土 型			过渡型	管 涌 型	
	$\eta \leqslant 3$	$3 < \eta \leqslant 5$	$\eta \geqslant 5$		级配连续	级配不连续
[J]	0.25~0.35	0.35~0.5	0.5~0.8	0.25~0.4	0.15~0.25	0.1~0.2

注　1. 本表不适用于渗流出口处有反滤层保护的情况。

　　2. 表中 η 为土的不均匀系数。

4.3.4　防止渗透变形的工程措施

如前所述，土石坝产生渗透变形的条件主要取决于渗透坡降的大小和土料的组成。因此，防止渗透变形可从两方面入手：一方面可在上游侧采取防渗措施，拦截渗水或延长渗径，从而减小渗流速度和渗透压力，降低渗透坡降；另一方面可增强渗流的出口处土体抵抗渗透变形的能力。具体工程措施如下。

（1）在上游侧设置水平与垂直防渗设备（如心墙、斜墙、截水槽和水平铺盖等）拦截渗水，延长渗径，消耗水头，进而降低渗透坡降。

（2）在下游侧的坝体设置贴坡、堆石棱体等排水反滤设施，在坝基设置排水沟或减压井，降低渗流出口处的渗透压力。

（3）在可能产生管涌的地段，需铺设反滤层，拦截可能被涌流带走的细颗粒。

（4）在可能产生流土的地段，应加盖重，盖重下的保护层也必须按反滤层原则铺设。

5　土石坝的稳定分析

知识目标：掌握土石坝稳定的计算方法和适用条件；熟悉土石坝的荷载类型、稳定计算工况及稳定安全系数标准；了解土石坝失稳型式及发生条件。

能力目标：能根据土石坝的型式、工作条件选择稳定计算方法；会利用瑞典圆弧法和滑楔法进行坝坡稳定计算；能根据稳定计算结果分析坝坡的稳定性。

土石坝稳定分析的任务是分析坝体和坝基在不同的工作条件下可能产生的滑动破坏型式，校核其稳定性，并经反复修改定出经济合理的坝体横断面。

5.1　土石坝的失稳型式

土石坝作为一个整体，也是依靠自身重力维持稳定的。其剖面一般比较庞大，从而使其整体稳定条件自然得到满足。但由于土石坝是一个由松散颗粒构成的结构体，且承受渗流动水压力、土体自重、孔隙水压力及地震力等荷载作用。若坝体或坝基的抗剪强度不够，则坝坡或坝坡连同一部分坝基有可能发生坍塌，造成失稳。如果局部滑坡现象得不到控制，任其发展下去，也会导致坝体整体破坏。因此，土石坝的稳定问题主要是局部稳定问题。

土石坝的局部失稳通常有三种型式，即坝坡滑动、塑性流动和液化失稳。塑性流动是由于坝体或坝基局部区域的剪应力超过了土料的抗剪强度，变形超过了弹性界限值，使坝坡坝基发生过大变形，引起裂缝或沉降，一般可能发生在设计不良的软黏土石坝体或坝基中。液化失稳一般发生在均匀细砂土的地基或坝体中。坝坡滑动是土石坝最主要的局部失稳型式，本章主要讨论土石坝的坝坡抗滑稳定问题。

土石坝滑动面的型式与坝体的工作条件、土料类型和地基的性质有关，一般可归纳为以下几种型式。

（1）曲线滑动面。这种滑动面多发生在黏性土料坝坡中。滑动面为一顶部陡而底部渐缓的曲线面，如图 5.1（a）、（b）所示。由于曲线面近似圆弧面，故在稳定分析中常以圆弧面代替此曲线滑动面。当坝基是坚硬的土质或为岩基时［图 5.1（a）］，坝坡滑坡体多从坡脚处滑出，否则，将切入坝基连带一部分坝基，从坝脚以外滑出［图 5.1（b）］。

（2）直线或折线滑动面。这种滑动面多发生在非黏性土料坝坡中。对于薄心墙及斜墙坝，滑动面上部分通常沿着防渗体与坝体接触面滑动，下部在某一部位转折向坝外滑出，如图 5.1（d）所示。对于浸水坝坡常呈折线滑动面，折点一般在水面附近，如图 5.1（c）

所示。

（3）复合滑动面。厚心墙坝或由黏性土及非黏性土构成的多种土质坝，可能形成由曲线面和直线面组成的复合滑动面，如图 5.1（e）所示。另外，当坝基有软弱夹层时，滑动面不再往下深切，而是沿夹层形成复合滑动面，如图 5.1（f）所示。

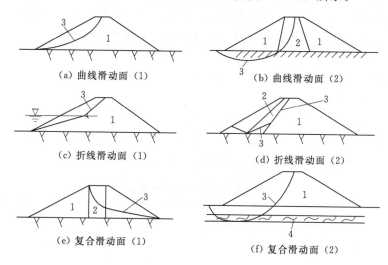

图 5.1　坝坡滑动面型式
1—坝壳或坝身；2—防渗体；3—滑动面；4—软弱夹层

5.2　土石坝的荷载及稳定安全系数的标准

5.2.1　土石坝的荷载

土石坝稳定计算必须考虑的荷载有自重、渗透动水压力、孔隙压力和地震惯性力等。

（1）自重。自重是主要荷载，坝体浸润线以上的土体按湿重度计算，坝体浸润线以下、下游水位以上的按饱和重度计算，下游水位以下的按浮重度计算。

（2）渗透动水压力。动水压力的方向与渗透方向相同，作用在单位土体上的渗透动水压力为 γJ，γ 为水的重度，J 为该处的渗透坡降。

（3）孔隙压力。由土体孔隙中的水和空气传递的压力称为孔隙压力，它在土体滑动时不能产生摩擦力。在被水充满孔隙的饱和土体中，该压力全部由孔隙水传递，则称为孔隙水压力。当孔隙中的水和空气因受压而排出后，荷载由土粒或土体的骨架承担，此时的应力（压力）则称为有效应力，它在土体滑动时能产生摩擦力。孔隙压力与有效应力之和称为总应力。

（4）地震荷载。当地震设计烈度等于或大于 7 度时，稳定计算就应考虑地震惯性力。地震惯性力应按拟静力法计算。

5.2.2　稳定计算情况

土石坝的坝坡稳定分析应考虑如下几种工况。

1. 正常运用条件

（1）水库正常蓄水位与相应下游最低水位或水库设计洪水位与相应下游最高水位形成

稳定渗流期的上、下游坝坡。

（2）水库水位从正常蓄水位或设计洪水位正常降落到死水位时的上游坝坡。

2. 非正常运用条件 Ⅰ

（1）施工期的上、下游坝坡。

（2）水库校核洪水位与相应下游最高水位形成稳定渗流期的上、下游坝坡。

（3）水库水位从设计洪水位非常降落到死水位以下时的上游坝坡。

3. 非正常运用条件 Ⅱ

正常运用水位遇到地震时的上、下游坝坡。

5.2.3 稳定安全系数标准

稳定计算时应该采用黏性土固结后的强度指标。对 1 级坝和 2 级以下的高坝，以及一些比较复杂的情况，可用不计及条块间作用力的简化法复核坝坡抗滑稳定安全系数，这时容许最小安全系数值应比表 5.1 中的规定降低 6.0%。

表 5.1　　　　　　　　　　　容许最小抗滑稳定安全系数

运用条件	工　程　等　级			
	1	2	3	4、5
正常运用	1.50	1.35	1.30	1.25
非常运用	1.30	1.25	1.20	1.15
正常运用加地震	1.20	1.15	1.15	1.10

5.3　土料抗剪强度指标的选取

根据库仑定律，滑动土体的抗剪强度 τ 与滑动面上的法向应力 σ 成直线关系，抗剪强度表达式如下：

$$\tau = c + \sigma \tan\varphi \tag{5.1}$$

式中　　τ——土体的抗剪强度，kPa；

σ——作用在滑动面上的法向应力，kPa；

c——土体的黏聚力，kPa；

φ——土体的内摩擦角，(°)。

在稳定计算时，式（5.1）中的 σ 采用有效应力比较合理，相应的计算方法称为有效应力法。但影响孔隙应力与土料的性质、含水率、填筑速度等因素有关，并随时间而改变，随压力增加而变大，因此很难准确计算孔隙应力。故在不能准确计算孔隙应力的情况下，σ 可采用总应力，相应的计算方法称为总应力法。总应力法不需计算孔隙应力，只需在选用抗剪强度指标 c 和 φ 值的试验方法时，能考虑孔隙压力的影响即可。

土石坝从施工期到运用期，坝体填土及地基土的抗剪强度都在不断变化。所以，土料的抗剪强度指标（内摩擦角 φ、黏聚力 c）的选用是否合理，关系到坝体的工程量和安全程度，至为重要。各种计算工况下，土的抗剪强度指标应按表 5.2 选用。

表 5.2 　　　　　　　　　　　　　　抗剪强度指标的测定和应用

控制稳定的时期	强度计算方法	土 类		使用仪器	试验方法与代号	强度指标	试样起始状态
施工期	有效应力法	无黏性土		直剪仪	慢剪（S）	c'、φ'	填土用填筑含水率和填筑密度的土，地基用原状土
				三轴仪	固结排水剪（CD）		
		黏性土	饱和度小于80%	直剪仪	慢剪（S）		
				三轴仪	不排水剪测孔隙压力（UU）		
			饱和度大于80%	直剪仪	慢剪（S）		
				三轴仪	固结不排水剪测孔隙压力（UU）		
	总应力法	黏性土	渗透系数小于10^{-7}cm/s	直剪仪	快剪（Q）	c_U、φ_U	
			任何渗透系数	三轴仪	不排水剪（UU）		
稳定渗流期和水库水位降落期	有效应力法	无黏性土		直剪仪	慢剪（S）	c'、φ'	同上，但要预先饱和，而浸润线以上的土不需饱和
				三轴仪	固结排水剪（CD）		
		黏性土		直剪仪	慢剪		
				三轴仪	固结不排水剪测孔隙压力（UU）或固结排水剪（CD）		
水库水位降落期	总应力法	黏性土	渗透系数小于10^{-7}cm/s	直剪仪	固结快剪（R）	c_{CU}、φ_{CU}	
			任何渗透系数	三轴仪	固结不排水剪（CU）		

5.4　坝坡稳定分析方法

当土体中的剪应力不超过其抗剪强度时，土体是稳定的，否则土体将发生滑动破坏。当剪应力刚好达到土体抗剪强度的极限时，土体处于极限平衡状态。因此，常采用刚体极限平衡法进行坝坡稳定分析。

土石坝的坝坡稳定分析方法按滑动面形状不同，分圆弧滑动法和折线滑动法（滑楔法）两种。

5.4.1　圆弧滑动法

圆弧滑动法是目前工程中广泛采用的一种坝坡稳定分析方法。该法最早由瑞典人彼得森首先提出来的，故又称瑞典圆弧法，简称圆弧法。

圆弧法的基本思路是：假定坝体有一系列可能的圆弧滑动面，取滑动面以上滑动土体作为分析对象（图5.2），将滑动土体对圆弧圆心 O 的阻滑力矩 M_s 与滑动力矩 M_T 的比值作为坝坡稳定安全系数 K，即

$$K=\frac{M_s}{M_T}$$

（5.2）

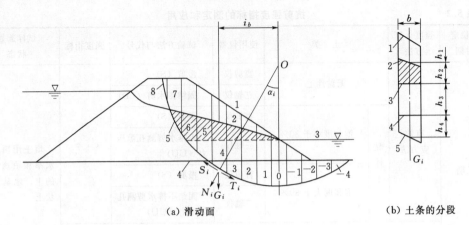

（a）滑动面 　　　　　　　（b）土条的分段

图 5.2　圆弧法计算坝坡稳定安全系数

1—坝坡面；2—浸润线；3—下游水面；4—地基面；5—滑裂面图

均质坝、厚心墙坝和厚斜墙坝的可能滑动面都近似圆弧面，其坝坡稳定计算均可采用圆弧法。为了便于计算滑动土体对圆弧圆心 O 的力矩，通常将滑动土体分成若干竖向土条，分别计算各土条上的作用力矩，然后求其总和代入公式计算稳定安全系数，称为条分法。

在条分法中又分为不考虑条块间作用力的瑞典圆弧法和考虑条块间作用力的简化毕肖普法。瑞典条分法计算简单，但理论上有缺陷，且当孔隙压力较大和地基软弱时误差较大，采用该法计算时可选用较低的稳定安全系数；相对而言，简化毕肖普法比较合理，计算结果比较精确，但比较费时。

1. 瑞典圆弧法

通常取单位坝长进行稳定计算。图 5.2 所示为土石坝下游坝坡连同坝基一起滑动的情况。假定滑动面为圆弧滑动面，其圆心在 O 点，半径为 R。

（1）土条编号。将圆弧面以上滑动土体分成若干等宽土条并编号。为计算简便，土条宽度可取 $b=0.1R$，各土条的编号顺序是：圆心正下方的一条编为 0 号，向上游（对下游坝坡而言）依次编号为 1，2，3，…，向下游依次编号为 -1，-2，-3，…。不计土条之间的作用力。

（2）土条的重量 w_i。设任一土条 i 的自重为 $G_i=w_ib$，w_i 为土条单宽重，在计算滑动力和阻滑力时分别采用式（5.3）和式（5.4）计算：

$$w'_i = \gamma_1 h_1 + \gamma_2 h_2 + \gamma_3 h_3 + \gamma_4 h_4 \tag{5.3}$$

$$w_i = \gamma_1 h_1 + \gamma_3(h_2 + h_3) + \gamma_4 h_4 \tag{5.4}$$

式中　　$h_1 \sim h_4$——i 号土条各分段中心线高度 [图 5.2（b）]，m；

$\gamma_1 \sim \gamma_4$——i 号土条各分段的容重，可按其所在位置取值：坝体浸润线以上用湿容重；坡外水位以下用浮容重；坝体浸润线以下，坡外水位以上的土体，在计算滑动力时用饱和容重，计算阻滑力时用浮容重。

（3）安全系数。将土条自重 G_i 分解为平行于土条底边的 T_i 与垂直于土条底边的 N_i，

则土条 i 上的滑动力和阻滑力可由式（5.5）和式（5.6）求得。

滑动力
$$T_i = G_i \sin\alpha_i = w_i' b \sin\alpha \tag{5.5}$$

阻滑力
$$S_i = N_i \tan\varphi_i + c_i l_i = G_i \cos\alpha_i \tan\varphi_i + c_i l_i$$
$$= w_i b \cos\alpha_i \tan\varphi_i + c_i l_i \tag{5.6}$$

$$l_i = \frac{\pi R}{180°} \alpha_i$$

式中　α_i——如图 5.2（a）所示，在过 O 点的垂线左边为正，右边为负，（°）；

　　　φ_i——i 号土条的内摩擦角，（°）；

　　　c_i——i 号土条的黏聚力，kPa；

　　　l_i——i 号土条底部圆弧的长度，m。

滑动土体总的滑动力为 $\sum T_i$，总的阻滑力为 $\sum S_i$，分别对圆心 O 取力矩，并代入式（5.2）得：

$$K = \frac{R \sum S_i}{R \sum T_i} = \frac{\sum w_i \cos\alpha_i \tan\varphi_i + \frac{1}{b} \sum c_i l_i}{\sum w_i' \sin\alpha} \tag{5.7}$$

式（5.7）就是用总应力法计算坝坡稳定安全系数的瑞典圆弧法基本公式。应用时应注意以下几点：①若两端土条的宽度 b' 不等于 b，可将其高度为 h' 换算成宽度为 b 的等效高度 $h = b'h'/b$ 进行计算；②若取 $b = 0.1R$，则 $\sin\alpha_i = ib/R = 0.1R$，$\cos\alpha_i = \sqrt{1-(0.1i)^2}$，对每个圆弧都是固定的，不必每次计算；③当滑动面上的 c、φ 为常量时，可提到 $\sum$ 符号前面。

采用有效应力法计算坝坡稳定安全系数时，应采用有效应力强度指标 c' 和 φ'，相应的坝坡稳定安全系数计算公式为

$$K = \frac{\sum(w_i \cos\alpha_i - u_i l_i)\tan\varphi_i' + \frac{1}{b} \sum c_i' l_i}{\sum w_i' \sin\alpha} \tag{5.8}$$

在计算坝坡稳定安全系数时，若考虑地震作用，可采用拟静力法，计算公式可参阅《碾压式土石坝设计规范》（SL 274—2001）附录 D。

利用式（5.7）或式（5.8）计算出所有可能滑动面上的稳定安全系数 K，并找出最小值 K_{min}，作为衡量坝坡稳定性的安全系数，其值应不小表 5.1 规定的数值，否则，就不满足坝坡抗滑稳定要求。最小安全系数对应的滑动面称为最危险滑动面。最危险滑动面圆心位置的大致范围，可参阅有关文献。

2. 简化毕肖普法

瑞典圆弧法不满足每一土条力的平衡条件，一般计算出的安全系数偏低。毕肖普法在这方面作了改进，近似考虑了土条间相互作用力的影响，其计算简图如图 5.3 所示。图中 E_i 和 X_i 分别表示土条间的法向力和切向力；w_i 为土条自重，在浸润线上、下分别按湿重度和饱和重度计算；Q_i 为水平力，如地震等；N_i 和 T_i 分别为土条底部的总法向力和总切向力。

为使问题可解，毕肖普假设 $X_i = X_{i+1}$，即略去土条间的切向力，使计算工作量大为

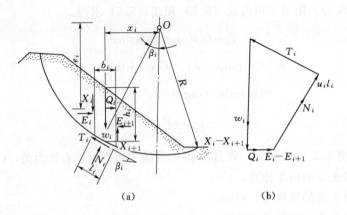

(a)   (b)

图 5.3 简化的毕肖普法

减少，而成果与精确法计算的仍很接近，故称简化毕肖普法，其安全系数计算公式为

$$K=\frac{\sum(G_i-u_ib)\tan\varphi_i'+c_i'b}{\sum G_i\sin\alpha_i\sum\left(1+\frac{\tan\alpha_i\tan\varphi_i'}{K}\right)\cos\alpha_i}\tag{5.9}$$

由于式（5.9）的两端均含有 K，故可先假定 $K=1$，通过试算法得到真实的 K 值。

虽然简化的毕肖普法的计算方法要比瑞典圆弧法复杂，但由于它计及了条块之间的作用力，能反映土体滑动、土条的客观情况，因此，对于均质坝、厚心墙坝和厚斜墙坝，宜采用简化毕肖普法分析坝坡稳定问题。

【例 5.1】 假设［例 4.1］均质坝的最危险滑动面是以点 O 为圆心，半径为 $R=22m$ 的圆弧面，如图 5.4 所示，试求其下游坝坡的稳定安全系数。

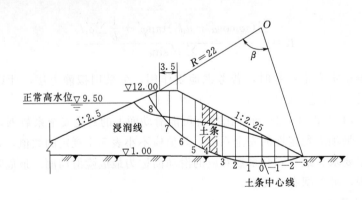

图 5.4 均质坝稳定计算图

解：（1）将滑动土体分为 $b=0.1$，$R=2.2m$ 的等宽土条，并编号：以通过圆心 O 点的铅垂线作为 0 号土条的中心线，向上游（对下游坝坡而言）依次编号为 1，2，3，…，8，向下游依次编号为 -1，-2，-3。为清楚起见，图中只画出了各土条的中心线，作为计算土条高度的依据。

（2）列表计算各土条的荷载，见表 5.3。

表 5.3　　　　　　　　　　　土 石 坝 稳 定 计 算 表

土条编号	h_1	h_2	h_3	h_4	$\gamma_1 h_1$	$\gamma_2 h_2$	$\gamma_3 h_2$	$\gamma_2 h_3$	$\gamma_4 h_4$	w_1	w_i	$\sin\alpha_1$	$\cos\alpha_1$	$w_i\cos\alpha_i$	$w_i'\sin\alpha_i$
(1)	(2)	(3)	(4)	(5)	(6)	(7)	(8)	(9)	(10)	(11)	(12)	(13)	(14)	(15)	(16)
8	2.3				42.6					42.6	42.6	0.8	0.60	25.5	34.0
7	3.5	1.8			64.8	36.9	18.9			83.7	101.7	0.7	0.71	58.4	71.2
6	3.7	3.6			68.5	73.8	37.8			106.3	142.3	0.6	0.80	85.0	85.4
5	3.2	4.6			58.2	94.3	48.3			107.5	153.5	0.5	0.87	93.5	76.8
4	2.3	5.4			42.6	19.7	56.7			98.3	153.3	0.4	0.92	91.3	61.3
3	2.0	5.6			37.0	114.8	58.8			95.8	151.8	0.3	0.95	91.0	45.5
2	1.2	5.1		0.5	22.2	104.6	53.6		5.3	81.0	132.0	0.2	0.98	78.4	26.4
1	0.6	4.7		0.9	10.1	96.4	48.4		8.5	68.9	116.9	0.1	0.99	68.2	10.7
0		4.0		1.2		82.0	42.0		11.6	54.6	94.6	0	1.0	54.6	0.0
−1		3.0		1.1		61.5	31.5		10.6	43.1	73.1	−0.1	0.99	42.6	−7.3
−2		1.8		0.9		36.9	18.9		20.0	38.9	56.9	−0.2	0.98	38.1	−10.4
−3		0.7		0.5		14.4	7.4		5.3	11.6	18.6	−0.3	0.95	11.0	−5.9
合计														741.6	387.7

注　$\gamma_1 = 18.5\text{kN/m}^3$，$\gamma_2 = 20.5\text{kN/m}^3$，$\gamma_3 = \gamma_4 = 10.5\text{kN/m}^3$。

（3）利用公式计算稳定安全系数。

$\tan\varphi = \tan 22.5° = 0.41$，弧长 $\sum l_i = \pi R\beta/180° = 3.14 \times 22 \times 72/180° = 27.6(\text{m})$，代入式（5.7）得下游坝坡的稳定安全系数

$$K = \frac{\sum w_i\cos\alpha_i\tan\varphi_i + \dfrac{1}{b}\sum cl_i}{\sum w_i'\sin\alpha} = \frac{741.6 \times 0.41 + \dfrac{1}{2.2} \times 21 \times 27.6}{387.7} = 1.46$$

5.4.2　折线滑动法

心墙坝的上、下游坝坡，斜墙坝的上游保护层和下游坝坡等非黏性土石料坝坡，或较薄的斜墙，常形成折线滑动面，须采用折线滑动法（滑楔法）分析计算。

折线滑动法常采用两种假定：①滑楔间作用力为水平向，采用与圆弧滑动法相同的安全系数；②滑楔间作用力平行滑动面，采用与毕肖普法相同的安全系数。

1. 非黏性土石坝坡部分浸水的稳定计算

对于部分浸水的非黏性土石坝坡，由于水上与水下土的物理性质不同，滑裂面不是一个平面，而是近似折线面。以图 5.5 所示心墙坝的上游坝坡为例，说明折线法按极限平衡理论计算安全系数的方法。

图 5.5 中 ADC 为任一滑裂面，折点 D 在上游水位处，以铅直线 DE 将滑动土体分为 $BCDE$ 和 ADE 两块，其重量分别为 W_1、W_2，假定条块间作用力为 P_1，其方向平行 DC 面，两块土体底面的抗剪强度分别为 φ_1、φ_2，则土块 $BCDE$ 的平衡式为

$$P_1 - W_1\sin\alpha_1 + \frac{1}{K}W_1\cos\alpha_1\tan\varphi_1 = 0 \qquad (5.10)$$

土块 ADE 的平衡式为

47

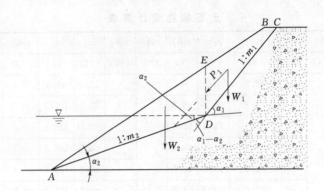

图 5.5 非黏性土石坝坡稳定计算图

$$\frac{1}{K}W_2\cos\alpha_2\tan\varphi_2+\frac{1}{K}P_1\sin(\alpha_1-\alpha_2)\tan\varphi_2-W_2\sin\alpha_2-P_1\cos(\alpha_1-\alpha_2)=0 \quad (5.11)$$

以上二式中的 α_1、α_2 的意义如图 5.5 所示。

联立求解式（5.10）和式（5.11）可求得安全系数 K。与圆弧滑动法类似，折线滑动法计算最小安全系数需要假定不同的 α_1、α_2 和上游水位，通过反复试算确定。

2. 斜墙坝上游坝坡的稳定计算

斜墙与保护层及斜墙与坝体的接触面是两种不同的土料填筑的，接触面处往往强度低，往往可能成为滑裂面。故斜墙坝上游坝坡的稳定计算应包括两种情况：一是保护层沿斜墙上游面滑动；二是保护层连同斜墙沿坝体滑动。具体计算方法可参阅《碾压式土石坝设计规范》（SL 274—2001）附录 D。

3. 复合滑动面的坝坡稳定计算

当坝基下有软弱夹层或滑动面通过不同土料时，常形成直线与曲线组合的复合滑动面，如图 5.6 所示。对复合滑动面坝坡稳定计算，可以采用楔形滑动块法或条分法。

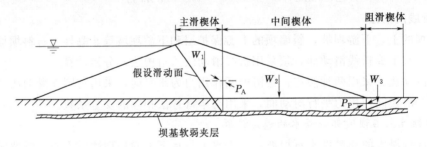

图 5.6 复合滑动面计算图

6　河岸式溢洪道

知识目标：掌握正槽式溢洪道各组成部分的型式及构造要求；熟悉河岸式溢洪道的布置原则、土石坝枢纽泄水建筑物的作用及类型；了解非常溢洪道及其他型式河岸溢洪道的特点及适用条件。

能力目标：会根据基础资料选择、布置河岸式溢洪道，拟定溢洪道各分部尺寸。

6.1　泄水建筑物的作用及类型

在水利枢纽工程中，为了防止洪水漫过坝顶，危及大坝和枢纽的安全，必须布置泄水建筑物，用以宣泄水库按照正常运行要求所不能容纳的多余洪水。常用的泄水建筑物型式有溢洪道和深式泄水建筑物两类。

溢洪道是水库枢纽中的主要泄水建筑物。按布置位置的不同，又可分为河床式与河岸式两种型式。在混凝土坝或浆砌石重力坝枢纽中，常利用布置在原河床中的溢流坝泄洪，该溢流坝即为河床式溢洪道，是重力坝枢纽的主要泄水建筑物。对于土石坝及以某些轻型坝型为主的枢纽，一般不允许从坝顶溢流，常在坝体以外的岸边或天然垭口布置溢洪道作为泄水建筑物，称河岸式溢洪道。即使在混凝土坝和浆砌石坝枢纽中，当河谷狭窄，布置溢流坝有困难或不便布置河床式溢洪道，而河岸又有适于修建溢洪道的条件时，也可考虑修建河岸式溢洪道。因此，河岸式溢洪道的应用很广。

深式泄水建筑物主要有坝身泄水孔、水工隧洞、坝下涵管等。其泄水孔道位于水库水位以下，深度较大，除向下游宣泄部分洪水外，还兼作供水泄放、施工导流、放空水库、排沙以及预泄洪水等之用。但这种建筑物泄流能力小、工作状态复杂，一般仅作为辅助泄洪建筑物。

本章主要介绍河岸式溢洪道。

6.2　河岸式溢洪道的型式

根据流态的不同，河岸式溢洪道分为正槽式、侧槽式、竖井式和虹吸式等几种型式。

（1）正槽式溢洪道。正槽式溢洪道的泄槽轴线与溢流堰轴线正交（图 6.1），过堰水流与泄槽方向一致，水流平顺，超泄能力大，结构简单，运用安全可靠，是采用最多的溢洪道型式。

（2）侧槽式溢洪道。侧槽式溢洪道的泄槽轴线与溢流堰轴线接近平行（图 6.2），

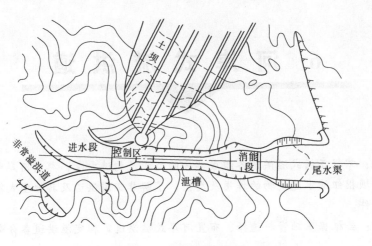

图 6.1 正槽式溢洪道

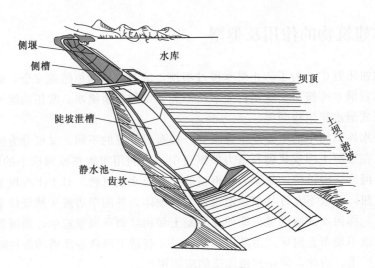

图 6.2 侧槽式溢洪道

过堰水流泄入与溢流堰轴线大致平行的侧槽后，冲向对面的槽壁，向上翻腾产生漩涡，再逐渐转向，然后经泄槽泄往下游。水流在侧槽中的紊动和撞击都很强烈，当距坝头较近时，直接关系到大坝的安全。它一般适用于坝肩山头较高，岸坡较陡，不利于布置正槽式溢洪道且泄流量相对较小的情况，尤其适用于中、小型水库中采用无闸门控制的溢洪道。

（3）竖井式溢洪道。这种溢洪道的进水口为一喇叭口状的环形溢流堰。当库水位超过堰顶后，经竖井、弯道和水平出水洞泄向入下游，如图 6.3 所示。

竖井式溢洪道适用于岸坡陡、地质条件良好的情况。如能利用一段导流隧洞，采用此种型式比较有利。缺点是水流条件复杂，超泄能力小，泄小流量时容易产生振动和空蚀。

（4）虹吸式溢洪道。这种溢洪道是在进口溢流堰的顶部以上设置顶盖（遮檐），从而形成虹吸管道。当库水位超过堰顶后，管内空气被水流带走，水流充满整个管道，产生虹吸作用，使溢洪道在较小的堰顶水头可得到较大的单宽流量。水流出虹吸管后，经泄槽流向下游，如图 6.4 所示。

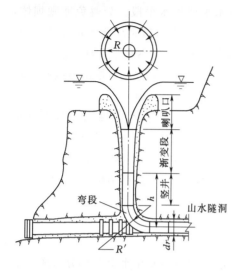

图 6.3 竖井式溢洪道

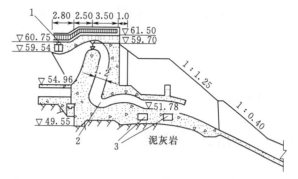

图 6.4 虹吸式溢洪道（单位：m）
1—遮檐；2—弯曲段；3—排污孔

虹吸式溢洪道多用于水位变化不大而需随时调节的水库，以及水电站的压力前池和灌溉渠道。它的优点是不用闸门就能自动调节上游水位；缺点是构造复杂，泄水断面不能过大，水头较大时，超泄能力不大，工作可靠性差。

前述四种溢洪道中，正槽式溢洪到和侧槽式溢洪道的整个流程是完全开敞的，水流具有自由表面，称为开敞式溢洪道，在工程中采用较多。而竖井式溢洪道和虹吸式溢洪道的泄水道是封闭的，称为封闭式溢洪道，其超泄能力小，易产生空蚀，故应用较少。

下文重点介绍最常采用的正槽式溢洪道。

6.3 河岸式溢洪道的布置原则

河岸式溢洪道的位置选择和布置型式应根据自然条件、工程特点、枢纽布置的要求、施工及运用条件、经济指标等因素，综合分析，通盘考虑。

（1）地形条件。地形条件对溢洪道的开挖方量影响很大，是决定溢洪道型式和布置的主要因素。修建溢洪道的理想地形条件是，在大坝附近的库岸有通向下游的马鞍形山垭口（图 6.1），其高程在水库正常蓄水位附近，垭口后面有冲沟直通原河道，出口离下游坝脚较远，这样有利于解决下泄水流的归河问题，安全可靠，工程量省，便于运用管理。平缓的岸坡台地也适于开挖溢洪道。

当两岸山坡陡峻时，可将溢流堰沿岸坡等高线方向布置，即采用侧槽式溢洪道，以减小开挖工程量。

（2）地质条件。正槽式溢洪道可以建在岩基上，也可以建在土基上，但应尽量建在坚固、完整、稳定的岩基上，以减小砌护工程量并有利于工程的安全。溢洪道两侧山坡也必

51

须稳定，以防止泄洪时山坡崩塌堵塞或摧毁溢洪道，危及大坝安全。

（3）水流条件。溢洪道的轴线一般宜取直线，力求水流顺畅，流态稳定。如因地形或地质条件的限制而需转弯时，应尽量将弯道设置在进水渠或出水渠段。为避免冲刷坝体，溢洪道进口距坝端不宜太近，一般最少要在 20m 以上。溢洪道出口距坝脚不应小于 50～60m，以免水流冲刷或回流淘刷坝脚。但为了管理方便，溢洪道也不宜距大坝太远。

（4）施工条件。应避免溢洪道开挖与其他建筑物的施工相互干扰，开挖出渣线路和堆渣场地应便于布置，并尽量利用开挖土石料作为筑坝材料，减少弃料。

（5）与拦河坝的相对位置。溢洪道与拦河坝的相对位置有远离坝体与紧靠坝体两种布置方式。一般来说，远离坝体的布置方式较为理想，如因条件所限，采用紧靠坝体的布置方案，特别是与土石坝直接相连时，除需加设导水墙外，接触面上的集中渗流或绕坝渗流，对坝和溢洪道均为不利，应设计好土体与混凝土接触面之间的连接结构。

6.4　正槽式溢洪道

正槽式溢洪道一般由引水渠、溢流堰、泄槽、消能防冲设施及尾水渠五部分组成，如图 6.5 所示。

1. 引水渠

引水渠是水库与溢流堰之间的连接段，作用是将库水平顺地引至溢流堰前。其设计原则是在合理的开挖方量下尽量减小水头损失，以增加溢洪道的泄洪能力。具体布置时应从以下三个方面考虑。

（1）平面布置。引水渠在平面上宜布置成直线。进口做成喇叭形，使水流逐渐收缩。末端接近溢流堰处应做成渐变过渡段，防止在堰前出现涡流及横向坡降，影响泄水能力。渐变段由堰前导水墙或翼墙形成，导水墙长度可取堰上水头的 5～6 倍，墙顶应高于最高水位。

若受地形或地质条件限制，引水渠必须转弯时，应使其弯曲半径不小于 4 倍的渠底宽度，并力求在溢流堰前有一直线段，以保证控制段为正向进水。

引水渠长度应尽量短。在不引起溢洪道其他组成部分工程量过多增加的情况下，应尽量使溢流堰直接面临水库，这样就不需要引水渠，只在堰前做一个喇叭形进水口即可。

（2）横断面。引水渠的横断面应足够大，以降低渠内流速，减小水头损失。断面型式常为梯形，边坡根据稳定要求确定。接近溢流堰的前段应过渡成矩形，以便水流平顺入渠。渠道内流速一般采用 3～5m/s，在山势陡峭、开挖量较大时，也可采用 5～7m/s。为了减小水头损失，满足抗冲要求，引水渠一般应做衬砌。

（3）纵断面。引水渠纵断面应做成平底或底坡较小的反坡（倾向水库）。当溢流堰为实用堰时，渠底在溢流堰处宜低于堰顶至少 $0.5H_d$（H_d 为堰面定型设计水头）以保证堰顶水流稳定和具有较大的流量系数。但对宽顶堰则无此要求。

2. 溢流堰

溢流堰是控制水库水位和溢洪道泄洪量的关键部位，故又称控制堰或控制段。溢流堰有实用堰和宽顶堰两种基本型式，如图 6.6 所示。

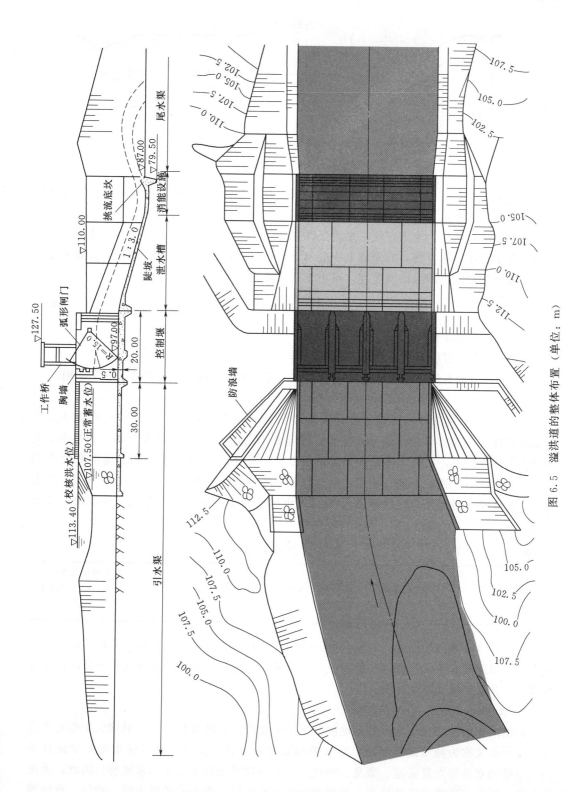

图 6.5 溢洪道的整体布置（单位：m）

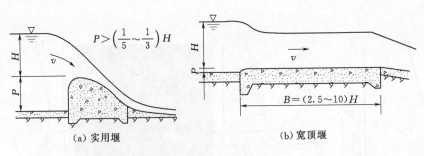

图 6.6　溢流堰的型式

实用堰一般多建在岩石地基上，常用的堰形有 WES 型和驼峰堰等。实用堰的过水能力比宽顶堰大，但施工相对复杂，多用于泄洪量较大的大、中型工程。

宽顶堰结构简单，施工方便，水流条件稳定，在泄洪量不大的小型工程及土基上采用较多。为了管理运用方便，宽顶堰上一般不设控制闸门，这时堰顶高程与水库正常蓄水位齐平。溢流堰宽度也即溢洪道宽度，可由下式计算：

$$B = \frac{Q}{mH^{3/2}} \tag{6.1}$$

式中　　B——溢流堰宽度，m；

　　　　Q——溢洪道的泄洪流量，m^3/s；

　　　　m——流量系数，与堰的进口形状有关，宽顶堰的流量系数可参考表 6.1 选用；

　　　　H——堰顶水深，如图 6.6 所示，m。

由式（6.1）可知，当溢洪道设计流量 Q 和堰顶高程确定后，堰顶水深 H 越大，则溢流堰宽度 B 就减小，溢洪道开挖量少；但随着 H 的加大，坝顶高程会相应地增加，从而增大坝体工程量，另外，还增加上游淹没损失。反之，若 H 越小，则溢流堰宽度 B 就增大，会增加溢洪道的工程开挖量；但能降低坝高，减小坝体工程量。因此，要通过方案比较，才能确定最经济合理的堰顶水深 H。小型水库的堰顶水深一般取 1～1.5m，不宜超过 2m。

表 6.1　　　　　　　　　　　宽 顶 堰 流 量 系 数

堰的进口形状	堰顶入口没做成圆形	堰顶入口做成钝角形	堰顶入口边缘做成圆形	具有很好的圆形入口和极光滑的路径
流量系数 m	1.42	1.48	1.55	1.62

堰顶沿水流方向的长度一般取 $(2.5～10)H$，堰顶高程可高于引水渠渠底，也可与渠底齐平，如图 6.6 所示。堰顶一般用混凝土或浆砌石进行衬砌，使堰面光滑平整以增加过水能力，并保护堰底不受冲刷。

3. 泄槽

泄槽的作用是将过水水流迅速地泄向下游消能段，其坡度较大，一般均大于临界水力坡降，所以又称为陡槽或陡坡段。泄水槽布置是否合理，关系到能否使水流安全泄往下游。泄槽的水流特点是高速、紊乱、惯性力大，对边界条件的变化非常敏感。因此，泄槽的布置，应适应高速水流的特点，尽量避免高速水流给工程带来的冲击波、掺气、汽蚀等不利影响。

（1）平面布置。泄槽在平面上应尽可能采用直线、等宽和对称布置，力求避免转弯或变断面，以使水流顺畅。但在实际工程中，当溢流堰前缘较宽而泄水槽较长时，为了减少土石方开挖量，常在泄槽前端设置对称收缩段。为避免产生冲击波，边墙收缩角不宜大于 $10°\sim15°$。而为了减小单宽流量，有利于消能，在泄槽末端设置扩散段。扩散角一般不宜大于 $6°\sim8°$，以免高速水流脱离边墙，给消能带来不利影响。

（2）纵剖面布置。为了使水流平顺和便于施工，泄槽应尽量采用单一的纵坡。当泄槽较长时，为了适应地形、地质条件，减小开挖量，纵坡可随地形、地质条件而变化。在变坡处用与水流轨迹相似的抛物线平顺连接，避免水流脱离槽底产生负压和空蚀。但变坡次数不宜太多，且宜采用先缓后陡的变坡。实践证明，坡度由陡变缓，泄槽极易遭到动水压力的破坏，应尽量避免。在无法避免时，应在边坡处用半径不小于 $8\sim10$ 倍水深的反弧段过渡。

槽底的纵坡一般大于临界坡度，常用 $1\%\sim5\%$，有时可达 $10\%\sim15\%$，在坚硬的基岩上可以更大。

（3）横断面。泄槽的横断面应尽可能做成矩形并加以衬砌。土基上的泄槽断面可以做成梯形，但边坡不宜太缓（以 $1.1\sim1.5$ 为宜），以免水流外溢和对流态不利。

泄槽边墙或衬砌高度应按掺气后水深加安全超高来确定。一般在流速 $v>6\sim7\text{m/s}$ 时，需考虑掺气问题。掺气后的水深 h_b 可按下式估算：

$$h_b=\left(1+\frac{\zeta_v}{100}\right)h \tag{6.2}$$

式中　h、h_b——未掺气时的水深及掺气后的泄水槽计算断面水深，m；

　　　　v——未掺气时泄水槽计算断面的平均流速，m/s；

　　　　ζ_v——修正系数，可取 $1.0\sim1.4$，当 $v>20\text{m/s}$ 时宜取大值。

泄槽的安全超高可根据工程的规模和重要性决定，一般取 $0.5\sim1.5\text{m}$。

（4）泄槽的构造。为了防止槽内水流冲刷地基、降低槽内糙率、保护岩石不受风化，泄槽通常均需衬砌。要求衬砌光滑平整、止水可靠、排水通畅、坚固耐用。一般采用混凝土衬砌，槽内流速不大（小于 $5\sim6\text{m/s}$）的中小型工程也可用水泥砂浆或细石混凝土衬砌，但要砌得光滑平整。衬砌厚度不应小于 0.3m，一般为 $0.4\sim0.5\text{m}$。

为适应温度变形，防止温度裂缝产生，泄水槽衬砌还需要在纵、横方向分缝。缝内应设止水，以防高速水流钻入底板，将底板掀起。岩基上的缝距一般采用 $10\sim15\text{m}$，衬砌较薄时对温度影响较敏感，应取小值。土基上的缝距可取 15m 或更大。重要的工程尚需在衬砌临水面配置适当数量的钢筋网，纵横向的含钢率为 $0.1\%\sim0.2\%$。

衬砌的接缝表面要求平整，常见的接缝型式有搭接、平接和键槽接等。垂直于水流方向的横缝应做成搭接式 ［图 6.7（a）］，以防止下游块升起；纵缝可采用平接型式 ［图 6.7（b）］；岩石较坚硬且衬砌较厚时，也可采用键槽接缝 ［图 6.7（c）］。土基上的伸缩缝构造如图 6.8 所示。

为了排除地基渗水，减小衬砌所受的扬压力，须在衬砌下面设置排水系统。衬砌的排

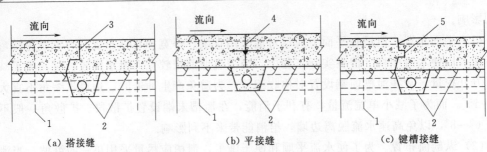

（a）搭接缝　　　　　　　　　（b）平接缝　　　　　　　　　（c）键槽接缝

图 6.7　岩基伸缩缝构造（单位：m）

1—锚筋；2—排水管；3—搭接缝；4—平接缝；5—键槽缝

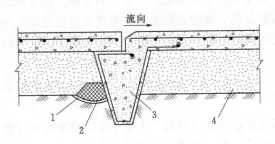

图 6.8　土基伸缩缝构造

1—排水管；2—灰浆坐垫；3—齿槽；4—透水垫层

水系统一般设在纵、横伸缩缝的下面，且纵、横贯通。渗水由横向排水集中到纵向排水内排入下游。岩基上的横向排水设备，通常是在岩面上开挖沟槽并在沟内回填不易风化的碎石形成，沟槽尺寸一般为 0.3m×0.3m。岩基上的纵向排水设备，通常是在沟内放置透水的混凝土管（图 6.7），直径一般为 10～20cm。在土基上或很差的岩基上，常在衬砌底面设置厚约 30cm 的碎石垫层（图 6.8），形成平铺式排水。对黏土地基，应先铺一层厚 0.2～0.5m 的砂砾垫层，垫层上再铺碎石排水层；或在砂砾垫层中做纵、横排水管，管周做反滤层。对细砂地基，应先铺一层粗砂，再做碎石排水层，以防渗透破坏。

4. 消能防冲设施

溢洪道泄洪，一般是单宽流量大、流速高，动能很大，故在泄槽末端必须设置有效的消能防冲措施。由于河岸式溢洪道下游尾水深度常无保证，故其消能方式不宜采用面流消能和戽流消能，而多采用底流式消能和挑流式消能两种方式。

（1）底流式消能。底流式消能适用于土基及软弱岩基或溢洪道出口距坝脚较近的情况。底流式消能的基本原理及其水力计算和详细构造将在其他项目中介绍。表 6.2 和图 6.9 给出不同堰顶水深（溢洪水深）、不同跌差时的降低护坦式消力池各部分尺寸，以供参考。

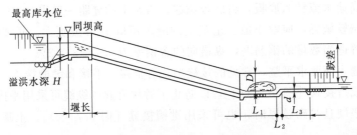

图 6.9　溢洪道的消力池

表 6.2		溢洪道下游消力池尺寸参考值				单位：m
溢洪水深 H	跌差	消力池长度 L_1	斜坡段水平长度 L_2	护坦长度 L_3	消力池侧墙高 D	消力池深 d
0.5	6	2.5	0.3	2.0	1.30	0.3
	8	2.5	0.3	2.0	1.30	0.3
	10	2.5	0.3	2.0	1.30	0.3
	12	2.5	0.3	2.0	1.30	0.3
	14	2.5	0.3	2.0	1.30	0.3
1.0	6	3.5	0.35	4.0	1.70	0.35
	8	5.0	0.45	4.0	2.00	0.45
	10	5.0	0.50	4.0	2.00	0.50
	12	5.0	0.50	4.0	2.00	0.50
	14	5.0	0.50	4.0	2.00	0.50
1.5	6	4.0	0.35	6.0	2.10	0.35
	8	5.0	0.45	6.0	2.10	0.45
	10	6.0	0.55	6.0	2.40	0.55
	12	7.5	0.70	6.0	2.80	0.70
	14	7.5	0.70	6.0	2.80	0.70

（2）挑流式消能。挑流消能适用于较好的岩基或挑流冲刷坑距坝脚较远，不危及大坝安全的情况。当地形、地质条件许可时，优先考虑挑流消能，可节省消能防冲设施的工程投资。但采用挑流消能时，应考虑挑射水流的雾化对枢纽其他建筑物运行的影响。

溢洪道挑流消能的基本原理及水力计算与重力坝相关内容类似，具体计算可按《溢洪道设计规范》（SL 253—2000）进行。唯有挑流鼻坎的构造有些不同，在此补充说明如下。

挑流鼻坎的结构型式有重力式［图 6.10（a）］及衬护式［图 6.10（b）］两种。前者施工简单，适用于较软弱的岩基或土基，后者适用于坚硬完整的岩基。鼻坎底部应深入冲刷坑可能影响的高程以下。为防止小流量时贴脚冲刷，影响鼻坎安全，可在鼻坎脚下加设护坦。

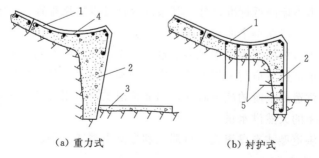

（a）重力式　　　　　　　（b）衬护式

图 6.10 挑流鼻坎的型式
1—面板；2—齿墙；3—护坦；4—钢筋；5—锚筋

挑坎上还常设置通气孔和排水孔，如图6.11所示。通气孔的作用是从边墙顶部孔口向水舌下补充空气，以免形成真空影响挑距或造成结构空蚀。坎上排水孔用来排除反弧段积水；坎下排水孔用来排除地基渗水，降低渗透压力。

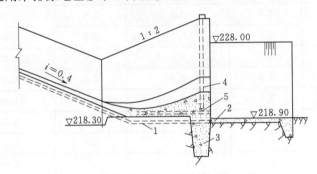

图 6.11　挑流鼻坎的构造

1—纵向排水；2—护坦；3—混凝土齿墙；4—ϕ50cm通气孔；5—ϕ10cm排水管

5. 尾水渠

尾水渠是将经过消能的水流，比较平稳地导入原河道。一般是利用天然的沟谷，并采用必要的工程措施。尾水渠的底坡应尽量接近于下游原河道的平均坡度。

侧槽式溢洪道一般由溢流堰、侧槽、泄水槽、消能防冲设施和尾水渠等部分组成。除侧槽外，其余部分的设计与正槽式溢洪道基本相同。

6.5　非常溢洪道

由于水文现象的机遇性和不确定性，为了保证水库的绝对安全，有时需考虑出现超标准特大洪水时水库的泄洪问题。《溢洪道设计规范》（SL 253—2000）规定，在具备适宜的地形、地质条件时，经技术经济比较后，可将河岸式溢洪道布置为正常溢洪道和非常溢洪道。对在设计标准范围内的洪水只用正常溢洪道泄洪；当出现超过设计标准的洪水时，需再加开非常溢洪道，以加大水库泄洪能力，确保大坝及枢纽安全。

由于超设计标准的洪水是稀遇的，故非常溢洪道启用机会很少。为此，非常溢洪道除了溢流堰和泄洪能力不能降低标准以外，其余部分都可以简化布置。如泄槽可不衬砌，消能防冲设施可不布置，以获得全面综合的经济效益。

非常溢洪道在土石坝枢纽中应用最多，这是由土石坝一般不允许洪水漫过坝顶的特点决定的。非常溢洪道的位置应与大坝保持一定的距离，以泄洪时不影响其他建筑物为控制条件。为了防止泄洪造成下游的严重破坏，当非常泄洪道启用时，水库最大总下泄流量不应超过坝址相同频率的天然洪水量。

常见的非常溢洪道型式有漫流式、自溃式和爆破引溃式三种。

1. 漫流式非常溢洪道

漫流式非常溢洪道的布置与正槽溢洪道类似，堰顶高程应选用与非常溢洪道启用标准相应的水位高程。溢流堰可不设闸门控制，任凭水流自由宣泄，溢流堰过水断面通常做成宽浅式。溢流堰通常采用混凝土或浆砌石衬砌,设计标准应与正槽溢洪道溢流堰相同,以保证泄洪安全。溢流堰下游的泄槽和消能防冲设施可简化布置,甚至可以不做消能设施。因此,这种溢洪道一般布置在高程适宜、地势平坦的山坳处,以减少土石方开挖量。

2. 自溃式非常溢洪道

自溃式非常溢洪道通常由自溃坝(或堤)、溢流堰和泄槽组成。自溃坝布置在溢流堰顶面,坝体自溃后露出溢流堰,由溢流堰控制泄流量,如图 6.12 所示。自溃坝平时可起挡水作用,但当库水位达到一定的高程时应能迅速自溃行洪。为此,坝体材料宜选择无黏性细砂土,压实标准不高,易被水流漫顶冲溃。当溢流前缘较长时,可设隔墙将自溃坝分隔为若干段,各段坝顶高程应有差异,形成分级分段启用的布置方式,以满足库区出现不同频率稀遇洪水的泄洪要求。浙江南山水库自溃式非常溢洪道,采用 2m 宽的混凝土隔墙将自溃坝分为三段,各段坝顶高程均不同,形成三级启用型式,除遇特大洪水时需三级都投入使用外,其他稀遇洪水情况只需启用一级或两级,则行洪后的修复工程量亦可减少。

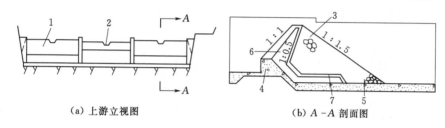

图 6.12 自溃式非常溢洪道

1—自溃堤;2—引冲槽;3—引冲槽底;4—混凝土堰;5—卵石;6—黏土斜墙;7—反滤层

自溃式非常溢洪道的优点是结构简单,施工方便,造价低廉;缺点是运用的灵活性较差,溃坝时具有偶然性,可能造成自溃时间的提前或滞后。所以,自溃坝的高度常有一定的限制,国内已建工程一般在 6m 以下。

3. 爆破引溃式非常溢洪道

爆破引溃式非常溢洪道是由溢洪道进口的副坝、溢流堰和泄槽组成。当溢洪道启用时,引爆预先埋设在副坝廊道或药室的炸药,利用爆破的能量把布置在溢洪道进口的副坝强行炸开决口,并炸松决口以外坝体,通过快速水流的冲刷,使副坝迅速溃决而泄洪。由于这种引溃方式是由人工操作的,爆破的方式、时间可灵活、主动掌握。因而使坝体溃决有可靠的保证。

7 土石坝枢纽工程设计示例

7.1 基本资料

某土石坝水库枢纽 1：2500 的坝址地形图，如图 7.1 所示。

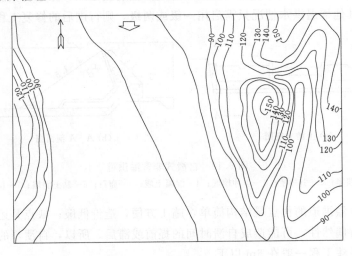

图 7.1 某土石坝坝址地形图

坝基为砂卵石，层厚 4～8m，渗透系数 $8×10^{-2}$cm/s。砂卵石下为花岗片麻岩，微风化层深 1～2m；两岸为花岗片麻岩，微风化层深 1～2m。

水库正常高水位 116.70m，兴利库容 1240 万 m^3；设计洪水位 118.90m，下游水位 84.30m；校核洪水位 119.60m，下游水位 84.70m，总库容 1420 万 m^3；设计下泄流量 110m^3/s，最大下泄流量 150m^3/s；死水位 93.60m，死库容 115 万 m^3。淤沙高程 91.94m，淤沙库容 98 万 m^3。多年平均最大风速 v_{max}=15m/s，吹程 D=2000m；雨季较长。多年平均最大冻土深度 0.93m；地震烈度 5 度。砂砾料与黏土分布在上、下游各占一半，砂砾料储量为 600 万 m^3，黏土储量为 30 万 m^3，料场距大坝约 3km，交通运输方便。黏性土的物理力学性质指标：天然状态下黏粒含量 30%～40%，天然水含量 23%～24%，塑性指标数 15～17，不均匀系数 50，有机质含量 0.4%，水溶盐含量 2%，塑限 17%～19%，比重 2.7～2.72；扰动后干密度 16.5kN/m^3，饱和重度 20.6kN/m^3，渗透系数 $2×10^{-6}$cm/s。砂砾料的物理力学性质指标：粗粒含量较大，约 62%，渗透系数 $3×10$cm/s，水上内摩擦角 φ_1=29°，φ_1'=32°（有效应力强度指标），水下内摩擦角 φ_2=27°，φ_2'=30°，比重 2.70，不均匀系数 η=35。设计干密度见表 7.1。

表 7.1 不同砾石含量设计干密度参考值

大于 5mm 的含砾量/%	10～20	21～30	31～40	41～50	51～60	61～70
设计干密度/(kN/ m³)	17.0	17.5	18.5	18.0	18.5	20.0

灌区在大坝右岸，灌溉面积 4.5 万亩，灌溉控制水位 91.90m。无交通要求，但有人防要求。涵管设计流量 $4m^3/s$，加大流量 $4.8m^3/s$。坝轴线河床最低高程 82.00m。地基承载力 $[R]$ ＝2940kPa。

7.2　设计内容及要求

（1）水库枢纽布置。选择枢纽组成建筑物的类型与结构，确定相应位置及布置方案。

（2）大坝设计。坝体剖面与构造、土料设计、渗流与稳定分析、地基处理与连接等。

（3）溢洪道设计。溢洪道型式与位置、尺寸、水力计算及结构与构造。其中，水力计算包括确定溢洪道堰前缘总宽度；确定泄槽水面曲线及边墙高度；确定消能工尺寸。

（4）绘制设计图纸及编写设计文件。设计图包括枢纽平面布置图、土石坝下游立视图、剖面图及细部构造图、溢洪道平面图、纵剖面图及细部构造图。设计文件包括说明书及计算书。

7.3　枢纽布置和工程等级确定

7.3.1　枢纽布置

1. 总体布置

根据水库枢纽的作用及运行要求，应由三大建筑（即挡水建筑物大坝、泄水建筑物溢洪道及取水建筑物）组成，并根据地形、地质条件拟定坝轴线及溢洪道位置。

坝轴线可在坝址地形图上选取相应工程量较小的轴线位置；溢洪道宜布置在左岸垭口处，采用正槽式；取水建筑物可根据灌区位置布置在右岸。

2. 坝型选择

根据地形地质条件、施工条件、建筑材料及综合效益要求进行方案比较，选定技术可行、施工方便、经济合理的坝型。

3. 枢纽组成建筑物

挡水建筑物：本水库坝址地质条件为砂卵石地基，只宜建土石坝，又因黏性土储量有限，而砂砾石十分丰富，且心墙坝施工经济，可选择心墙土石坝。

泄水建筑物：土石坝枢纽只可采用河岸式溢洪道。根据坝址处的地形图条件，从坝址地形图可知，本工程左岸有一高程适宜的天然垭口，因此可选择结构简单、运用可靠的正槽式溢洪道。

取水建筑物：本水库兴利功能为灌溉，引用流量仅 $4m^3/s$，取水建筑物可采用隧洞形式，进水口采用塔式进水口。

4. 各组成建筑物的位置

正槽式溢洪道位于坝址河流的左岸的天然垭口处，其轴线顺山谷轴线方向，距溢洪道进口下游约 100m，两岸河谷较窄处为土石坝坝轴线位置，不仅可减小工程量，而且上游坝坡距溢洪道进口也在百米以上，以防止水流横向冲刷的影响。因下游灌区位于右岸，所以取水建筑物应布置在右岸岸坡段。

7.3.2 工程等别及建筑物级别

1. 枢纽工程等别确定

根据水库总库容 1420 万 m^3，灌溉面积 4.5 万亩，根据《防洪标准》（GB 50201—2014）及《水利水电工程等级划分及洪水标准》（SL 252—2017）确定该水库枢纽为 Ⅲ 等工程。

2. 水工建筑物级别

土石坝、溢洪道及取水建筑物，均为水库的主要水工建筑物，根据《防洪标准》（GB 50201—2014）及《水利水电工程等级划分及洪水标准》（SL 252—2017）确定上述建筑物均为 3 级建筑物，又因土石坝高度未达 70m，该土石坝不提级别。

7.4 大坝设计

7.4.1 土料设计

1. 黏性土料

黏性土填筑标准取决于干密度，其值可按式（7.1）、式（7.2）计算：

$$\gamma_d = \eta \frac{\gamma_0 G}{1+\omega G} \tag{7.1}$$

$$\omega = \omega_p + I_p B \tag{7.2}$$

式中：$\eta = 0.95$，$B = 0.1$。

2. 非黏性土料设计

对于中小型工程，可根据非黏性土中大于 5mm 的含砾量依表 7.1 选择设计干密度。

7.4.2 大坝剖面拟定

1. 坝顶宽度

对无特殊要求的土石坝，当坝高在 30～70m 时，坝顶宽度可取 5～10m，或参照《水工设计手册》；当坝高 30～60m 时，坝顶宽度宜为 6～8m，依此来选择坝顶宽度，本工程取 8m。

2. 上、下游坝坡系数及平台（马道）

坝坡：根据坝型及筑坝材料性质，可参照已建工程初拟上下游坝坡。对于非黏性土，坝坡应不陡于自然坡；当上下游坝壳土料相同时，上游坡应缓于下游坡，上下游各自采用变坡，自坝顶至坝脚渐缓，变坡值一般可为 0.25。

平台（马道）：上下游变坡高度可为 10～20m，在变坡处宜设不小于 1.5～2m 的平台，以增强坝坡稳定及便于交通。

本心墙坝上下游为砂砾石，则上游坡应缓于下游坡，具体上、下游坝坡系数 m_1、m_2 可按直线法拟定。

根据大坝级别，查《碾压式土石坝设计规范》（SL 274—2001）表 8.3.10，正常运用条件下，坝坡稳定安全系数 $[k]$ ＝1.30。

（1）上游坝坡 m_1。

上游应用水下的内摩擦角，即 φ 值取 27°，则计算得坝坡系数为

$$m_1 = \frac{[k]}{\tan\varphi_1} = \frac{1.3}{\tan 27°} = 2.55$$

对于土质防渗体的分区坝为心墙坝，上游宜少设马道，现可设置一条马道，位于高程 102.00m 处，宽 2m。则第一级坝坡系数取 2.50，第二级取 2.75。

（2）下游坝坡 m_2。

下游应用水上的内摩擦角，即 φ 值取 29°，则计算得坝坡系数为

$$m_2 = \frac{[k]}{\tan\varphi_1} = \frac{1.3}{\tan 29°} = 2.35$$

设置一条马道，位于高程 105.00m 处，宽 2m，第一级坝坡系数取 2.25，第二级取 2.50。

（3）主要构造。

下游设堆石排水，其排水顶部应高于下游水位 0.5m，现取高程 85.70m，顶宽不宜小于 1m，现取 2m，外坡取 1∶2.0。

3. 坝顶高程

土石坝坝顶在水库静水位以上应有一定超高值可按下式计算。

$$y = R + e + A$$

式中 y——坝顶在水库静水位以上的超高，m；

R——最大波浪在坝坡上的爬高，m，可按《碾压式土石坝设计规范》（SL 274—2001）中附录计算；

e——计算点处的最大风壅水面高度，m，可按《碾压式土石坝设计规范》（SL 274—2001）中附录 A 计算，小型土石坝的 h_e 值很小，一般忽略不计；

A——安全加高，m，可查《碾压式土石坝设计规范》（SL 274—2001）。

坝顶高程＝水库静水位＋坝顶超高，并按正常运用的上游设计洪水位及非常运用的校核洪水位分别计算取其大者。

（1）正常运用情况下（设计水位 118.90m 时）坝顶超高。

波浪爬高 R：按蒲田公式计算，先计算年平均爬高 R_m，再计算设计爬高。

已知本大坝上游护坡为砌石护坡，查《碾压式土石坝设计规范》（SL 274—2001）表 A.1.12-1 得 $k_\Delta = 0.8$。

计算风速：$V_0 = 1.5 V_{max} = 1.5 \times 15 = 22.5 (m/s)$。

坝前水深：$H = 118.90 - 82.00 = 36.90 (m)$。

$$\frac{V_0}{\sqrt{gH_m}} = \frac{22.5}{\sqrt{9.81 \times 36.9}} \approx 1.2,$$ 查表 A.1.12-2 内插得 $k_m = 1.01$，初拟坝坡系数 $m =$

2.50；已知水库吹程 $D = 2000m$，则

平均波高：$h_m = 0.0018 \frac{V_0^2}{9.8}\left(\frac{gD}{V_0^2}\right) = 0.0018 \times \frac{22.5^2}{9.8} \times \left(\frac{9.8 \times 2000}{22.5^2}\right)^{0.45} = 0.482(m)$。

平均波长：$L_m = 25h_m = 25 \times 0.482 = 12.05(m)$。

平均波浪爬高：$R_m = \frac{k_\Delta k(h_m L_{m_w})^{\frac{1}{2}}}{(1+m^2)^{\frac{1}{2}}} = \frac{0.8 \times 1.01 \times (0.482 \times 12.05)^{\frac{1}{2}}}{(1+2.5^2)^{\frac{1}{2}}} = 0.723(m)$。

根据《碾压式土石坝设计规范》（SL 274—2001）规定，设计波浪爬高值应根据工程等级确定，1 级、2 级和 3 级坝采用累积频率为 1% 的爬高值。本工程为 Ⅲ 等工程，主要建筑物级别为 3 级，故取 $P = 1\%$。

平均水深：$H_m = \frac{2}{3}H = \frac{2}{3} \times 36.90 = 24.6m$（平均水深近似为坝前水深的 2/3）。

根据 $h_m = 0.482m$、$H_m = 24.6m$，得 $\frac{h_m}{H_m} = \frac{0.482}{24.6} = 0.0196 < 0.1$，查规范《碾压式土石坝设计规范》（SL 274—2001）A.1.8 得 $\frac{R_P}{R_m} = 2.23$，则波浪高：$R = 2.23R_m = 2.23 \times 0.723 = 1.61$（m），计算风向与坝轴线法向的夹角 $\beta = 0°$。

风浪壅高：$e = k\frac{v_0^2 D}{2gH_m}\cos\beta = 3.6 \times 10^{-6} \times \frac{22.5^2 \times 2000}{2 \times 9.8 \times 24.6} \times \cos0° \approx 0.01(m)$。

安全超高：该大坝为 3 级建筑物，正常运用情况条件查《碾压式土石坝设计规范》（SL 274—2001）表 5.3.1 得 $A = 0.7m$。

坝顶超高值：$y = R + e + A = 1.61 + 0.01 + 0.7 = 2.32(m)$。

（2）非常运用情况下（校核洪水位 119.60m 时）坝顶超高。

计算方法同前，不同的是 $V_0 = V_{max} = 15m/s$，坝前水深 $H_m = 119.60 - 82.00 = 37.60(m)$。

平均水深：$H_m = \frac{2}{3}H = \frac{2}{3} \times 37.60 = 25.1(m)$，校核情况条件查《碾压式土石坝设计规范》（SL 274—2001）表 5.3.1 得 $A = 0.4m$。

坝顶超高值：$y = R + e + A = 1.42m$。

（3）坝顶高程。

正常运用情况：$\nabla_顶 = 118.90 + 2.32 = 121.22(m)$。

非常运用情况：$\nabla_顶 = 118.60 + 1.42 = 120.02(m)$。

当坝顶设有可靠的防浪墙时，以上计算的坝顶高程可作为防浪墙顶高程，但此时实际坝顶高程不得低于水库最高水位。根据计算结果，取大值 121.22m，并设 1.22m 的防浪墙，实际坝顶高程为 120.00m，满足不低于水库校核水位 119.60m 的要求。

对于心墙或斜墙坝，坝顶在心墙或斜墙顶部应有不小于防冻的深度。本工程心墙与防浪墙连成一体，则心墙墙顶高程应不低于设计洪水位 118.90m，故取心墙墙顶高程为

119.00m，且心墙距实际坝顶厚度为120.00－119.00＝1.00(m)，大于坝址的最大冻深为0.93m，故满足防冻要求。

考虑到沉陷的影响，竣工时的土石坝坝顶高程应有足够的预留沉降值，对施工质量良好的土石坝，该值可取坝高的0.2%～0.4%。

最终确定本工程大坝的坝顶高程为120.00m，防浪墙顶高程121.22m。

根据以上初步设计情况，可绘制出典型断面图，如图7.2所示。

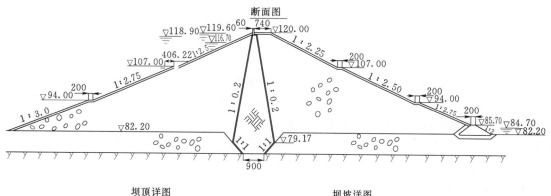

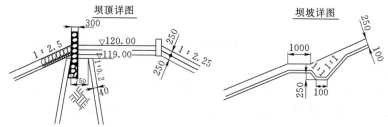

图7.2　典型断面图

7.4.3　坝体构造

1. 坝顶构造

坝顶应设防浪墙、路面及排水，上、下游坝坡应设护坡，以防止冲刷、波浪淘刷、气候影响以及动植物破坏。上、下游坝坡可通过计算或参照已建工程拟定，再经坝坡稳定分析来确定。

防浪墙：高度约1.2m，厚度为0.6m，用混凝土筑成，并与坝体防滑结构连成一体；防浪墙应设伸缩缝。

坝顶路面：坝顶采用砌石路面，并设横向坡度2%的排水，在下游侧设集水沟，排向两端。

2. 护坡

护坡型式：根据坝高及坝型可采用砌石护坡，护坡底部应设垫层。边坡处马道护坡宜适当加厚，并设置纵横排水沟。

护坡范围：上游面护坡由坝顶至最低水位以下2～3m，下游面护坡应从坝顶至排水设备顶部。

3. 防渗结构

坝体防渗结构应根据建筑材料、施工条件、对库水位的适应性、坝基性质及工程量等因素综合考虑选择。本工程因坝基透水层厚度较小，可将心墙与坝基截水槽一并考虑设计。截水边坡一般可取 $1:1$，底部厚度按抗渗要求确定，即 $\delta \geqslant H/[J]$。坝体防渗采用黏土心墙防渗体，心墙顶部高程应高于设计洪水位 $0.3 \sim 0.6$m，并不得低于校核洪水位，而且心墙顶部保护层深度不得小于抗冻深度要求，并不小于 1.0m。心墙顶部厚度不小于 2m，两侧边坡在 $1:0.15 \sim 1:0.3$ 之间，底部厚度应不小于 3m，并应满足抗渗要求。

防渗心墙顶部应设砂性土保护层，两侧与坝体之间应设反滤层；心墙土料渗透系数不大于 1×10^{-5} cm/s。

4. 坝体排水设施

土石坝下游常用排水设施应结合不同型式排水的特点及坝型、对降低浸润线要求、建筑材料等因素来选择，本工程采用棱体排水。棱体排水顶部宽度不小于 1.0m，其高程应满足坝体浸润线距坡面不小于冰冻深度，并超出下游最高水位 0.5m 以上，内外坡分别为 $1:1 \sim 1:1.5$ 及 $1:1.5 \sim 1:2.0$。棱体用块石筑成，其透水性应大于坝体土料透水性 100 倍以上；棱体与坝体或地基之间应设反滤层。

7.4.4　渗流分析

1. 渗流计算

对中高坝，可采用水力学法计算确定渗透流量与浸润线方程。根据坝轴线剖面图地质、地形等情况，沿坝轴线可分若干段进行计算，坝段内地形、地质情况应大致相同。在各段内取典型剖面，根据有限深透水地基上心墙坝的渗流计算公式分别计算渗透单宽流量 q 及浸润线方程 $y = f(x)$，在此基础上进而确定总渗透流量，绘制浸润线。

具体计算过程略。

2. 渗透稳定性分析

根据 $J = \dfrac{\Delta H}{\Delta L}$，计算渗透坡降，并进行渗透稳定性校核。当 $J \leqslant [J]$ 时，满足要求。

对于非黏性土，当 $10 < \eta < 20$ 时，$[J] = 0.2$；$\eta < 20$ 时，$[J] = 0.1$。

具体分析过程略。

7.4.5　稳定分析

对于薄心墙坝的上下坝坡，在不同工作条件下的可能滑动面为折线或直线，相应稳定计算方法为折线法或直线法。

1. 计算情况

施工期的上、下游坝坡；稳定渗流期的上、下游坝坡；水库水位降落器的上游坝坡；正常运用遇地震的上、下游坝坡。

2. 计算方法

满库时上游坝坡：此时上游坝坡全部处于水下，为简化计算，取滑动面为直线，按直线法计算，即 $k = \dfrac{\tan \varphi}{\tan \partial} \geqslant [k]$。

满库时下游坝坡：此时，虽然下游有水，但水位及浸润线较低，水深较小，可近似地把下游坡看成全部为水上，其滑动面为直线，也用直线法计算。

上游水位较低时上游坡：上游坡部分处于水上、水下，滑动面为折线，宜用折线法计算。通常利用试算方法求危险水位、危险滑动面，要求相应的 $k_{\min} \geqslant [k]$。

具体计算方法见规范。

3. 成果分析

根据不同运用情况上下游坝坡稳定计算成果，对坝坡稳定性作出结论。若不满足要求，应从坝坡设计等方面采取措施以提高其稳定性，以求满足稳定要求。

7.4.6　地基处理及土石坝与两岸连接

1. 地基处理

对于砂卵石地基，其主要处理措施是防渗，筑坝前应将表层腐殖土、草皮、乱石等清除，清基深度 0.3～0.5m。

本工程为有限透水地基上心墙坝，坝基防渗宜用截水槽，截水槽底宽9m，边坡1:1，向上延伸与心墙下延连接而成，地基应挖至新鲜基岩面，并在表面喷一层砂浆后回填黏土。

2. 土石坝与两岸连接

两岸坡应进行清基，开挖后岸坡不应陡于 1:0.5～1:0.75，心墙与岸坡连接处断面应扩大 1/3，如两岸有强风化层时，可采用截水槽方式将心墙伸入到弱风化层内。

7.5　岸边溢洪道设计

7.5.1　溢洪道布置

1. 位置

溢洪道位于河道左岸，坝轴线上游约100m处的天然垭口处，泄槽末端挑流消能后水流直接进入下游天然山沟内泄向下游河道。

2. 组成与结构型式

正槽式溢洪道通常由进口段、控制堰、泄槽、消能工、尾水渠五大部分组成。

进口段：由于溢洪道进口紧靠水库，水流条件较好，不需作引水渠，仅作喇叭口即可，其横断面可设成陡梯形或矩形，纵坡为适应地形条件，设成负坡。

控制堰：中小型工程为简单起见，宜用宽顶堰，采用自由溢流式，其堰顶高程与防洪限制水位齐平，为 116.70m；其宽度经水力计算确定；顺水流方向堰厚按 $(2.5～10)H$ 选取，为8m。

泄槽：通常由收缩段、陡槽及扩散段组成。收缩角应不大于 22.5°，扩散角略小；其底坡应力求适应原地面且不小于 i_k；断面尺寸可通过计算确定。本工程泄槽总长 111.62m，其中，收缩段长 18.35m，底坡 $i=0.05$；陡槽段长 93.27m，底坡 $i=0.15$；矩形断面，底宽15m。

消能工：溢洪道末端一般采用底流或挑流，因本工程溢洪道末端进入山沟退水渠，为节省工程量，宜用挑流消能。挑鼻坎顶高程 102.45m，挑角 $\theta=25°$，反弧半径 $R=8$m，水平长 5.08m。

尾水渠：将下游山沟稍行整理而成，使水流经山沟平顺进入下游河道。

7.5.2 水力计算

1. 控制堰

（1）控制堰尺寸拟定。

型式及堰顶高程：为简单方便，采用自由溢流式的宽顶堰，堰顶高程等于正常水位，即堰顶高程为 116.70m。

堰厚：堰厚 $\delta=(2.5\sim10)H=(2.5\sim10)\times(118.90-116.70)=5.5\sim22.7(\text{m})$，取堰厚 8m。

前缘宽度：根据设计与校核时上游水位及过堰流量，应用自由泄流的宽度堰公式，试算确定前缘宽度 B。

下泄流量：设计水位时下泄量 $Q=110\text{m/s}$。

堰上水头：$H_d=118.90-116.70=2.2(\text{m})$。

淹没系数：溢洪道溢洪堰必须为自由出流，以保安全，取 $\sigma=1.0$。

流量系数：上游堰高 $P=0$ 时，取 $m=0.385$。

收缩系数：设 $\varepsilon=0.95$，则

$$B=\frac{Q}{\sigma m\varepsilon\sqrt{2g}H^{\frac{3}{2}}}=\frac{110}{1.0\times0.95\times0.385\sqrt{2\times9.8}\times2.2^{\frac{3}{2}}}=20.8(\text{m})$$

分孔：分 3 孔，即 $n=3$，单孔净宽 6.9m，墩头部半圆形，厚 0.8m，相应的 $\xi_k=0.7$，$\xi_0=0.45$。

（2）泄洪能力校核。

设计水位时：

$$\varepsilon=1-0.2[\xi_k+(n-1)\xi_0]\frac{H_d}{nb}=1-0.2\times[0.7-(3-1)\times0.45]\times\frac{2.2}{3\times6.9}=0.966$$

$$Q_x=\sigma\mu Be\sqrt{2g}H_d^{\frac{3}{2}}=1\times0.966\times3\times6.9\sqrt{2\times9.8}\times2.2^{\frac{3}{2}}=110(\text{m}^3/\text{s})\geqslant Q_s=110\text{m}^3/\text{s}$$

校核水位时：

$$Q_{泄}=150\text{m}^3/\text{s},\quad H_d=179.60-116.70=2.90(\text{m})$$

$$\varepsilon=1-0.2[\xi_k+(n-1)\xi_0]\frac{H_d}{nb}=1-0.2\times[0.7-(3-1)\times0.45]\times\frac{2.9}{3\times6.9}=0.955$$

$$Q_x=\sigma\mu Be\sqrt{2g}H_d^{\frac{3}{2}}=1\times0.955\times3\times6.9\times\sqrt{2\times9.8}\times2.9^{\frac{3}{2}}=167(\text{m}^3/\text{s})\geqslant Q_s=150\text{m}^3/\text{s}$$

通过计算，分 3 孔，单孔净宽为 6.9m 可满足设计要求。

前缘总宽度：$B_0=nb+(n-1)d=3\times6.9+(3-1)\times0.8=22.3(\text{m})$。

2. 泄槽

泄槽通常由收缩段、陡槽段及扩散段组成，泄漕构造图如图 7.3 所示。本溢洪道末端采用挑流消能，所以泄槽由矩形断面的收缩段、陡槽段组成，不设扩散段，以增大末端流速，加大挑距以保安全。泄槽底坡应力求适应原地面且不小于 i_k，断面尺寸可通过计算确定。

陡槽段因地基条件较好，其过水断面宜用矩形，C15 混凝土衬砌，底宽较控制堰宽度小，以节省工程量，相应宽度由 C15 混凝土允许流速 $[v]=18\text{m/s}$ 求得，可取底宽 $b=$

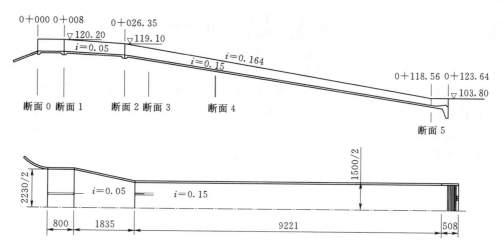

图 7.3　泄槽构造图

15m，再计算水面曲线后校核。

（1）长度。

收缩段长度：矩形断面底宽由 22.3m 收缩为 15m，为改善水流条件，收缩角 $\alpha \leqslant 11.25°$，得相应长度 $L_1 = \dfrac{B_0 - b}{2\tan\alpha} = \dfrac{22.3 - 15}{2 \times \tan 11.25°} = 18.35\,(\text{m})$。

陡槽段长度：根据地形条件，为减少开挖量，泄槽底板应与地形坡度适应，取收缩段纵坡 $i_1 = 0.05$，陡槽纵坡 $i_2 = 0.15$，则收缩段末端断面底高程 $\nabla_2 = 116.70 - 0.05 \times 18.35 = 115.78\,(\text{m})$。

陡槽末端断面底高程：$\nabla_2 = 101.79\text{m}$（由鼻坎反弧段反推算而得）。

陡槽段斜长：$L_2 = \dfrac{115.78 - 101.79}{0.15} = 93.27\,(\text{m})$。

陡槽段水平长：$L_2' = \sqrt{93.27^2 - (115.78 - 101.79)^2} = 92.21\,(\text{m})$。

（2）水面曲线计算。泄槽中水流为非均匀流，宜用分段求和法推求其水面曲线。

收缩段进口水深 h_1：为使堰顶安全泄洪，收缩段底坡应大于临界底坡，即 $i > i_k$，则该进口断面水深 $h_1 = h_k$。当校核水位时，下泄流量 $Q = 150\text{m}^3/\text{s}$，则断面单宽流量为 $q = \dfrac{150}{22.3} = 6.73\,[\text{m}^3/(\text{s} \cdot \text{m})]$。

临界水深
$$h_k = \sqrt[3]{\frac{\alpha q^2}{g}} = \sqrt[3]{\frac{1.1 \times 6.73^2}{9.8}} = 1.72\,(\text{m})$$

$$A_k = h_k B_0 = 1.72 \times 22.3 = 38.4\,(\text{m}^2)$$

湿周
$$\chi_k = 2h_k + B_0 = 2 \times 1.72 + 22.3 = 25.7\,(\text{m})$$

$$R_k = \frac{A_k}{\chi_k} = \frac{38.4}{25.7} = 1.49\,(\text{m})$$

$$C_k = \frac{R^{\frac{1}{6}}}{n} = \frac{1.49^{\frac{1}{6}}}{0.017} = 62.9\,(\text{m}^{\frac{1}{2}}/\text{s})\,（混凝土衬砌，取 n = 0.017）$$

$$v_k = \frac{Q}{A_k} = \frac{150}{38.4} = 3.91 (\text{m/s})$$

$$i_k = \frac{v_k^2}{C_k^2 R_k} = \frac{3.91^2}{62.9^2 \times 1.49} = 0.00259$$

现收缩段 $i_1 = 0.05 > i_k = 0.00259$，属于陡坡，所以收缩段进口水深 $h_1 = h_k = 1.72\text{m}$。

收缩段出口断面 2—2（即陡槽进口断面）水深 h_2：渐变段内一般为非均匀流，已知其长度与起始水深 h_1，利用分段求和法可计算其出口水深 h_2。现已知进口水深 $h_1 = 1.72\text{m}$，两断面距离 $\Delta L = 18.35\text{m}$，断面宽分别为 22.3m 与 15.0m。

设 $h_2 = 2.70\text{m}$，相应该断面即 1—1 断面特征值为：

进口断面水深 $h_1 = 1.72\text{m}$，则

$$A_1 = h_1 B_0 = 1.72 \times 22.3 = 38.4 (\text{m}^2)$$

$$\chi_1 = 2h_1 + B_0 = 2 \times 1.72 + 22.3 = 25.7 (\text{m})$$

$$R_1 = \frac{A_1}{\chi_1} = \frac{38.4}{25.7} = 1.49 (\text{m})$$

$$C_1 = \frac{R_1^{\frac{1}{6}}}{n} = \frac{1.49^{\frac{1}{6}}}{0.017} = 62.9 (\text{m}^{\frac{1}{2}}/\text{s})$$

$$v_1 = \frac{Q}{A_1} = \frac{150}{38.4} = 3.91 (\text{m/s})$$

$$E_1 = h_1 + \frac{\alpha v_1^2}{2g} = 1.72 + \frac{1.1 \times 3.91^2}{2 \times 9.8} = 2.578 (\text{m})$$

出口断面水深 $h_2 = 2.70\text{m}$，则相应该断面即 2—2 断面特征值为

$$A_2 = h_2 b = 2.70 \times 15.0 = 40.5 (\text{m}^2)$$

$$\chi_2 = 2h_2 + b = 2 \times 12.7 + 15.0 = 20.4 (\text{m})$$

$$R_2 = \frac{A_2}{\chi_2} = \frac{40.5}{20.4} = 1.99 (\text{m})$$

$$C_2 = \frac{R_2^{\frac{1}{6}}}{n} = \frac{1.99^{\frac{1}{6}}}{0.017} = 65.95 (\text{m}^{\frac{1}{2}}/\text{s})$$

$$v_2 = \frac{Q}{A_2} = \frac{150}{40.5} = 3.70 (\text{m/s})$$

$$E_2 = h_2 + \frac{\alpha v_2^2}{2g} = 2.70 + \frac{1.1 \times 3.70^2}{2 \times 9.8} = 3.468 (\text{m})$$

则有

$$\bar{v} = \frac{v_1 + v_2}{2} = \frac{3.91 + 3.70}{2} = 3.81 (\text{m/s})$$

$$\bar{C} = \frac{C_1 + C_2}{2} = \frac{62.90 + 65.95}{2} = 64.4 (\text{m}^{\frac{1}{2}}/\text{s})$$

$$\bar{R} = \frac{R_1 + R_2}{2} = \frac{1.49 + 1.99}{2} = 1.74 (\text{m})$$

$$\bar{J} = \frac{\bar{v}^2}{\bar{C}^2 \bar{R}} = \frac{3.81^2}{64.4^2 \times 1.74} = 0.00201$$

$$\Delta L = \frac{E_2 - E_1}{i - \bar{J}} = \frac{3.468 - 2.578}{0.05 - 0.00201} = 18.5 (\text{m}) \approx 18.35\text{m}$$

所以，所设收缩段出口断面水深为 $h_2 = 2.70\text{m}$ 正确。

陡槽段水深计算：

进口断面水深已求，为 2.70m。由于陡槽底坡 $i = i_2 = 0.15 > i_k$，且陡槽为棱柱形渠道，其水面曲线为降水曲线，水深沿程减小。

设陡槽某断面 3—3 水深为 1.5m，同样利用分段求和法求解：

$h_1 = 2.90$，与进口水深相等；$h_2 = 1.50\text{m}$ 与 3—3 断面相同，可求得

$$E_1 = 3.468\text{m}, \quad v_1 = 3.70\text{m/s}, \quad C_1 = 65.95\text{m}^{\frac{1}{2}}/\text{s}, \quad R_1 = 1.99\text{m}, \quad i = 0.15$$

$$E_2 = 4.000\text{m}, \quad v_2 = 6.67\text{m/s}, \quad C_2 = 61.10\text{m}^{\frac{1}{2}}/\text{s}, \quad R_2 = 1.25\text{m}$$

则　　　　$$\overline{v} = 5.185\text{m/s}, \quad \overline{C} = 63.50\text{m}^{\frac{1}{2}}/\text{s}, \quad R_2 = 1.62\text{m}, \quad \overline{J} = 0.00411$$

$$\Delta L = \frac{E_2 - E_1}{i - \overline{J}} = \frac{4.000 - 3.468}{0.05 - 0.00411} = 4.85(\text{m})$$

所以，3—3 断面水深 1.50m，距陡槽进口为 4.85m。

然后再以 $h_3 = 1.50\text{m}$ 为第一断面，利用上述方法计算相应断面 4—4，作为第二断面水深 h_4，以及末端 5—5 断面水深 h_5 列表 7.2，并绘成相应水面曲线。

从计算表中可知，陡槽末端流速 $v = 14.5\text{m/s}$，小于 C15 混凝土的允许流速，即 $[v] = 18\text{m/s}$，所以底宽 $b = 15\text{m}$ 是合适的。

（3）侧墙顶高程计算。

侧墙计算顶高程：　　　　　　　$$\nabla_顶 = \nabla_底 + h_掺 + A$$

式中　$\nabla_底$——溢洪道底部高程；

$h_掺$——掺气水深，$h_掺 = h\left(1 + \dfrac{\xi v}{100}\right)$，$\xi$ 为系数，一般取 1～1.40，流速大时取大值；

A——超高。

如，泄槽末端断面 5—5，水深 $h = 0.69\text{m}$，流速 $v = 14.50\text{m/s}$，墙底高程为 101.79m，取 $\xi = 1.20$，$A = 0.5\text{m}$，则 $h_掺 = 0.69 \times \left(1 + \dfrac{1.20 \times 14.5}{100}\right) = 0.81(\text{m})$，侧墙顶计算高程 = $0.81 + 0.5 + 101.79 = 103.10(\text{m})$，取实际墙顶高程为 103.80m，计算成果见表 7.2。

表 7.2　　　　　　水面曲线计算成果表（$Q = 150\text{m}^3/\text{s}$，上游水位 118.60m）

项目＼断面	0 堰前端	1 堰末收缩段始端	2 收缩段末、陡槽始端	3	4	5 陡槽末端（切点）	6 坎顶
水平桩号/m	0	8.00	26.35	31.15	50.82	118.56	123.64
斜距/m	8.00	18.35	26.35	31.15	50.82	118.56	
水深/m	2.90	1.72	2.70	1.50	1.00	0.69	0.69
流速/(m/s)	2.50	3.91	3.70	6.67	9.00	14.50	14.50
掺气水深/m	2.98	1.79	2.81	1.61	1.11	0.81	0.81
底部高程/m	116.70	116.70	115.78	115.05	111.08	101.79	102.45
水面高程/m	118.68	118.49	118.59	116.66	113.19	102.60	103.26
墙顶计算高程/m	120.18	118.99	118.09	117.16	113.69	103.10	103.76
墙顶设计高程/m	120.20	120.20	118.10			103.80	103.80

7.5.3　消能计算

（1）消能型式：因溢洪道下游为基岩，附近也没有其他建筑物，故选用挑流消能。

（2）下游水位：溢洪道出口冲沟纵坡变化较小，可视为底坡不变，并简化为一梯形渠道，则该渠道进口底高程为 98.50m，利用均匀流计算公式推求得下游最大流量为 150m³/s时，下游冲坑处水位为 100.95m，渠底高程 98.50m，水深 2.45m。

（3）挑流鼻坎参数。

1）鼻坎高程：从溢洪道出口下游水位-流量关系曲线求得下泄流量为 Q 时下游水位，鼻坎高程应高出下游水位 1~2m。现取超高 1.5m，则鼻坎高程为 100.95+1.50=102.45（m）。

2）挑射角：挑射角一般为 15°~35°，可参照已成工程选取。现取 $\theta=25°$。

3）反弧半径：为改善水流条件及节省工程量，反弧半径常取 $R=(8~10)h_c$。h_c 为反弧水深，已计算得 $h_c=0.69m$，现取 $R=8m$，稍大于 $10h_c$，对改善水流条件有利。式中反弧段收缩水深 h_c 可利用能量方程或有关经验公式计算确定。

（4）挑距及冲坑计算。

已知 $\theta=25°$，坎顶水面流速 $v_1=1.1×14.50=15.59（m/s）$，坝顶垂直向水深 $h_1=h\cos\theta-0.69\cos25°=0.63（m）$；$h_2=$ 坎坝顶高程－下游渠底高程 $=102.45-98.50=3.95$（m）。

挑距：
$$L=\frac{1}{g}\left[v_1^2\sin\theta\cos\theta+v_1\cos\theta\sqrt{v_1^2\sin^2\theta+2g(h_1+h_2)}\right]$$
$$=\frac{1}{9.8}\left[15.95^2\sin25°\cos25°+15.95\cos25°\sqrt{15.95^2\sin^2 25°+2×9.8(0.63+3.95)}\right]$$
$$=27.1（m）$$

冲坑深度 T_k：$T_k=\alpha q^{0.5}H^{0.25}-t$，其中对花岗岩片麻岩地基，冲坑系数 α 取 1.25，单宽流量 $q=\dfrac{Q}{b}=\dfrac{150}{15}=10.0[m³/(s·m)]$，上下游水头 $H=119.60-100.95=18.65（m）$，下游水深 $t=100.95-98.50=2.45（m）$，则：
$$T_k=\alpha q^{0.5}H^{0.25}-t=1.25×10.0^{0.5}×18.65^{0.25}-2.45=5.76（m）$$

校核：因挑距 $L=27.1m$，冲坑深度 $T_k=5.76m$，则 $\dfrac{L}{T_k}=\dfrac{27.1}{5.76}=4.70$ 在 2.5~5.0，满足要求。

依上法也可计算当下泄流量 $Q=110m³/s$ 时，可求得 $L=18m$，$T_k=4.92m$，得 $\dfrac{L}{T_k}=\dfrac{18.0}{4.92}=3.70$ 在 2.5~5.0，也满足要求。

7.5.4　衬砌型式与构造

泄槽为防止高速水流冲刷作用，应设衬砌，对岩基上溢洪道，可利用混凝土或浆砌石衬砌。

砌石衬砌厚度一般为 30~60cm，混凝土衬砌不小于 30cm，并设纵横永久缝，缝距 10~15m，混凝土衬砌表面应设 $\mu=0.1\%$ 的温度筋。衬砌永久缝内设止水设施，底部应设排水设施。挑流鼻坎为简单起见，可采用连续式鼻坎，并设置混凝土护面与 45° 倒角。

7.5.5　溢洪道的地基及边坡处理设计

1. 地基开挖

溢洪道的建基面，应根据建筑物对地基的要求，结合地质条件、工程处理措施等综合研究确定。重要部位的地基应开挖至弱风化的中部至上部岩层；不衬砌的泄槽应开挖至坚硬、完整的新鲜或微风化岩层；对易风化、易泥化的基岩应提出相应的施工保护措施。

建筑物的基坑形状，应根据地形、地质条件及上部结构要求确定，开挖面宜连续平顺。控制段的基坑宜略向上游倾斜，若受地形地质条件限制，高差过大或略向下游倾斜时，可以开挖成带钝角的台阶状。

泄槽的衬砌段与不衬砌段应平顺连接。

2. 固结灌浆

溢洪道固结灌浆适宜在控制段及消能段地基范围内进行。当基岩条件好时，可以不进行固结灌浆。

灌浆孔呈梅花状或方格状布置。孔距、排距和孔深应根据岩体的破碎程度、节理发育程度及基础应力综合考虑。孔距和排距一般为 3～4m，孔深 3～5m。

钻孔方向垂直于基岩面。当存在裂隙时，为了提高灌浆效果，钻孔方向尽可能正交于主要裂隙面。灌浆时先用稀浆，而后逐步加大浆液的稠度，灌浆压力无混凝土盖重时一般为 0.1～0.3MPa，有混凝土盖重时一般为 0.2～0.5MPa，以不掀动岩石为限。

3. 地基防渗

溢洪道地基的防渗、排水设计应根据工程地质和水文地质条件，建筑物的重要性及作用，建筑物的安全稳定，综合考虑防渗、排水的相互作用，确定相应的措施。靠近坝肩的溢洪道，其防渗、排水布设应与大坝的防渗、排水系统统筹安排。

防渗、排水设施的布设应满足下列要求。

（1）减少堰（闸）基的渗漏和绕渗。

（2）防止在软弱夹层、断层破碎带、岩体裂隙软弱充填物及其他抗渗变形性能差的地基中产生渗透变形。

（3）降低建筑物基地的扬压力。

（4）具有可靠的连续性和足够的耐久性。

（5）防渗帷幕不得设置在建筑物底面的拉力区。

（6）在严寒地区，排水设施应防止冰冻破坏。

控制段的防渗措施宜采用水泥灌浆帷幕，也可以根据条件采用混凝土齿墙、防渗墙、水平防渗铺盖或其组合措施。防渗帷幕的范围为：当地基下相对隔水层埋藏较深或分布无规律时，可采用悬挂式帷幕，帷幕深度为 0.3～0.7 倍堰基面以上最大水深。当坝基下有明显隔水层且埋深较浅时，防渗帷幕应深入到隔水层内 2～3m。相对隔水层的透水率的控制标准为小于 5Lu［透水率的单位（Lu 吕容）是指当水压力为 1MPa时，每米钻孔长度内注水流量为 1L/min 时，其透水率为 1Lu］。防渗帷幕伸入两侧岸坡的范围、深度以及方向应根据工程地质及水文地质条件确定，宜延伸至正常蓄水位与相对隔水层范围线相交处。靠近坝肩的溢洪道，其防渗帷幕应与大坝帷幕衔接，形成整体防渗系统。

帷幕灌浆宜设置一排灌浆孔。当地质条件较差，岩体破碎，裂隙发育或可能发生渗透变形地段，可以增加至两排，且与第一排孔相间布置。帷幕孔距一般为 1.5～3m，排距比孔距略小。钻孔的方向宜采用铅直或略向上游倾斜，应使钻孔尽量穿过岩体的层面和主要裂隙，但是不宜倾向下游。

帷幕灌浆必须在有一定厚度混凝土盖重及固结灌浆后进行，以保证岩体的灌浆压力。帷幕灌浆的压力应通过试验确定，通常在灌浆孔表层部分，灌浆压力不小于 0.2～0.5MPa；孔底部分不宜小于 0.4～0.8MPa；但以不抬动岩体为原则。

4. 地基排水

溢洪道的地基排水与帷幕灌浆相结合是降低地基渗透压力的重要措施。地基排水设施应能够有效排泄通过建筑物地基、岸坡及衬砌接缝的渗水，充分降低渗透压力，其布置应遵循下列原则。

(1) 以排水廊道或集水沟为主导，形成完整的排水系统。

(2) 各部位（如控制段、泄槽）地基的渗水可以分段分级引导至集水廊道或集水沟。

(3) 排水系统出口应能顺利地将渗水排出。

(4) 应考虑防止排水失效的措施，设置必要的检测设施。

溢洪道的堰（闸）基底宜设一排主排水孔。通常布置在帷幕孔下游的廊道或集水沟内，与帷幕灌浆孔的间距在基底面不宜小于 2m。主排水孔距约为 2～3 m，孔深应根据防渗帷幕和固结灌浆深度及地质条件确定，深度为防渗帷幕深度的 0.4～0.6 倍；且不小于固结灌浆孔的深度。

泄槽底板下的排水设施，应根据具体条件布设。

(1) 泄槽底板下，宜设置纵、横向排水沟（管），构成互相贯通的沟网系统。

(2) 纵、横向排水沟（管）的间距宜与底板纵横缝相对应，但是不宜骑缝布设。

(3) 对于规模较大的溢洪道宜优先选用在边墙地基或泄槽底板下设置一条或多条纵向集水廊道的型式。

挑流鼻坎基底有自流排渗条件时，其排水设施宜与泄槽底板下的排水系统相应布设，并与其纵、横排水沟或廊道联通，经鼻坎基底或坎体通向下游。

溢洪道的边墙（重力式或贴坡式），可设置与底板排水沟相通的墙后排水系统。对有防渗要求的边墙，水面线以下部位不应设明排水孔；无防渗要求的边墙或护底，可以设明排水孔。排水孔、排水沟（管）应采取防止淤塞的措施，有泥化夹层出露部位、软弱基岩的排水垫层或墙后回填土埋设的排水管，均应设置反滤层。

5. 边坡开挖与处理

溢洪道开挖边坡坡度，应根据岩体质量、岩体结构特征、边坡高度和施工方法等条件，通过工程类比方法选择，并进行稳定复核。

边坡加固措施，根据稳定分析成果，可分别采用削坡减载、锚喷、锚杆、锚筋桩、抗滑桩、预应力锚索等措施。

边坡开挖宜分级设置马道，马道的布设应考虑边坡岩体结构、边坡高度、坡度等。边坡马道分级高度可以选用 10～30m，马道宽度 1.5～3m，结合交通道路的马道可以适当加宽。边坡表面进行防护处理时，可以根据地质条件分别采用植被、砌石、挂网锚固喷浆或喷混凝土等措施。

溢洪道的边坡应设置排水设施。宜沿边坡走向结合马道的位置布设纵横排水沟排除地表水。

7.6 绘制设置图纸及提交设计文件

7.6.1 设计图纸绘制

根据设计计算成果，绘制设计图纸，应完成以下成果：

（1）土坝枢纽平面布置图。

（2）土坝剖面图、下游立视图及主要细部构造图。

（3）溢洪道平面图、纵剖面图及细部构造图。

图纸应符合《水利水电工程制图规范》要求，图面布置匀称，比例适宜，内容准确，整洁美观。

7.6.2 编写设计报告

设计报告书编写原则：

（1）按章节叙述，先拟提纲，然后编写。

（2）包含基本资料和基本数据。

（3）说明设计标准、设计情况及依据。

（4）阐述设计思想、原则及方法。

（5）具体设计应说明设计原理、方法及成果。

（6）成果分析结论。

（7）简明扼要，叙述清楚，文字通顺，字迹工整。

对计算部分应包括有关计算公式、计算条件、计算方法、计算过程及计算成果，按不同计算项目分别列出，对同类型计算，可列一个计算过程，其余列出成果表。

7.6.3 设计报告书参考提纲

第一章 基本资料

第一节 工程概况及工程目的

第二节 基本资料

第二章 枢纽布置

第一节 工程等级

第二节 枢纽布置（包括建筑物类型与型式、位置等）

第三章 土坝设计

第一节 土坝剖面设计（含坝坡、组成及土粒）

第二节 坝体及坝基渗流分析计算

第三节 坝坡稳定分析计算

第四节 细部构造

第五节 地基处理及与两岸连接

第四章 溢洪道设计

第一节 溢洪道布置

第二节 溢洪道水力计算

第三节 溢洪道结构与构造设计

第2篇

土石坝施工

8 土石坝施工概述

知识目标：了解土石坝施工组织设计的内容，施工组织机构的组织型式和职责，熟悉施工组织设计的资料，掌握施工组织设计的依据与编制原则、施工组织机构型式。

能力目标：能根据施工单位的实际情况和施工项目的特点，组建施工组织机构。

土石坝施工工程量大、涉及专业多、牵涉范围广、工程质量要求高，地点偏僻和面临着不利的地质、地形条件，施工组织与管理工作有着极大的复杂性。土石坝施工的全过程包括施工组织与组织施工两大部分。前者的重点是做好施工前各项准备工作，这一工作是以施工组织设计为核心的；后者是根据设计图纸，按照施工组织的要求具体实施，其核心是施工组织管理工作。

组织工程施工是实现土石坝施工的重要环节，它要解决好两个问题：一是要编好施工组织设计，对工程施工在时间顺序和工程项目上进行合理安排，分清主次，对施工现场在平面上和空间上进行合理布置，避免相互干扰；二是要加强施工管理，严格质量控制，以保证在预定时间内，用较少的人力和物力，完成建设任务。

8.1 土石坝施工组织设计

施工组织设计是用来指导土石坝施工全过程各项活动的技术、经济和组织的综合性文件，是施工技术与施工项目管理有机结合的产物。施工组织设计是项目建设和指导工程施工的重要文件，是建筑施工企业单位能以高质量、高速度、低成本、少消耗完成施工建设项目的有力保证措施，能保证工程开工后施工活动有序、高效、科学合理地进行。

8.1.1 施工组织设计的内容

施工组织设计一般要根据工程规模大小、结构特点、技术复杂程度和施工条件的不同而定，以满足不同的实际需要。施工组织设计的内容要结合工程对象的实际特点、施工条件和技术水平等进行综合考虑，施工组织设计主要内容有编制依据、工程概况、施工部署及施工方案、施工总平面布置图、施工进度计划、主要技术经济指标等基本内容。

8.1.1.1 编制依据

编制依据主要包括土石坝施工合同、招标文件及施工图纸。

（1）工程施工合同或招标文件、施工图纸，包括本工程的全部施工图纸，以及所需标准图。

（2）国家或行业相关的法规及技术文件、与土石坝施工相关的施工规范等。

（3）工程施工范围内的现场条件，工程地质及水文地质、气象等自然条件，工程地质勘探报告以及地形图测量控制网。

8.1.1.2 工程概况

工程概况主要包括土石坝的建设地点，工程的性质、规模，主要建筑物介绍，水文气象条件，地形地质条件，对外交通条件，天然建筑材料，施工供电、供水条件，社会经济条件，设计单位、监理单位、施工单位，建设工期等。

8.1.1.3 施工导流

施工导截流设计，应充分掌握基本资料，明确施工分期，划分导流时段，选择导流方案、导流方式，确定导流标准和导流设计流量，选定导流建筑物，提出导流建筑的施工安排。

8.1.1.4 施工部署及施工方案

施工部署是对整个建设项目进行的统筹规划和全面安排，其主要解决影响施工项目全局的重大战略问题。施工部署由于建设项目的性质、规模和客观条件不同，其内容和侧重点会有所不同。一般应包括以下内容：确定工程开展程序、施工前的准备工作，施工组织机构的设置，施工项目的工期、质量、安全目标等。

施工方案包括土石坝施工拟定各个分部分项工程的施工工艺流程、施工方法、主要技术要求总布置等，明确施工任务划分与组织安排。

8.1.1.5 施工总布置

施工总布置是指导现场施工的总体布置图。施工总平面图是施工组织设计的一个重要组成部分。施工总布置规划应综合分析水工枢纽布置，主体建筑物规模、形式、特点，施工条件等因素，确定并统筹规划为工程服务的临时设施，一般以施工总平面布置图来表示。

施工总平面布置图是把拟建项目组织施工的主要活动描绘在一张总图上，作为现场平面管理的依据，实现施工组织设计平面规划。平面图大体包括主体工程施工布置，各类起重机械的数量、位置及其开行路线；搅拌站、材料堆放仓库和加工厂的位置，场内外运输道路的位置，行政、办公、文化活动等设施的位置，水电管网的位置等内容。

8.1.1.6 施工进度计划

施工进度计划是以施工项目为对象，规定各项工程的施工顺序和开工、竣工时间的施工计划。施工进度计划是施工组织设计的中心内容，它要保证建设工程按合同规定的期限交付使用。施工中的其他工作必须围绕着并适应施工进度计划的要求安排施工。一般将施工进度计划分为施工总进度计划、单位工程施工进度计划、分部分项工程进度计划和季度（月、旬、周）进度计划四个层次。

8.1.1.7 主要技术经济指标

主要技术经济指标是技术方案、技术措施、技术政策的经济效果的数量反映，主要技术经济指标包括施工工期、施工质量、施工成本、施工安全、施工环境技术措施，以及其他技术经济指标。

8.1.2　编制原则

尽管不同阶段的施工组织设计的内容和深度有所不同，但编制土石坝施工组织设计都应遵循以下原则：

（1）严格遵循国家有关工程建设的方针政策，贯彻施工技术规范和操作规程。

（2）要及时完成相关的准备工作，为正式施工创造良好条件。

（3）尽量利用当地资源，合理安排运输、装卸与储存作业，尽量不破坏植被、减少施工用地，不占用或少占用农田。

（4）尽量利用已有建筑物和结合永久建筑物，减少临时设施工程。

（5）尽可能使用和总结推广应用新材料、新技术、新方法，采取机械化、标准化施工。

（6）合理安排工程开展程序和施工顺序，尽量采用流水作业，组织连续、均衡、有节奏的施工。

（7）充分掌握和利用自然条件，根据季节合理安排施工顺序与施工进度，提高施工的连续性和均衡性。

（8）创造良好的施工条件，做到文明生产和文明施工，保证施工安全。

8.1.3　施工组织设计的基本资料

（1）河流的水文情况资料。包括流域、雨量、水位、流量、冰凌、水文地质参与研究成果的可靠程度，不足者应提出补充要求，以满足施工组织设计，特别是导流设计的要求。

（2）地形地质资料。包括区域性的构造、料场及其与工地的交通线、坝址上下游5～10km的施工工地范围、永久建筑物（坝、水电站）位置和大型施工设施（围堰、导流建筑物、大型桥梁、码头、企业厂房等）的范围等。

（3）气候、气象资料。包括季节、气温、水温、地温、湿度、风速风向、日照、晴雨等。着重研究不同季节（冬季、夏季、雨季）对施工影响，以满足主体工程施工设计要求。

（4）交通运输。着重外来物料的运输，应查明工程所在地的铁路、公路、水运的状况、发展计划和趋势，还要研究本工程施工对运输的要求与影响（包括新建和改建运输线路、施工对航运的影响等）。

（5）施工用电、用水和其他动力条件。水利水电施工中需大量电能，施工用水和其他动力设备，这需在详细调查研究基础上，提出专门方案。

（6）对经济各部门的要求。施工地区的社会经济情况以及国民经济各部门对施工期防洪、灌溉、航运、供水等的要求。

（7）劳动力、生活设施和设备情况。说明参加建设的劳动力数量，需在工地居住的人数，现有施工用房的数量，材料、机械设备的技术供应情况等。

（8）有关试验成果。有关工程施工的材料试验、施工实验、导流水工模型实验等的实验成果或专题研究成果。

上述资料的收集范围和深度，应当满足项目施工时间上的要求，务求资料确切、完整、适用。取得资料的方法是亲自调查、布置勘测和委托试验。

8.2 施工组织机构

施工项目管理组织是指为实施施工项目，由完成各种项目管理的人、单位、部门按照一定的规则或规律建立起来的临时性组织机构。根据工程项目特点，公司批准确定项目经理部的管理任务和组织型式，任命项目经理，确定人员、职责、权限。施工项目组织机构是根据项目建设的目标通过科学设计而建立起来的组织实体——项目经理部，对工程施工全过程人工、材料、机械进行安排，对项目的进度、质量、安全、成本及文明施工等负全责。

8.2.1 施工组织机构设置原则

8.2.1.1 目的性原则

施工项目管理组织机构设置的目的是为了进一步充分发挥项目管理功能，提高项目整体管理效率，以达到项目管理的最终目标。

8.2.1.2 弹性原则

水利工程建设项目具有的单件性、露天性、阶段性和流动性的特点，随着生产对象的变化而调整人员、部门设置，使组织机构能够适应施工任务的变化，适应工程任务流动性的特点。

8.2.1.3 精干高效一体化原则

施工项目组织作为临时性机构，在满足施工项目工作任务的需要情况下，尽量简化机构，减少层次，做到精干高效，项目部解体后，其人员仍回企业。

8.2.1.4 管理跨度和分层统一的原则

项目经理在组建组织机构时，设计出切实可行的跨度和层次，画出机构系统图，尽量做到管理跨度适当，按设计组建机构。

8.2.1.5 业务系统化管理原则

施工项目由众多子系统组成，恰当分层和设置部门，能够为完成项目管理总目标而实行合理分工及协作。

8.2.2 施工项目管理组织的型式

8.2.2.1 职能型组织

职能型组织型式是在同一个组织单位里，把具有相同职业特点的专业人员组织在一起，为项目服务，如图 8.1 所示。适用于地理位置相对集中，技术较复杂、工程紧的施工项目。

8.2.2.2 项目式组织

项目式组织型式是项目组织中，所有人员按项目要求划分，由项目经理管理一个特定的项目团体，如图 8.2 所示。适用于中小型项目，也常用于一些涉外及大型项目的公司。

8.2.2.3 矩阵式组织

矩阵式组织结构型式是在直线职能式垂直形态组织系统的基础上，再增加一种横向的领导系统，它由职能部门系列和完成某一临时任务而组建的项目小组系列组成，如图 8.3 所示。适用于环境变化大、结构工艺复杂、采用新技术的项目，或企业承担多个施工项目。

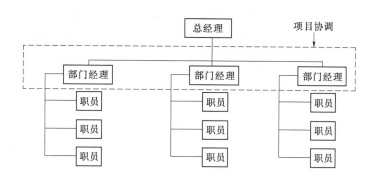

图 8.1 职能型组织

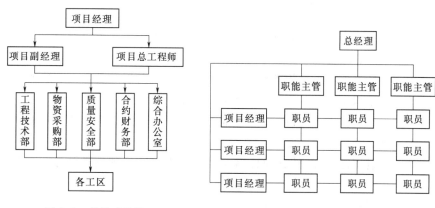

图 8.2 项目式组织   图 8.3 矩阵式组织

8.2.3 施工组织机构主要人员和科室的工作职责

土石坝施工项目管理存在着工程类别多、工作模式不明确、管理责任重大等特点，为优质、高效地在合同规定时间内完成施工任务，需要组建项目经理部，全面负责合同工程的施工组织管理、目标实现工作。施工项目经理部的人员配置可根据施工项目的特点而定，一般情况下不少于现场施工人员的 5%。

项目部的领导班子由项目经理、项目副经理、项目总工程师组成，负责对工程的领导、指挥、协调、决策等重大事宜，对工程进度、成本、质量、安全和创优及现场文明施工等负全部责任。项目经理部设综合办公室、工程技术科、质量安全科、物资采购科、财务科等组成现场控制管理层，如图 8.4 所示。

8.2.3.1 项目经理部

1. 项目经理

（1）认真贯彻执行国家的政策、法规、法令。接受项目法人和监理工程师有关工程的各项指令，确保项目法人要求的安全、质量、进度和投资目标的全面实现。

（2）受公司总经理委托，代表公司履

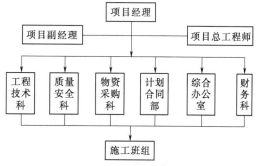

图 8.4 现场施工组织结构图

行工程承包合同，监督合同执行，处理合同变更，明确项目目标实现。

（3）按照公司质量措施、职业健康安全管理措施和环境管理措施要求，建立与本工程相适应的质量保证措施、职业健康安全管理措施和环境管理措施，明确各部门的职责，审批项目部的各种管理制度。

（4）全面负责落实公司下达的经济责任制，主持编制项目管理实施规划，并对项目目标进行系统管理。

（5）维护项目法人、企业和职工的合法权益，进行授权范围内的利益分配，按项目制管理的要求，全面实现公司下达的各项技术经济指标。

（6）接受审计，处理项目经理部解体的善后工作，协助组织进行项目管理的检查、鉴定和评奖申报工作。

2. 项目副经理

（1）受项目经理领导，是项目施工现场全面生产管理工作的组织和指挥者，协助项目部经理抓好安全生产、工程质量工作。

（2）负责工程项目质量安全管理机构的领导工作，主持制定安全技术措施，指导项目管理人员执行施工组织设计和各类技术措施，指导项目开展 QC 小组活动。

（3）协助项目经理协调与建设、设计、监理的关系，保证工程进度、质量、安全、成本控制目标的实现。

（4）组织编制进度计划和资源调配方案，组织参与提出合理化建议与设计变更等重要决策。

（5）负责工程项目各种型式的质量安全生产检查的组织、督促工作和质量安全隐患整改工作。

（6）负责安全或质量事故现场保护、事故调查分析、处理、纠正预防措施的落实、职工教育等组织工作。

3. 项目工程师

（1）贯彻执行国家有关技术政策及上级技术管理制度，抓好施工技术管理，制定质量方针、目标并组织实施，对项目施工技术工作全面负责。

（2）全面负责项目部的技术工作，组织编制实施性施工组织设计和单位工程施工方案，解决重大工程技术问题。

（3）负责组织审核设计文件，核对工程数量，及时解决施工图纸中的疑问。

（4）负责组织向施工负责人进行书面施工技术交底，指导、检查技术人员的日常工作。

（5）组织上岗人员进行安全技术培训、教育，积极推广和应用新技术、新工艺、新材料，积极参加科研攻关活动。

8.2.3.2　工程技术科

（1）贯彻执行国家及上级部门颁发的技术管理规定和规程，制定分部施工技术管理办法，负责办理相关工程申报审批手续。

（2）协助总工程师组织编制项目分部工程的实施性施工组织设计、施工方案和作业指导书，报总工程师批准。

（3）负责工程测量、工程试验的技术管理工作，检查、指导、督促、落实现场的文明施工及施工进度计划，参加工程例会，对施工现场存在的问题提出建议。

（4）负责组织施工技术调查、图纸审核、施工技术方案优化、开竣工报告、技术创新、收集汇总管理施工技术文件资料、编制竣工文件资料等技术管理工作。

（5）组织技术人员对进场的各种材料、产品、设备进行验收，负责督促必检材料、产品进行送检，对施工中的不合格品或材料、设备提出处理意见。

（6）定期召开工程例会，组织各专业监理对施工质量、进度、安全、文明施工、场容场貌进行监督和巡查。

（7）负责竣工验收申请的准备工作，整理收集编制项目竣工验交文件，组织编写施工技术总结，参加竣工验收、交接工作。

8.2.3.3 质量安全科

（1）贯彻执行国家有关安全生产、工程质量、劳动保护、环境保护的方针、政策，并监督执行。

（2）做好特种作业人员的培训、考核、取证工作，负责现场施工安全教育、安全检查并做好记录。

（3）参加施工调查，检查施工准备工作和技术交底，审核施工组织设计中有关安全、质量技术措施，负责进场材料、机械、器具质量的检验和试验，并对其标识。

（4）根据设计文件和施工组织设计要求检查施工方法、技术操作方法，对违反操作规程和危害工程质量现象坚决制止，并责令返修。

（5）贯彻执行"三检"制度，负责各工序工程质量的初验，并积极配合监理工程师做好单元工程的质量确认，整个工程项目的质量评定工作。

（6）负责按规定程序报告各类质量、安全事故，协助领导及上级机关组织并参加事故的调查处理、分析、记录工作。

（7）检查安全管理及安全操作的相关制度的执行情况，对施工安全负直接责任。

（8）参加隐蔽工程检查和工程竣工预验收、验收交接工作，参与工程竣工资料的整理和竣工验收工作。

8.2.3.4 物资供应科

（1）贯彻执行有关物资管理的方针、政策、法令，负责制定与健全各项规章制度及实施办法。

（2）建立物资信息网，掌握市场行情，做好钢材、水泥等主要材料的采购工作，解决生产急需。

（3）编制物资采购申请计划，编制工程机械化施工方案，并根据施工组织设计，编制机械配备、使用计划，负责物资采购合同谈判、合同签订及合同履行、采购工作。

（4）负责进场物资的验收、搬运、储存、标识、保管保养、发放工作，负责物资验证的各种质量证明文件的收集，分类整理和移交。

（5）监督工程项目设备的安装过程、调试，保障设备正常运行，参与设备安装工程的验收。

（6）搞好部门间协作，做好低值易耗品、劳动保护用品的使用管理工作，及时向有关部门提交物资报表。

8.2.3.5 财务科

（1）贯彻国家财经政策、法令、制度，全面负责项目会计核算工作，落实公司财务管理办法，执行公司会计核算和财务管理制度和流程。

（2）主管项目部的财务管理和会计核算工作，认真履行好会计核算工作职责和内部会计监督职能。

（3）负责设置会计工作岗位，搞好财会人员的业务分工，制定岗位，并督促执行。

（4）根据本项目部生产经营情况，具体负责工程项目部会计审计、收入和成本核算、财务成本核算，编制会计报告。

（5）定期与供应单位、分包单位、建设单位核对往来账目，做好经济合同的财务管理，及时、准确收支货款、工程分包款、人工费、工程预付款、工程进度款。

（6）负责营业税及相关税费的纳税申报和缴纳，进行财产物资管理。

8.2.3.6 计划合同部

（1）认真贯彻执行国家有关计划、统计、预算、合同管理等方面的方针、政策、法律法规，严格执行合同文件、技术标准、质量标准和技术规范。

（2）对项目部所属各单位合同执行情况进行监督、检查，参与施工合同的起草和签订，全面有效地履行合同，指导工程项目的合同管理，处理施工过程中与合同有关的技术业务问题。

（3）负责施工计划的编制、上报和下达，并不定期的检查计划的实施情况，及时向项目领导汇报。

（4）建立健全合同管理台账，对项目工程设计图进行详细复核，做到工程数量精确，不发生错项和漏项。

（5）配合工程技术科做好设计变更工作，收集变更设计资料并建立台账，做好工程结算工作，负责对工程成本进行核算和提出改进措施，及时办理与变更索赔有关的各项业务。

（6）制定切实可行的项目责任成本管理制度，统计考核责任成本实施结果，提出责任成本管理改进措施，会同各部门做好责任成本核算工作。

（7）严格统计报表制度，及时进行现场施工的信息反馈，负责其他有关报表的报送，提供各工程项目的核算资料，为工程的索赔和最后决算提供相关材料。

（8）准确地上报各种统计报表，随时检查合同单位对施工合同的执行情况，对合同单位的工作质量实行全过程监督管理。

（9）负责整理调整概预算资料，追加索赔工程款项，负责项目工程价款的结算、计量与支付工作。

8.2.3.7 综合办公室的职责

（1）负责拟订项目部行政管理规章制度，定期督促检查，负责本部门的全面工作。

（2）负责组织项目部劳动工资、教育培训、综合治理、后勤事务等管理工作，组织起草项目行政工作计划、总结、报告等文件和筹备有关行政会议。

（3）负责项目部各部门的行政管理、综合协调工作，负责项目部的会务工作，督促检查贯彻落实情况。

（4）负责公文的收发、登记、传阅和整理，人事档案、专业人员技术档案的收集、整理和保管工作，负责本项目部印章的管理及文件档案的管理。

（5）负责项目部工作计划、行政文件的起草、印发工作，负责各部门工作目标管理的实施、督促、检查和考核工作。

（6）负责制订项目年度职工培训计划，机构定员与岗位职责及其他劳动管理规定、办法，建立健全员工培训，技能鉴定等管理记录及相关数据库、台账和基础资料。

9　施 工 导 截 流

　　知识目标：了解施工导流标准，土石围堰度汛措施及截流材料的选择，熟悉围堰的基本型式及构造，掌握施工导流方式，截流的基本方法、施工期经常性排水系统的布置。

　　能力目标：会选择施工导截流方式和方案、施工导截流设计流量；能确定围堰型式和选择截流材料。

　　在河床上修建土石坝时，为保证在干地上施工，需将天然径流部分或全部改道，按预定的方案泄向下游，并保证施工期间基坑无水，这就是施工导流与水流控制要解决的问题。施工导流与水流控制一般包括以下内容：①坝址区的导流和截流；②坝址区上下游横向围堰和分期纵向围堰；③导流隧洞、导流明渠、底孔及其进出口围堰；④引水式水电站岸边厂房围堰；⑤坝址区或厂址区安全度汛、排冰凌和防护工程；⑥建筑物的基坑排水；⑦施工期通航；⑧施工期下游供水；⑨导流建筑物拆除；⑩导流建筑物下闸和封堵。

9.1　施工导流标准

　　导流标准指选定的导流设计流量，是进行施工导流计算，确定导流建筑物尺寸和建筑结构设计的依据。导流标准的高低，关系到工程和下游人民生命财产及工农业生产的安全，也关系到工程造价和工期。

　　导流标准包括围堰挡水、坝体施工期临时挡水、导流泄水建筑物封堵和水库蓄水四个基本阶段。围堰挡水称初期导流，坝体挡水和封堵蓄水称为后期导流。一般初期导流失事只影响围堰和基坑工程施工，而后期导流失事，则危及大坝及下游城镇安全，造成的损失比初期大得多。

9.1.1　洪水设计标准

　　导流建筑物系指枢纽工程施工期所使用的临时性挡水和泄水建筑物。确定导流建筑物的等级是确定洪水标准和建筑物结构设计的依据。根据其保护对象、失事后果、使用年限和工程规模划分级别分为 3、4、5 三级，一般为 4 级和 5 级，具体见表 9.1。

　　导流建筑物设计洪水标准应根据建筑物的类型和级别在表 9.2 规定的幅度内选择，并结合风险度综合分析，使所选标准经济合理，对失事后果严重的工程，要考虑对超标准洪水的应急措施。

表 9.1 临 时 性 建 筑 物 级 别

级别	保护对象	失 事 后 果	使用年限/年	围堰工程规模	
				堰高/m	库容/亿 m³
3	有特殊要求的 1 级永久性水工建筑物	淹没重要城镇、工矿企业、交通干线或推迟工程总工期及第一台（批）机组发电，推迟工程发挥效益，造成重大灾害和损失	＞3	＞50	＞1.0
4	1 级、2 级永久性水工建筑物	淹没一般城镇、工矿企业或影响工程总工期和第一台（批）机组发电，推迟工程发挥效益，造成较大灾害和损失	1.5～3	15～50	0.1～1.0
5	3 级、4 级永久性水工建筑物	淹没基坑，但对总工期及第一台（批）机组发电影响不大，对工程发挥效益影响不大，经济损失较小	＜1.5	＜15	＜0.1

注　1. 当临时性水工建筑物根据表 9.1 中指标分属不同级别时，应当取最高级别。
　　2. 列为 3 级临时性水工建筑物时，符合该级别规定的指标不得少于两项。
　　3. 利用临时性水工建筑物发电、通航时，经技术经济论证，临时性水工建筑物级别可提高一级。
　　4. 失事造成损失不大的 3 级、4 级临时性水工建筑物，其级别可适当降低。

表 9.2 临时性水工建筑物洪水标准

建筑物结构类型	导流建筑物级别		
	3	4	5
	洪水重现期/年		
土石结构	20～50	10～20	5～10
混凝土、浆砌石结构	10～20	5～10	3～5

注　1. 利用临时性水工建筑物发电、通航，级别提高为 2 级时，其洪水标准应综合分析确定。
　　2. 封堵工程出口临时挡水设施在施工期内的导流设计洪水标准，可根据工程重要性、失事后果等因素，在该时段 5～20 年重现期范围内选定。封堵施工临近或跨入汛期时应适当提高标准。

当坝体修筑到不需围堰保护时，其临时度汛洪水标准应根据坝型及坝前拦洪库容按表 9.3 规定的洪水重现期（年）。

表 9.3 坝体施工期临时度汛设计洪水标准

拦洪库容/亿 m³	≥1.0	0.1～1.0	＜0.1
洪水重现期/年	≥100	50～100	20～50

导流泄水建筑物封堵后，如永久泄洪建筑物尚未具备设计泄洪能力，坝体度汛洪水标准应分析坝体施工和运行要求后按表 9.4 规定执行。汛前坝体上升高度应满足拦洪要求，帷幕灌浆及接缝灌浆高程应能满足蓄水要求。

9.1.2　导流时段

导流时段就是按照导流程序来划分的各施工阶段的延续时间。划分导流时段，需正确处理施工安全可靠和争取导流的经济效益的矛盾。因此要全面分析河道的水文特点、被围的永久建筑物的结构型式及其工程量大小、导流方案、工程最快的施工速度等，这些是确定导流时段的关键。尽可能采用低水头围堰，进行枯水期导流，这是降低导流费用、加快

表 9.4　　　　　　　　　　　　　　导流泄水建筑物封堵后坝体度汛标准

坝　　型		大　坝　级　别		
		1	2	3
		洪水重现期/年		
混凝土坝、浆砌石坝	设计	100～200	50～100	20～50
	校核	200～500	100～200	50～100
土石坝	设计	200～500	100～200	50～100
	校核	500～1000	200～500	100～200

工程进度的重要措施。

山区性河流，其特点是洪水流量大，历时短，而枯水期则流量小。在这种情况下，经过技术经济比较后，可采用淹没基坑的导流方案，以降低导流费用。

导流建筑物设计流量即为导流时段内根据洪水设计标准确定的最大流量，据以进行导流建筑物的设计。

9.1.3　导流泄水建筑物封堵与水库蓄水标准

9.1.3.1　封堵的下闸设计流量

导流泄水建筑物的封堵时间应在满足水库拦洪蓄水要求前提下，根据施工总进度确定。封堵下闸的设计流量可用封堵时段 5～10 年重现期的月或旬平均流量，或按实测水文统计资料分析确定。

封堵工程在施工期间的导流设计标准，可根据工程重要性、失事后果等因素在该时段 5～20 年重现期范围内选定。

9.1.3.2　封堵后坝体度汛标准

导流泄水建筑物封堵后，如永久泄洪建筑物尚未具备设计泄洪能力，坝体度汛洪水标准应分析坝体施工和运行要求后按表 9.4 规定的标准选用。汛前坝体上升高度应满足拦洪要求。

9.1.4　截流标准

截流标准可采用截流时段重现期 5～10 年的月或旬平均流量，下列情况截流标准及截流设计流量亦可按下列方法选取。

（1）在有 20 年以上的水文实测资料的河道，截流设计流量可采用实测资料分析确定。

（2）若由于上、下游梯级水库的调蓄作用而改变了河道的水文特性，则截流设计流量宜经专门论证确定。

9.2　施工导流

9.2.1　施工导流的基本方法

施工导流的基本方法大体可分为两类：一类是全段围堰法导流，即用围堰拦断河床，全部水流通过事先修好的导流泄水建筑物流走；另一类是分段围堰法，即水流通过河床外的束窄河床下泄，后期通过坝体预留缺口、底孔或其他泄水建筑物下泄。但不管是分段围堰法还是全段围堰法导流，当挡水围堰可过水时，均可采用淹没基坑的特殊导流方法。

9.2.1.1 全段围堰法

全段围堰法导流，就是在修建于河床上的主体工程上下游各建一道拦河围堰，使水流经河床以外的临时或永久建筑物下泄，主体工程建成或即将建成时，再将临时泄水建筑物封堵。该法多用于河床狭窄、基坑工作量不大、水深、流急难于实现分期导流的地方。全段围堰法按其泄水道类型有以下几种。

1. 隧洞导流

山区河流，一般河谷狭窄、两岸地形陡峻、山岩坚实，采用隧洞导流较为普遍。但由于隧洞泄水能力有限，造价较高，一般在汛期泄水时均另找出路或采用淹没基坑方案。导流隧洞设计时，应尽量与永久隧洞相结合。隧洞导流的布置型式如图 9.1 所示。

2. 明渠导流

明渠导流是在河岸或滩地上开挖渠道，在基坑上下游修筑围堰，河水经渠道下泄。它用于岸坡平缓或有宽广滩地的平原河道上。若当地有老河道可利用或工程修建在弯道上时，采用明渠导流比较经济合理。具体布置型式如图 9.2 所示。

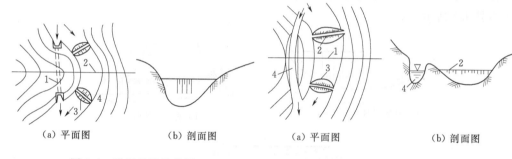

（a）平面图　　　　　（b）剖面图　　　　　　　（a）平面图　　　　　（b）剖面图

图 9.1　隧洞导流示意图　　　　　　　　图 9.2　明渠导流示意图

1—隧洞；2—坝轴线；3—围堰；4—基坑　　　1—坝轴线；2—上游围堰；3—下游围堰；4—导流明渠

3. 涵管导流

涵管导流一般在修筑土石坝、堆石坝中采用，但由于涵管的泄水能力较小，因此一般用于流量较小的河流上或只用来担负枯水期的导流任务，如图 9.3 所示。

9.2.1.2 分段围堰法

分段围堰法（或分期围堰法），就是用围堰将水工建筑物分段分期围护起来进行施工（图 9.4）。所谓分段，就是从空间上用围堰将拟建的水工建筑物圈围成若干施工段；所谓分期，就是从时间上将导流分为若干时期。导流的分期数和围堰的分段数并不一定相同（图 9.5）。

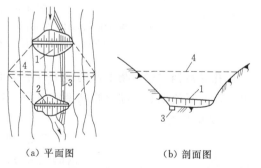

（a）平面图　　　　　（b）剖面图

图 9.3　涵管导流示意图

1—上游围堰；2—下游围堰；3—涵管；4—坝体

分段围堰法前期导流由束窄的河道导流，后期可利用事先修好的泄水建筑物导流。常用泄水建筑物的类型有底孔、缺口等。分段围堰法导流，一般适用于河流流量大、槽宽、施工工期较长的工程中。

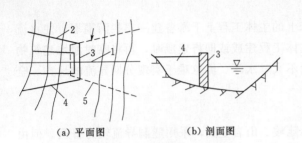

(a) 平面图　　　　　(b) 剖面图

图 9.4　分期围堰法导流示意图

1—坝轴线；2—上横围堰；3—纵围堰；

4—下横围堰；5—第二期围堰轴线

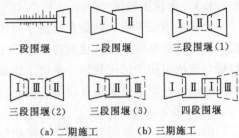

一段围堰　　　二段围堰　　三段围堰（1）

三段围堰（2）　三段围堰（3）　四段围堰

(a) 二期施工　　　　(b) 三期施工

图 9.5　导流分期与围堰分段示意图

（Ⅰ、Ⅱ、Ⅲ表示施工分期）

1. 底孔导流

底孔导流时，应事先在混凝土坝体内修好临时或永久底孔；然后让全部或部分水流通过底孔宣泄至下游。如系临时底孔，应在工程接近完工或需要蓄水时封堵。底孔导流布置型式如图 9.6 所示。

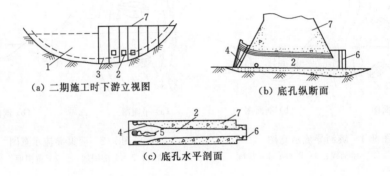

(a) 二期施工时下游立视图　　　　　　(b) 底孔纵断面

(c) 底孔水平剖面

图 9.6　底孔导流

1—二期修建坝体；2—底孔；3—二期纵向围堰；4—封闭闸门门槽；

5—中间墩；6—出口封闭门槽；7—已浇筑的混凝土坝体

底孔导流挡水建筑物上部的施工可不受干扰，有利于均衡、连续施工，这对修建高坝有利，但在导流期有被漂浮物堵塞的危险，封堵水头较高，安放闸门较困难。

2. 缺口导流

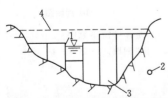

图 9.7　坝体缺口导流示意图

1—过水缺口；2—导流隧洞；

3—坝体；4—坝顶

混凝土坝在施工过程中，为了保证在汛期河流暴涨暴落时能继续施工，可在兴建的坝体上预留缺口宣泄洪峰流量，待洪峰过后，上游水位回落再修筑缺口，谓之缺口导流，如图 9.7 所示。

9.2.2　导流方案

水利水电枢纽工程施工，从开工到完建往往不是采用单一的导流方法，而是几种导流方式组合起来配合运用，以取得最佳技术经济效果。导流方案是指不同施工阶段导流方式的组合。土石坝应根据坝址的地形地质条件、河道水文特性、大坝结构特点、施工程序和进度要求选择导流方式，选择导流方案应考虑如下主要因素。

9.2.2.1 水文条件

河流的水文特性，在很大程度上影响着导流方式的选择。每种导流方式均有适用的流量范围。除了流量大小外，流量过程线的特征、冰情和泥沙也影响着导流方式的选择。

9.2.2.2 地形、地质条件

在河床狭窄、岸坡陡峭、山岩坚实的地区，宜采用隧洞导流。至于平原河流，河流的两岸或一岸比较平坦，或有河湾、老河道可利用，则可以采用明渠导流。水文地质条件则对基坑排水工作、围堰型式的选择、导流泄水建筑物的开挖等有很大影响。

9.2.2.3 枢纽类型及布置

水工建筑物的型式和布置与导流方案的选择相互影响，因此在决定水工建筑物型式和布置时，应该同时考虑并初拟导流方案，而在选定导流方案时，则应该充分利用建筑物型式和枢纽布置方面的特点。

分期导流适用于混凝土坝枢纽。因土石坝不宜分段修建，且坝体一般不允许过水，故土石坝枢纽几乎不用分期导流，而多采用一次拦断法。

9.2.2.4 施工期间河流综合利用要求

分期导流和明渠导流较易满足通航、排冰、过鱼、供水、生态保护或水电站运行等要求。施工期间，为了满足通航、筏运、供水、灌溉，使导流问题的解决更加复杂。

9.2.2.5 施工进度、施工方法及施工场地布置

水利水电的施工进度与导流方案密切相关，通常是根据导流方案安排控制性进度计划。在水利水电工程施工导流过程中，对施工进度起控制的关键时段主要有：导流建筑物的完工期限，截断河床水流的时间，坝体拦洪期限、封堵临时泄水建筑物的时间，以及水库蓄水发电的时间等。各项工程的施工方法和施工进度直接影响到各时段导流任务的合理性和可能性。

分期导流和明渠导流方案多用于混凝土坝和浆砌石坝，土石坝宜采用一次拦断河床、采用隧洞或涵管导流方案。除面板堆石坝外，上游围堰宜与坝体相结合，采取以坝体拦挡第一个汛期洪水的导流方式。

9.3 导流建筑物

9.3.1 围堰概述

围堰是一种临时性水工建筑物，用来围护河床中基坑，保证水工建筑物施工在干地上进行。在导流任务完成后，对不能作为永久建筑物的部分或妨碍永久建筑物运行的部分应予以拆除。

9.3.1.1 围堰的分类

通常，围堰按使用材料，分为土石围堰、钢板桩格型围堰、混凝土围堰、土工冲砂管袋围堰等；按所处的位置，分为横向围堰、纵向围堰；按是否过水，分为不过水围堰、过水围堰。

9.3.1.2 围堰型式选择应遵循的基本原则

围堰的基本要求：①安全可靠，能满足稳定、抗渗、抗冲要求；②结构简单，施工方便，易于拆除，并能充分利用当地材料及开挖渣料；③堰基易于处理，堰体便于与岸坡或已有建筑物连接；④在预定施工期内修筑到需要的断面和高程；⑤具有良好的技术经济指标。

9.3.2 围堰的类型

9.3.2.1 土石围堰

土石围堰可与截流戗堤结合，可利用开挖渣料，并可直接利用主体工程开挖装运设备进行机械化快速施工。土石围堰能充分利用当地材料，地基适应性强，造价低，施工工艺简单，设计应优先选用。土石坝围堰是我国应用最广泛的围堰型式，一般多用不过水围堰，如用于过水围堰，应予以妥善保护。

1. 不过水土石围堰

对于土石围堰，由于不允许过水，且抗冲能力较差，一般不宜做纵向围堰，如河谷较宽且采取了防冲措施，也可将土石围堰用作为纵向围堰。土石围堰的水下部位一般采用混凝土防渗墙防渗，水上部位一般采用黏土心墙、黏土斜墙、土工合成材料等防渗。

断面型式类似于土石坝，土石围堰拟定断面时，应考虑填筑材料的要求：①均质土围堰填筑材料渗透系数不宜大于 1×10^{-4} cm/s，防渗体土料渗透系数不宜大于 1×10^{-5} cm/s，可采用天然砂卵石或石渣；②心墙或斜墙土石围堰堰壳填筑料渗透系数宜大于 1×10^{-3} cm/s；③围堰堆石体水下部分不宜用软化系数大于 0.7 的石料。

2. 过水土石围堰

当采用淹没基坑方案时，为了降低造价、便于拆除，许多工程采用了过水土石围堰型式。过水围堰的型式应根据围堰过水时的水力条件、堰基覆盖层厚度、围堰施工工期要求等条件综合分析确定。

土石过水围堰溢流面型式、防冲材料宜进行方案比较。溢流面可根据水流条件、施工条件等，宜采用台阶式溢流面。溢流面常用的加固保护措施有：钢筋石笼、大块石（串）、合金网石兜或混凝土板等。

滩坑水电站拦河大坝采用钢筋混凝土面板堆石坝，坝顶高程 171.00m，最大坝高 162m，坝顶长 507m。上游围堰堰顶高程为 56.80m，最大堰高 23.8m，堰顶宽度 8m，围堰基础置于河床覆盖层上。堰体下游砂砾石覆盖层采用混凝土防渗墙，上部采用土工布防渗心墙，围堰的过水防护体系采用钢筋石笼结合混凝土防护面板护面。下游围堰堰顶高程为 38.20m，最大堰高 8.2m，堰顶宽度 6m，下游面设 21m 宽的消力防护区，堰体的防渗体采用混凝土防渗墙，围堰的上游边坡采用混凝土面板，消力防护区尾部采用钢筋石笼护面。

9.3.2.2 混凝土围堰

混凝土围堰的抗冲及抗渗能力强，适应高水头，底宽小，易于与永久建筑物相结合，既适用于挡水围堰，更适用于过水围堰，因此应用较广泛。混凝土纵向或横向围堰多为重力式碾压混凝土结构。河床狭窄且地质条件良好的堰址，常采用拱形混凝土拱围堰，且多为过水围堰型式，可使围堰工程量小，施工速度快，且拆除也较为方便。因此，虽造价较土石围堰相对较高，仍为众多工程所采用。

采用分段围堰法导流时，重力式混凝土围堰往往作为纵向围堰。现在混凝土围堰一般采用碾压混凝土，在低土石围堰保护下施工，施工速度快。也可创造条件在水下浇筑混凝土或预填骨料灌浆，中型工程常采用浆砌块石围堰。由于受施工期的限制，20世纪80年代以前横向围堰较少采用混凝土重力式结构，岩滩水电站上下游围堰和隔河岩水电站上游围堰采用碾压混凝土快速施工取得成功，为横向围堰采用混凝土结构提供了很好的范例。

9.3.2.3 钢板桩格型围堰

钢板桩格型围堰（图9.8）是为了围住水工建筑物施工场地，避免水中施工，用特制板桩组成的临时挡水建筑物。它是由一系列彼此连接的钢板桩格体所组成的临时挡水建筑物，钢板桩间的锁口互相扣接形成一定的封闭空间，内回填砂砾石料以保持格体稳定。即格体是土石和钢板桩组成的联合结构。装配式钢板桩格型围堰适用于在岩石地基或混凝土基座上建造，其最大挡水水头不宜大于30m；打入式钢板桩围堰适用于软土及细砂砾石层地基，最大挡水水头不宜大于20m。

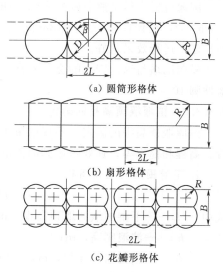

(a) 圆筒形格体

(b) 扇形格体

(c) 花瓣形格体

图9.8 钢板桩格型围堰平面型式

按照格体常见平面形状，可分为圆筒形、鼓形（也称扇形或隔墙形）和花瓣形。这些型式分别适用不同的挡水高度，应用较多的是圆形格体。

格体断面形状很多，有T形、一字形、V形、U形和十字形等。

9.3.2.4 土工冲砂管袋围堰

土工冲砂管袋围堰作为沿海筑堤挡潮的一种新技术，它是采用聚丙烯、聚乙烯土工布缝制成一定尺寸的袋体，顶层预留充砂口，采用水力或机械方式，以一定的压力将河砂充填入膜袋形成充砂袋，让泥水随土工袋上方出口流出，而将泥砂沉积于袋中，再由这种砂袋堆叠构成围堰。铺设时上下袋体应错缝，同层相邻袋体接缝处须预留收缩量，确保充填后两袋相互挤紧，并保证充填后两袋间不出现贯通缝隙；土工织物袋在铺设或充填过程中，若出现袋体损伤，须及时修补；围堰下层袋体应趁退潮时铺设，用自泵吹砂船吹砂充填。

土工冲砂管袋围堰能就地取材、施工简单，体积大、自重大，抛入水中不易被水流冲走，容易形成围堰，加快施工进度，经济效益明显、工程成本低，拆除简单，施工环保程度高等显著优点；但在施工中每一袋砂都需抛到指定位置，特别是围堰未出水之前，会受潮汐影响而不能保持施工的连续性，从而增加施工成本，如果位置不准，会造成因空隙过大而断不住水或围堰塌方，围堰施工时是先围一岸，当一岸围好后再施工另一岸。

9.3.3 围堰布置

9.3.3.1 围堰的平面布置

围堰的平面布置主要包括外形轮廓、围堰内的空间两个问题。外形轮廓不仅与导流泄水建筑物的布置有关，而且取决于围堰种类、地质条件，以及对防冲措施的考虑；堰内空间，即基坑范围大小主要取决于主体工程的轮廓和相应的施工方法。

全段围堰法导流时，基坑是由上、下游横向围堰和河床两岸围成的。分期导流（分段围堰法）时，除布置上、下游围堰外，还需布置纵向围堰。

横向围堰：基坑坡趾离主体工程轮廓的距离大于 20～30m；围堰内坡脚离基坑开挖边线的距离大于 2～3m。

纵向围堰：基坑坡趾离主体工程轮廓线距离（0.4～0.6）～2m。

围堰位置应尽量避免两岸溪流。如葛洲坝工程下游围堰右岸岸坡接头位于紫阳河出口（20m³/s），设计打通一条长 138m，宽 4m，高 4.5m 的改道隧洞将河出口移向下游 200m 到长江，运行效果很好。

横向围堰与纵向围堰的交角通常 120°～90°，纵向围堰的长度一般伸出上下游横向围堰坡脚 10～30m。

9.3.3.2 围堰堰顶高程的确定

围堰堰顶高程的确定，不仅取决于导流设计流量和导流建筑物的型式、尺寸、平面位置、高程和糙率等，还要考虑到河流的综合利用和主体工程工期。

1. 下游围堰的堰顶高程

$$H_d = h_d + h_w + \delta \tag{9.1}$$

式中 H_d ——下游围堰的堰顶高程，m；

h_w ——波浪爬高，m；

h_d ——下游水位高程，m，可以直接由天然河道水位流量关系曲线查得；

δ ——围堰的安全超高，m，按表 9.5 选用。

表 9.5　　　　　　　　　　不过水围堰顶安全超高下限值　　　　　　　　　　单位：m

围堰型式	围堰级别	
	3	4～5
土石围堰	0.7	0.5
混凝土围堰、浆砌石围堰	0.4	0.3

2. 上游围堰的堰顶高程

$$H_u = (h_d + z) + h_w + \delta \tag{9.2}$$

式中 H_u ——上游围堰的堰顶高程，m；

z ——上下游水位差，即水位壅高值，m；

h_w ——波浪爬高，m，可参考水工建筑物规范计算。

必须指出的是，当围堰要拦蓄一部分水流时，上游围堰的堰顶高程应通过水力计算确定，必要时还应进行调洪演算。围堰拦蓄一部分水流时，则堰顶高程应通过水库调洪计算来确定。纵向围堰的堰顶高程，要与束窄河床中宣泄导流设计流量时的水面曲线相适应，其上下游端部分别与上下游围堰同高，所以其顶面往往做成倾斜状。

3. 纵向围堰的堰顶高程

纵向围堰的堰顶高程，要与束窄河段宣泄导流设计流量时的水面曲线相适应。因此，纵向围堰的顶面往往成阶梯状或倾斜状，其上游部分与上游围堰同高，下游部分与下游同高。

【例 9.1】 混凝土坝施工，初期导流采用分段围堰法导流，第一期先围右岸河床，左岸河床泄流。设计洪水流量为 $1360\text{m}^3/\text{s}$，相应的下游过水水面深度为 5.0m，过水断面平均宽度为 180m，行进流速为 0.18m/s。验算河床束窄后的流速能否满足通航要求（不大于 2.0m/s）？土石围堰属 3 级，梯形断面，上、下游波浪爬高分别为 1.0m、0.6m，求纵向围堰首、末端的高度。

解： 平均流速 $v=\dfrac{Q}{A}=\dfrac{1360}{180\times5}=1.51(\text{m/s})<2\text{m/s}$，故可通航。

3 级混凝土围堰的安全超高为 0.4m，流速系数取 0.8。

进口处水位落差 $\qquad Z=\dfrac{1.51^2}{2g\times0.8^2}-\dfrac{0.18^2}{2g}=0.18(\text{m})$

$$h_u=h_w+Z+\delta+h_a=5.0+0.18+0.6+1.0=6.78(\text{m})$$
$$h_d=h_w+\delta+h_a=5.0+0.6+0.6=6.2(\text{m})$$

9.3.3.3 导流泄水建筑物

1. 导流明渠

导流明渠布置应符合下列规定：泄量大，工程量小，宜优先考虑与永久建筑物结合实际；弯道少，宜避开滑坡、崩塌体及高边坡开挖区；便于布置进入基坑的交通道路；进出口与围堰接头满足堰基防冲要求；弯道半径不宜小于 3 倍明渠底宽，进出口轴线与河道主流方向的夹角宜小于 30°，避免泄洪时上下游沿岸及施工设施产生冲刷。

明渠底宽、底坡、进出口高程应使上、下游水流衔接条件良好，满足导截流、后期封堵，施工期通航运、排冰要求。明渠断面型式应根据地形、地质条件、主体建筑物结构布置和运行要求确定。明渠断面尺寸与上游围堰高度应通过技术经济比较确定。

2. 导流隧洞

导流隧洞布置应综合根据地形、地质、枢纽总布置、水流条件、施工、运行及周边环境的影响因素，并通过技术经济比较选定；进出口与上下游围堰的距离应满足围堰基防冲要求；与枢纽总布置相协调，有条件时宜与永久隧洞结合，其结合部分的洞轴线、断面型式与衬砌结构等均应满足永久运行与施工导流要求。具体布置应符合水工隧洞设计规范。

隧洞型式、进出口高程尽可能兼顾导流、截流、通航、排冰要求，进口水流顺畅、水面衔接良好、不产生汽蚀破坏，洞身断面方便施工；洞底纵坡随施工及泄流水力条件等选择。

3. 导流底孔

导流底孔布置在近河道位置，与永久泄水建筑物结合布置；坝体导流底孔宽度不宜超过该坝段宽度的一半，并宜骑缝布置；应考虑下闸和封堵施工方便。

导流底孔设置数量、尺寸及高程应满足导截流、坝体度汛、下闸蓄水、下游供水、生态流量和排冰要求；导流底孔与永久建筑物结合布置时，应同时满足永久和施工期运行要求；导流底孔的体形、水流流态和消能方式通过水工模型试验确定。

9.4 截流施工

9.4.1 截流概述

在施工期导流中，截断原河床水流，才能最终把河水引向导流泄水建筑物下泄，在河床中全面开展主体建筑物的施工，这就是截流。截流是大中型水利水电工程施工中关键的一环，如果截流失败，失去了以水文年计算的良好截流时机，则可能拖延工期达一年，在通航河流上甚至严重影响航运。

一般说来截流施工可分为 4 个过程：戗堤进占、龙口加固、合龙、闭气。

戗堤进占：先在河床的一侧或两侧向河床中填筑截流戗堤，这种向水中筑堤的工作也称为进占。

龙口加固：在合龙开始以前，为了防止龙口河床或戗堤端部被冲毁，需对龙口采取防冲措施加固。龙口一般选在河流水深较浅，覆盖层较薄或基岩部位，以降低截流难度。常采用工程防护措施如抛投大块石、铅丝笼、混凝土多面体等，以保证龙口两侧堤端和底部的抗冲稳定。

合龙：戗堤填筑到一定程度，把河床束窄，形成了流速较大的龙口。封堵龙口的工作称为合龙。

闭气：在戗堤全线上设置防渗设施（如防渗墙、黏土心墙等）的工作称为闭气。

截流以后，对戗堤进行加高培厚，修成围堰。

9.4.2 截流的方式

9.4.2.1 立堵截流

立堵截流是用自卸汽车将截流材料从龙口一端向另一端或从两端向中间抛投进占，逐渐束窄龙口直至合龙截断水流，如图 9.9 所示。

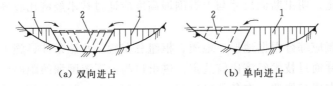

（a）双向进占 （b）单向进占

图 9.9 立堵截流
1—截流戗堤；2—龙口

截流材料通常用自卸汽车在进占戗堤的端部直接卸料入水，个别巨大的截流材料也有用起重机、推土机将材料推入水中。

在立堵截流过程中，抛投材料是沿戗堤前沿边坡滚动或滑动至河底稳定的。因此，除了采用一般块石和混凝土四面体、立方体外，尚可采用铅丝笼、梢捆、废弃的预制构件捆等长条状截流材料，使其长边顺水流方向，既可增加材料的抗冲稳定性能，又容易使材料沿端部边坡滚入水中。

立堵法截流一般适用于大流量、岩基或覆盖层较薄的岩基河床上。对于软基河床，只要护底措施得当，采用立堵法同样有效。如宁夏青铜峡工程截流时，河床覆盖层厚达8～12m，采用护底措施后，最大流速虽达5.52m/s，但未遇特殊困难而取得立堵截流成功。立堵截流是我国一种传统方法，立堵截流在国内外得到广泛的应用。

9.4.2.2　平堵截流

平堵截流是沿戗堤轴线，事先在龙口架设浮桥或栈桥，用自卸汽车在沿龙口全线均匀地逐层抛填截流材料，逐层上升，直至戗堤高出水面为止。这种方法的龙口一般是部分河宽，也可能是全河宽，如图9.10所示。

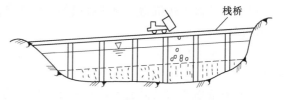

图9.10　平堵截流

就其水力学实质来说，平堵截流过程中龙口宽度基本不变，主要是从垂直方向束窄水流。为了利用平堵截流，一般均用自卸汽车在预先架设好的浮桥或固定栈桥上进行抛投。在此情况下，除了利用普通的尾卸式汽车外，如能利用特制的侧卸式汽车，抛投工作更方便。也有利用窄轨机车、皮带机在桥上卸料，或用缆式起重机、开口驳船、自卸木船等设备直接向水中逐层抛投截流材料。

主要用于平原软基河流，架桥方便且对通航影响不大的情况。我国大伙房水库采用了木栈桥平堵法，二滩工程采用了架桥平堵的截流方法。

在截流设计时，可根据具体情况采用立堵与平堵相结合的截流方法，如先用立堵法进占，然后在龙口小范围内用平堵法截流；或先用船抛土石材料平堵法进占，然后再用立堵法截流。我国是以立堵为传统的国家，积累了丰富的经验。近年来，国内外在难度较大的一些截流工程中，又将立堵法演变为多种方式，如平立堵、多戗立堵、宽戗立堵等。

9.4.3　其他截流方法

9.4.3.1　定向爆破截流

如果坝址处于峡谷地区，且岩石坚硬，岸坡陡峻，则可利用定向爆破截流。

我国碧口水电站的截流曾就爆破约1万 m³ 的山岩，封堵了预留的20m宽龙口，有效抛投率为68%。

9.4.3.2　爆破混凝土预制体截流

为了在合龙困难时刻，瞬间抛入龙口大量材料以封闭龙口，除了定向爆破岩石外，还可在河岸上预先浇筑巨大的混凝土块体，合龙时将其支撑体用爆破方法炸断，使其失去平衡后落入水中，将龙口封闭。

我国三门峡神门岛泄水道的合龙就利用此法瞬间抛投数十立方米的大型混凝土块。

9.4.3.3　下闸截流

人工泄水道的截流，常在泄水道中先修建闸墩，最后采用下闸截流。天然河道中，有条件时也可设截流闸，最后下闸截流。

除了上述方法外，还有一些特殊的截流合龙方法。这种方法与戗堤，围堰甚至大坝所用的材料和施工方法有关。如木笼、草土、埽工截流，水力冲填截流等。

9.4.4 截流时段和设计流量的确定

9.4.4.1 截流时间的确定

截流年份应根据枢纽工程施工控制性进度计划决定。至于年内的时段选择，主要取决于水文气象条件、航运条件、施工工期及控制及控制性进度、后续工程的施工安排、截流施工能力和水平等因素，一般应考虑以下原则。

（1）导流泄水建筑物必须建成或部分建成具备泄流条件，河道截流前泄水道内围堰或其他障碍物应予清除。

（2）截流后的许多工作必须抢在汛前完成（如围堰或永久建筑物抢筑到拦洪高程等）。

（3）有通航要求的河道上，截流日期最好选在对通航影响最小的时期。

（4）北方有冰凌的河流上截流，不宜在流冰期进行。

按上述要求，截流日期一般多选择在枯水期初，流量有显著下降的时候，而不一定选在流量最小的时刻。但是，在截流设计时，根据历史水文资料确定的枯水期和截流流量与截流的实际水文条件往往有一定出入。因此在实际施工中，还须根据当时的水文气象预报及实际水情分析进行修正，最后确定截流日期。

9.4.4.2 截流设计流量的确定

通常，设计流量按频率法确定。可按工程的重要程度，截流标准如水文资料不足，可用短期的水文观测资料，或根据条件类似的工程选择截流设计流量。无论用什么方法确定截流设计流量，都必须根据当时实际情况和水文气象预报加以修正，按修正后的流量进行各项截流准备工作，作为导截流施工的依据。

截流设计时所取的流量标准，是指某一确定的截流时间的截流设计流量。所以当截流时间确定以后，就可根据工程所在河道的水文、气象特征选择设计流量。通常选用截流时段重现期 5～10 年的月或旬平均流量或结合水文气象预报修正法确定设计流量，也可用其他方法分析确定。

在大型工程截流设计中，通常多以选定的一个流量为主，再考虑较大、较小流量出现的可能性，用几个流量进行截流计算和模型试验研究。对于有深槽和浅滩的河道，如分流建筑物布置在浅滩上，较小流量的分流条件可能不利，对此应注意。

9.4.5 龙口位置和宽度

9.4.5.1 龙口位置选择

龙口在截流戗堤的轴线上，戗堤轴线应根据河床和两岸地形、地质、交通条件、主流流向、通航要求等因素综合分析选定，戗堤宜为围堰堰体组成部分。一旦截流戗堤轴线确定后，即可确定龙口位置。

龙口布置位置应视具体情而定。从地形方面，龙口周围应宽阔，距临时堆料场较近，且有足够的回车场地，以保证运输方便；从地质方面考虑，应力求将龙口布置在覆盖层较薄的部位，或有天然岛礁作裹头的部位，以抗水流冲刷；从水流条件考虑，龙口应设置在正对主流处，以利洪水宣泄。

龙口宽度的确定，主要取决于戗堤束窄河床后形成的水力条件，对龙口底部和两侧裹头部位的冲刷影响，截流期通航河流对通航安全的要求。合理的龙口宽度应是满足龙口水力及通航条件的最小宽度。

若龙口段河床覆盖层抗冲能力低，可预先在龙口段抛石或抛铅丝笼护底，增大糙率和抗冲能力，减少合龙工作量，降低截流难度。

9.4.5.2　龙口宽度

龙口宽度主要根据水力学计算而定。对于通航河流，决定龙口宽度时应着重考虑通航要求，对于无通航要求的河流，主要考虑戗堤预进占所使用的材料和合龙工作量大小。

9.4.6　截流技术措施

减少截流难度的主要技术措施：加大分流量，改善分流条件；改善龙口水力条件；增大抛投料的稳定性，减少块料流失；加大截流施工强度。

9.4.6.1　加大分流量，改善分流条件

分流条件好坏直接影响到截流过程中龙口的流量、落差和流速。分流条件好，截流就容易，反之就困难。改善分流条件的主要措施如下。

（1）合理确定导流建筑物尺寸、断面型式和底高程。

（2）确保泄水建筑物上下游引渠开挖和上下游围堰拆除的质量。

（3）在永久泄水建筑物泄流能力不足时，可以专门修建截流分水闸或其他型式泄水道帮助分流，待截流完成后，借助于闸门封堵泄水闸，最后完成截流任务。

（4）增大截流建筑物的泄水能力。

9.4.6.2　改善龙口水力条件

龙口水力条件是影响截流的重要因素，改善龙口水力条件的措施有双戗截流、三戗截流、宽戗截流、平抛垫底等。当截流落差不大于 4m 和龙口流量较大时，可采用双戗立堵、多戗立堵或宽戗立堵截流。

9.4.6.3　增大抛投料的稳定性，减少块料流失

增大抛投料的稳定性，减少块料流失的主要措施有采用特大块石、葡萄串石、钢构架石笼、混凝土块体等来提高投抛体的本身稳定性。也可在龙口下游平行于戗堤轴线设置一排拦石坎来保证抛投料的稳定，防止抛投料的流失。

9.4.6.4　加大截流施工强度

加大截流施工强度，加快施工速度，可减少龙口的流量和落差，起到降低截流难度的作用，并可减少投抛料的流失。加大截流施工强度的主要措施有加大材料供应量、改进施工方法、增加施工设备投入等。

9.4.7　截流材料

9.4.7.1　截流抛投材料选择原则

（1）预进占段填筑料尽可能利用开挖渣料和当地天然料。

（2）龙口段抛投的大块石、石串或混凝土四面体等人工制备材料数量应慎重研究确定。

（3）截流备料总量应根据截流料物堆存、运输条件、可能流失量及戗堤沉陷等因素综合分析，并留适当备用。

（4）戗堤抛投物应具有较强的透水能力，且易于起吊运输。

9.4.7.2　截流材料的种类

截流材料的尺寸或重量取决于龙口的流速。截流材料类型的选择，主要取决于截流时可能发生的流速及开挖、起重、运输设备的能力。截流抛投材料主要有块石、石串、装石竹笼、帚捆、柴捆、土袋等。块石是截流的最基本材料，当截流水力条件较差时，还须采用人工块体，一般有四面体、六面体、四脚体及钢筋混凝土构件等，如图 9.11 所示。

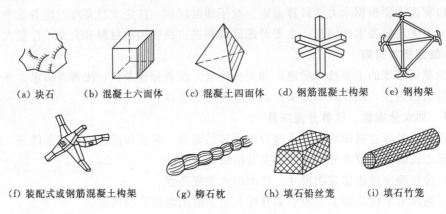

（a）块石　（b）混凝土六面体　（c）混凝土四面体　（d）钢筋混凝土构架　（e）钢构架

（f）装配式或钢筋混凝土构架　　　（g）柳石枕　　　（h）填石铅丝笼　　（i）填石竹笼

图 9.11　截流材料

9.4.7.3　截流材料选择

备料量通常按设计的戗堤体积再增加一定富裕度。主要是考虑到堆存、运输中的损失，水流冲失，戗堤沉陷以及可能发生更坏的水力条件而预留的备用量等。对于水流较缓、河道狭窄的截流，可以有采用打桩，如混凝土桩、木桩等方法进行截流。在大中型工程截流中，当截流水力条件较差时，使用混凝土块体（六面体、四面体、四脚体及钢筋混凝土构架），各种不同的石笼、石串用于截流也很普遍。在中小型截流中，因受起重运输设备能力限制，所采用单个石块或混凝土块体重量不能太大。

9.5　施工排水

围堰闭气以后，要排除基坑内的积水和渗水，随后在开挖基坑和进行基坑内建筑物的施工中，还要经常不断地排除渗入基坑的渗水，以保证干地施工。修建河岸上的水工建筑物时，如基坑低于地下水位，也要进行基坑排水工作。排水的方法可分为初期排水和经常性排水两种。

9.5.1　初期排水

9.5.1.1　基坑积水的排除

基坑积水主要是指围堰闭气后存于基坑积水量，抽水过程中从围堰及地基渗水量、堰基身及基坑覆盖层中的含水量，以及可能的降水量。初期排水的流量是选择水泵数量的主要依据，应根据地质情况、工期长短、施工条件等因素确定。初期排水流量可按下式估算：

$$Q = k \frac{V}{T} \tag{9.3}$$

式中　Q——初期排水流量，$\mathrm{m^3/s}$；

　　　V——基坑积水的体积，$\mathrm{m^3}$；

　　　k——积水系数，考虑了围堰、基坑渗水和可能降雨的因素，对于中小型工程，取 $k=2\sim3$；

　　　T——初期排水时间，s。

9.5.1.2　泵站布置

确定排水设备容量后，要妥善布置水泵站。一般初期排水可以采用固定式或浮动式水泵站。

1. 固定式水泵站

固定式水泵站，即将泵站设在固定的围堰上或基坑内的平台上。一般适用于吸水高度小于 6m 的情况。当水泵的吸水高度（一般水泵吸水高度为 4.0～6.0m）足够时，水泵站可以布置在围堰上；水泵的出水管口最好设在水面以下，这样可以依靠虹吸作用减轻水泵的工作；在水泵排水管上应设置止回阀，以防水泵停止工作时，倒灌基坑。

2. 浮动式水泵站

浮动式水泵站，即泵站设在移动的平台或浮船上。当基坑较深，超过水泵吸水高度 6m 时，需随着基坑内水位下降将水泵逐次下放。这时可以将水泵逐层安放在基坑较低的固定平台上；也可以将水泵放在沿滑道移动的平台上，用绞车操纵逐步下放；还可以将水泵放在浮船上。

布置水泵站时，应注意几个问题：泵站和管路的基础应能抵抗一定的漏水冲刷；水泵出水管口应放在水面以下，这样可以依靠虹吸现象作用减轻水泵的工作；在水泵的排水管上应设置止回阀，以防水泵停止工作时，倒灌基坑；浮动水泵站应设置橡皮软接头，以适应泵站的升降。

9.5.1.3　初期排水速度与排水设备数量

基坑的初期抽水强度时，基坑下降速度应根据围堰型式及岸坡对渗透稳定要求确定。排水强度由基坑内允许水位下降速度控制。如果水位下降太快，围堰边坡土体的动水压力过大，容易引起坍坡；如水位下降太慢，则影响基坑开挖工期。基坑水位下降的速度一般控制在 0.5～1.5m/d 为宜。在实际工程中，应综合考虑围堰型式、地基特性及基坑内水深等因素而定。对于土围堰，水位下降速度应小于 0.5m/d。

排水设备的数量应要根据不同排水阶段排水强度确定，宜使各个排水时期所选的泵型一致，并考虑一定的备用量和可靠电源。水利工地常用离心泵或潜水泵。为了运用方便，可选择容量不同的水泵组合使用。水泵站一般布置成固定式或移动式两种，如图 9.12 所示。当基坑水深较大时，采用移动式。

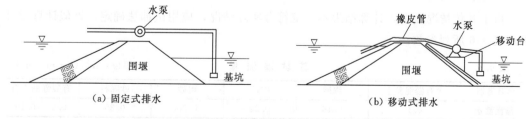

（a）固定式排水　　　　　　　　　　　（b）移动式排水

图 9.12　水泵站布置

9.5.2 经常性排水

当基坑积水排除后,立即进行经常性排水。对于经常性排水,主要是计算基坑渗流量,确定水泵工作台数,布置排水系统。

9.5.2.1 排水系统布置

经常性排水通常采用明式排水,排水系统包括排水干沟、支沟和集水井等。一般情况下,排水系统分为两种情况,一种是基坑开挖中的排水,另一种是建筑物施工过程中的排水。前者是根据土方分层开挖的要求,分次下降水位,通过不断降低排水沟高程,使每一个开挖土层呈干燥状态。排水系统排水沟通常布置在基坑中部,以利两侧出土;当基坑较窄时,将排水干沟布置在基坑上游侧,以利于截断渗水。沿干沟垂直方向设置若干排水支沟。基础范围外布置集水井,井内安设水泵,渗水进入支沟后汇入干沟,再流入集水井,由水泵抽出坑外。后者排水目的是控制水位低于坑底高程,保证施工在干地条件下进行。

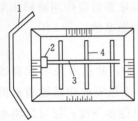
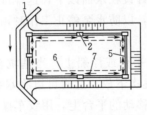

(a) 开挖过程中排水 (b) 基础施工过程中排水

图 9.13 修建建筑物时基坑排水系统布置

1—围堰;2—集水井;3—排水干沟;4—支沟;5—排水沟;
6—基础轮廓;7—水流方向

排水沟通常布置在基坑四周,离开基础轮廓线不小于 $0.3 \sim 1.0 \text{m}$。集水井离基坑外缘距离必须大于集水井深度。排水沟的底坡一般不小于 2‰,底宽不小于 0.3m,沟深为:干沟 $1.0 \sim 1.5 \text{m}$,支沟为 $0.3 \sim 0.5 \text{m}$。集水井的容积应保证水泵停止运转 $10 \sim 15 \text{min}$,井内的水量不致漫溢。井底应低于排水干沟底 $1 \sim 2 \text{m}$。经常性排水系统布置如图 9.13 所示。

9.5.2.2 经常性排水流量

经常性排水主要排除基坑和围堰的渗水,还应考虑排水期间的降雨、地基冲洗和混凝土养护弃水等。这里仅介绍渗流量估算方法。

1. 围堰渗流量

透水地基上均质土围堰,每米堰长渗流量 q 可按式 (9.4) 计算:

$$q = K \frac{(H+T)^2 - (T-y)^2}{2L} \tag{9.4}$$

其中
$$L = l_0 + l - 0.5mH \tag{9.5}$$

式中 q——渗入基坑的围堰单宽渗透流量,$\text{m}^3/(\text{d} \cdot \text{m})$;

K——渗透系数,m/d。

其余符号如图 9.14 所示。

2. 基坑渗流量

由于基坑情况复杂,计算结果不一定符合实际情况,应用试抽法确定。近似计算时可采用表 9.6 所列参数。

表 9.6   基 坑 渗 流 量   单位:$\text{m}^3/(\text{h} \cdot \text{m} \cdot \text{m}^2)$

地基类别	含有淤泥黏土	细砂	中砂	粗砂	砂砾石	有裂缝的岩石
渗流量 q	0.1	0.16	0.24	0.30	0.35	$0.05 \sim 0.10$

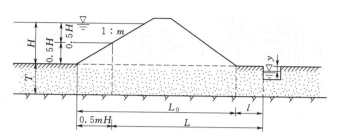

图 9.14 透水地基上的渗透计算简图

降雨量按在抽水时段最大日降水量在当天抽干计算；施工弃水包括基岩冲洗与混凝土养护用水，两者不同时发生，按实际情况计算。

排水水泵根据流量及扬程选择，并考虑一定的备用量。

9.5.2.3 人工降低地下水位

在经常性排水中，采用明排法，由于多次降低排水沟和集水井高程，变换水泵站位置，影响开挖工作正常进行，此外在细砂、粉砂及砂壤土地基开挖中，因渗透压力过大而引起流砂、滑坡和地基隆起等事故，对开挖工作产生不利影响。采用人工降低地下水位措施可以克服上述缺点。人工降低地下水位，就是在基坑周围钻井，地下水渗入井中，随即被抽走，使地下水位降至基坑底部以下，整个开挖部分土壤呈干燥状态，开挖条件大为改善。

1. 管井法

管井法就是在基坑周围或上下游两侧按一定间距布置若干单独工作的井管，地下水在重力作用下流入井内，各井管布置一台抽水设备，使水面降至坑底以下，如图 9.15 所示。

管井法适用于基坑面积较小，土的渗透系数较大（$K=10\sim250\text{m/d}$）的土层。当要求水位下降不超过 7m 时，采用普通离心泵；如果要求水位下降较大，需采用深井泵，每级泵降低水位 $20\sim30\text{m}$。

管井由井管、滤水管、沉淀管及周围反滤层组成。地下水从滤水管进入井管，水中泥沙沉淀在沉淀管中。滤水管可采用

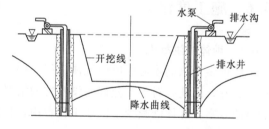

图 9.15 管井法降低地下水位布置图

带孔的钢管，外包滤网；井管可采用钢管或无砂混凝土管，后者采用分节预制，套接而成。每节长 1m，壁厚为 $4\sim6\text{cm}$，直径一般为 $30\sim40\text{cm}$。管井间距应满足在群井共同抽水时，地下水位最高点低于坑底，一般取 $15\sim25\text{m}$。

2. 井点法

当土壤的渗透系数 $K<1\text{m/d}$ 时，用管井法排水，井内水会很快被抽干，水泵经常中断运行，既不经济，抽水效果又差，这种情况下，采用井点法较为合适。井点法适宜于渗透系数为 $0.1\sim50\text{m/d}$ 的土壤。井点的类型有轻型井点、喷射井点和电渗井点三种，比较常用的是轻型井点。

轻型井点由井管、集水管、普通离心泵、真空泵和集水箱等设备组成的排水系统，如图 9.16 所示。

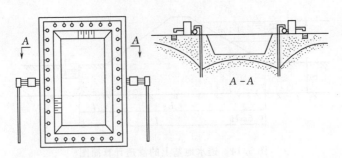

图 9.16 井点法降低地下水位布置图

轻型井点的井管直径为 $38\sim50mm$，采用无缝钢管，管的间距为 $0.8\sim1.6m$，最大可达 $3.0m$。地下水从井管底部的滤水管内借真空泵和水泵的抽吸作用流入管内，沿井管上升汇入集水管，再流入集水箱，由水泵抽出。

轻型井点系统开始工作时，先开动真空泵排出系统内的空气，待集水箱内水面上升到一定高度时，再启动水泵抽水。如果系统内真空不够，仍需真空泵配合工作。

井点排水时，地下水位下降的深度取决于集水箱内的真空值和水头损失。一般集水箱的真空值为 $400\sim500mm$ 汞柱。

当地下水位要求降低值大于 $4\sim5m$ 时，则需分层降落，每层井点控制 $3\sim4m$。但分层数应少于三层为宜。因层数太多，坑内管路纵横交错，妨碍交通，影响施工；且当上层井点发生故障时，由于下层水泵能力有限，造成地下水位回升，严重时导致基坑淹没。

9.6 施工度汛

9.6.1 坝体拦洪标准

经过多个汛期才能建成的坝体工程，用围堰来挡汛期洪水显然是不经济的，且安全性也未必好，因此，对于不允许淹没基坑的情况，常采用低堰挡枯水、汛期由坝体临时断面拦洪的方案，这样既减少了围堰工程费用，拦洪度汛标准也可提高，只是增加了汛前坝体施工的强度。

坝体拦洪首先需确定拦洪标准，然后确定拦洪高程。坝体施工期临时度汛的洪水标准，应根据坝型和坝体升高后形成的拦洪蓄水库库容确定。

洪水标准确定以后，就可通过调洪演算计算拦洪水位，再考虑安全超高，即可确定坝体临时拦洪高程。

9.6.2 度汛措施

根据施工进度安排，若坝体在汛期到来之前不能达到拦洪高程，这时应视采用的导流方法、坝体能否溢流及施工强度，周密细致地考虑度汛措施。允许溢流的混凝土坝或浆砌石坝，可采用过水围堰，也可在坝体中预设底孔或缺口，而坝体其余部分填筑到拦洪高程，以保证汛期继续施工。坝体临时度汛可采用挡水或过水方式。坝体采用临时断面挡水，在汛前应达到度汛高程。临时断面应满足安全稳定及临时抢险度汛需要。土石坝施工期间，在无可靠保护的措施时，不应漫顶过水。堆石坝坝体采用坝面过水时，临时断面的坝面、坝坡应采用固坡措施。

9.6.2.1　抢筑坝体临时度汛断面

当用坝体拦洪，导致施工强度太大时，可抢筑临时度汛断面，如图 9.17 所示，但应注意以下几点：①断面顶部应有足够的宽度，以便在非常紧急的情况下，仍有余地抢筑临时度汛断面；②为防止坍坡，必要时可采取简单的防冲和排水措施；③斜墙坝或心墙坝的防渗体不允许采用临时断面挡水，度汛临时断面的边坡稳定安全系数不应低于正常设计标准；④上游护坡应按设计要求筑到拦洪高程，否则应考虑临时的防护措施。

9.6.2.2　采取未完建（临时）溢洪道溢洪

当采用临时度汛断面仍不能在汛前达到拦洪高程，则可采用降低溢洪道底槛高程或开挖临时溢洪道溢洪，但要注意防冲措施得当。

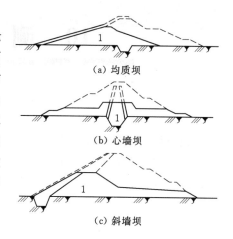

(a) 均质坝

(b) 心墙坝

(c) 斜墙坝

图 9.17　临时度汛断面
1—临时度汛断面

10 测 量 放 线

知识目标： 了解土石坝轴线的确定方法，施工方格网和高程控制测量，熟悉施工方格网的测设，掌握土石坝施工放样。

能力目标： 能根据施工场地条件进行土石坝控制测量和施工放样。

修建土石坝按施工顺序要进行下列测量工作：布设平面和高程基本控制网，作为整个工程施工放样的依据；坝轴线放样，布设控制坝体细部放样的施工方格网；土坝清基开挖线的放样；坝体细部放样测量工作。

10.1 土石坝施工控制测量

土石坝的控制测量先根据已有的三角网点确定坝轴线，然后以坝轴线为依据布设施工方格网，以方便坝体细部的放样。主要包括以下工作内容。

10.1.1 坝轴线的确定

坝址选择，也就是确定大坝轴线位置，它通常有两种方式：①对于中小型土石坝的坝轴线，一般是由工程设计人员和勘测人员实地踏勘，根据当地的地形、地质和建筑材料等条件，经过方案比较，直接在现场选定；②对于大型土石坝以及与混凝土坝衔接的土质副坝，一般经过现场踏勘、图上规划等多次调查研究和方案比较，确定建坝位置，并在坝址地形图上结合枢纽的整体布置，将坝轴线标示于地形图上。从图 10.1 中量取两个端点坐标 M、N（也可由设计给出），反算出它与邻近三角网点间的边长和方位角，用极坐标法或前方交会法测设到地面上。

坝轴线的两端点在现场标定后，应用永久性标志标明。为了防止施工时端点被破坏，测设坝轴线的延长线，并在两岸山坡上标记延长线的两个端点，并设置标志，如图 10.1 中 M'、N'。

10.1.2 坝身控制测量

坝轴线是土坝施工放样的主要依据，但在施工干扰较大时，一条轴线无法满足土坡坡脚线、坝坡面、马道等坝体细部结构测设的需要，这就需要现场设置施工方格网。施工方格网是与坝轴线平行和垂直的一些直线。直线型坝体的放样，常采用矩形网或正方形方格网作平面控制，这些控制线是进行坝体放样的依据。

10.1.2.1 平行于坝轴线的控制线的测设

由于施工机械、施工人员来往频繁，土石坝施工放样如果直接从坝轴线向两边量距，

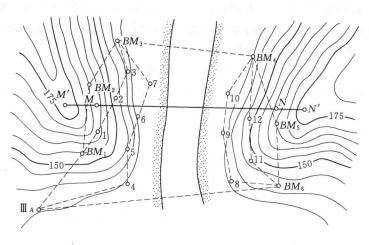

图 10.1　坝轴线与高程控制点示意图

会造成施工干扰，影响施工进度。平行坝轴线的控制线可布设在土石坝坝顶的上下游边线、坝面变坡处、下游马道中线，也可按 10m、20m、30m 的间隔布设，以便控制坝体的填筑和进行收方计算。

测设平行坝轴线的控制线时，分别在坝轴线的端点 M' 和 N'（或合适位置）安置全站仪，采用角度交会法或全站仪坐标法，可得一条垂直于轴线的横向基准线，如图 10.2 所示，然后沿此基准线量取各平行控制线距坝轴线的距离，得各平行线的位置，把平行线延长到两岸山坡上，用方向桩在实地标定出来。

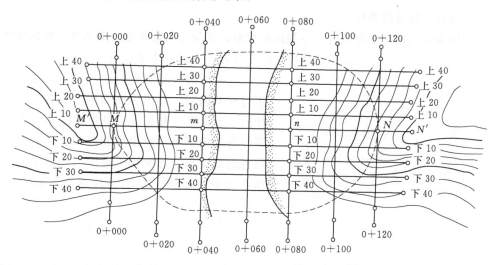

图 10.2　土石坝坝身控制线示意图

10.1.2.2　垂直于坝轴线的控制线的测设

垂直坝轴线的控制线测设时，将坝轴线上与坝顶设计高程一致的地面点，作为坝轴线的里程桩的起点，称为零号桩，从零号桩起，按 50m、30m 或 20m 的间距以里程来测设，地形复杂时，间距还可以再小些，其步骤如下：

（1）沿坝轴线测设里程桩。由坝轴线的一端（如 M'）安置全站仪，瞄准另一端点 N'，定出坝轴线，根据设计给出的零桩号点（M）的三角坐标，用全站站测距或钢尺量距，在坝顶地面得到交点 M，其桩号为 0+000。

（2）从 M 点起，沿坝轴线方向，根据确定的间距测距或量距，如图 10.2 所示，丈量距离间距为 20m，顺序打下 0+020、0+040、0+060 等里程桩，直至另一端坝顶为止。

（3）垂直于坝轴线的控制线测设。将全站仪安置在里程桩上，用直角坐标法定位和全站仪坐标法放样。先放样出同一平行线上的任意两点，或同一垂直控制线上的任意两点，延长直线定线即可确定出平行于控制线方向桩和横断面方向桩。

10.1.2.3　高程控制网的建立

土石坝施工期间，经常需要进行高程放样，为此首先在施工范围外建立高程控制网，以便随时进行引测。用于土石坝施工放样的高程控制，可由若干永久性水准点组成基本网和临时作业水准点两级组成。

基本网布设在施工范围以外，并应与国家水准点连测，组成闭合或附合水准路线，用三等或四等水准测量的方法施测。临时水准点直接用于坝体的高程放样，布置在施工范围以内不同高度的地方，并尽可能做到安置一两次仪器就能放样高程。临时水准点应根据施工进度及时设置，附合到永久水准点上。一般按四等或五等水准测量的方法施测，并要根据永久水准点定期进行检测。

10.2　土石坝施工放样

10.2.1　清基开挖线的放样

为了使坝体与地面很好结合，在坝体填挖前，必须先清理坝基。清基开挖线即坝体与地面的交线，坝体表面与地面的交线所包围的区域是大坝的清基范围。

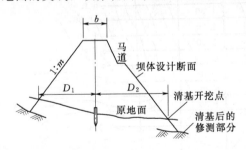

图 10.3　套绘断面法确定清基开挖点

先沿坝轴线测量纵断面，即测定轴线上各里程桩的高程，绘出纵断面图，求出各里程桩处的填土高度；再在每一里程桩的垂直方向上进行横断面测量，绘出横断面图；最后根据里程桩的高程及该处的填土高度与坝面坡度，在横断面图上套绘大坝的设计断面，如图 10.3 所示。

从图 10.3 中可以看出，坝壳上下游清基开挖点与坝轴线的距离，分别为 D_1、D_2，可从图 10.3 上量得，用这些数据即可在实地放样。但清基有一定深度，开挖时要有一定边坡，故 D_1、D_2 应根据挖深适当加宽进行放样。用白灰或挂线连接各断面的清基开挖点，即为大坝的清基开挖线。

10.2.2　坡脚线的放样

坝址清基以后，为了实地标出填土范围，还应放出坝脚线。坝底与清基后地面的交线即为坝脚线。下面介绍横断面放样方法。

用图解法获得放样数据。首先恢复轴线上的所有里程桩，然后进行纵、横断面测量，绘出清基后的横断面图，套绘土石坝设计断面，在实地将各横断面上的这些点标定出来，分别连接这些上下游坝脚点，用白灰标记，即得上下游坝脚线，如图 10.2 虚线所示。

10.2.3 边坡的放样与修整

为了使土石坝满足设计要求，填筑至一定高度且坡面压实后，应进行坡面的修整。在施工时应进行边坡放样，边坡测设主要包括大坝每升高 1m 左右上料桩的测设，以及修坡时作为修坡依据的削坡桩的测设。主要采用平行线法、横断面法进行测量。

10.2.3.1 上料桩的测设

根据大坝的设计断面图，计算出大坝坡面上不同高程的点（例如按每米一个点）距坝轴线的水平距离，然后实地测设出此距离，即得上料桩的位置，并测出其高程，标定上料桩的工作称为边坡放样。放样前，先要确定上料桩至坝轴线的水平距离（坝轴距）。由于坝面有一定坡度，随着坝体的升高坝轴距将逐渐减小，预先要根据坝体的设计数据算出坡面上不同高程的坝轴距，为了使经过压实和修理后的坝坡面正好是设计的坡面，一般应加宽 1～2m 填筑。上料桩就应标定在加宽的边坡线上，如图 10.4 的虚线处。因此，各上料桩的坝轴距比按设计所算数值要大 1～2m，并将其编成放样数据表，供放样时使用。

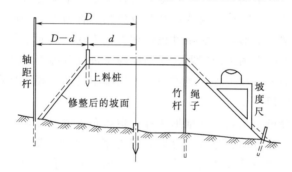

图 10.4 边坡放样示意图

在放测上料桩时，可采用全站仪或钢尺测量土石坝轴线到上料桩的距离，高程用水准仪或全站仪测量。

10.2.3.2 削坡桩的测设

坝坡面铺料压实后要进行修整，使坝坡面符合设计要求。首先根据平行线在坝坡面上测设若干排平行于坝轴线的桩，每排桩所在的坝面应具有相同的高程，用水准仪测得各桩所在地点的坡面高程，实测坡面高程与设计高程之差，即为坡面应修整的量。为便于对坡面进行修整，一般沿斜坡观测 3～4 个点，求得修坡量，以此作为修坡的依据。

11 施工总布置

知识目标： 了解施工总布置的作用，熟悉施工总布置的原则，掌握施工总布置的内容和布置步骤。

能力目标： 会进行土石坝施工总平面布置。

11.1 施工总布置概述

施工总布置是一个复杂的系统工程，施工过程又是一个动态过程：永久性建筑物随施工进程按一定顺序修建；临时性建筑物和临时设施则随着施工的进展而逐渐建造、拆除转移或废弃；同时，水文、地形等自然条件也将随着施工的进展而不断变迁。因此，研究施工总体布置，解决施工区空间组织问题，必须同施工进度等施工组织设计的其他环节协调考虑。对于工期较长的土石坝工程，还需根据不同施工时期的现场特点，分期作出布置。

11.1.1 施工总布置作用

施工总布置是在分析施工场区的地形条件、枢纽布置情况和各项临时设施布置要求的前提下，确定施工场地的分期、分区、分标布置方案，对施工期间所需的交通运输设施、各类生产和生活用房、动力管线及其他施工设施做出平面上和立面上的布置。

施工总布置是施工组织设计的重要组成部分，是一个具体指导现场施工部署和行动方案，使项目能在规定期限内顺利完成，又能最大限度地节约人力、物力和财力，为整个项目文明、合理施工创造条件，是施工期间对整个施工场区的空间规划，是施工组织、施工技术、施工能力总水平的体现，对于指导现场进行有组织、有计划的文明施工具有重大意义。

11.1.2 施工总布置的内容

施工总布置是拟建项目施工场地总布置，即对主体工程及其施工辅助企业、交通系统、各类房屋、临时设施等作出全面部署和安排的文件，成果标在一定比例尺的施工场地的地形图上，又称施工总平面布置。

坝区施工总布置应包含以下内容：①施工现场"六牌一图"；②坝区内供应、加工物料的有关设施；③筑坝材料的上坝运输线路；④筑坝材料储存、转运、弃料堆放场地；⑤供电、供水、供风，防洪、排水以及通信等设施；⑥各种生产设施、站、场与施工总布置有关的成果。

施上总体布置的成果，除了集中反映在施工总平面布置图上以外，还应提出各类临时建筑物、施工设施的分区布置一览表，包括它们的占地面积、建筑面积和建议工程量等；

对施工征地应估计面积并提交使用计划，同时研究还地造田、征地再利用的措施；对重大施工设施的场址选择和大宗物料的运输，应单独研究并提出优选方案。

11.1.3　施工总体布置的原则

施工总布置方案应贯彻执行合理利用土地的方针，遵循施工临时与永久利用相结合，因地制宜、因时制宜，有利于生产、易于管理、方便生活、安全可靠、经济合理的原则。

11.1.4　施工场地区域规划

工程施工区有多料场可以选用时，应根据可选用场地的地形、地质条件、枢纽布置特点，以分区规划为重点，结合场内外主要交通运输线路的布置、施工场地征地移民情况，经分析比较后选定施工场地。施工总布置可按功能分为下列区域：

（1）主体工程施工区。

（2）施工工厂区。

（3）仓库、站、场、码头等储运系统区。

（4）施工管理及生活区。

（5）当地材料开采区。

（6）机电、金属结构和大型施工机械设备安装场区。

（7）工程存、弃料场区。

（8）工程建设管理及生活区。

11.2　施工总布置的步骤

施工现场总体规划是解决施工总体布置的关键，施工总布置是施工场区在施工期间的空间规划，是施工组织设计的重要内容，直接影响工程的投资和系统运行的费用，从而影响工程的工期和质量。解决施工地区的空间组织问题是一项复杂的任务，只有充分收集和分析有关资料，才能根据具体情况确定出合理的设计方案。

11.2.1　收集和分析基本资料

基本资料是比较广泛的，包括以下资料。

（1）施工地区的地形图（比例尺 1/10000～1/1000）。

（2）拟建枢纽的平面图。

（3）施工地区的城镇建设规划。

（4）工地对外交通运输设施，如铁路、公路、航运的资料以及车站、码头等的位置和特征。

（5）施工现场的居民点和工业企业的资料，如有无可利用的房屋、当地建筑材料、建筑标准、电力供应情况和机械修理能力等。

（6）采料场的位置和范围。

（7）河流的水文特征，如在自然条件下和施工导流过程中的不同频率的上下游水位资料。

（8）施工地区的工程地质、水文地质及气象资料。

（9）施工方法、导流程序和进度安排等资料。

对于这些资料不仅靠收集文件图纸，而且必须坚持实事求是的原则，进行调查核对，必要时还应深入现场具体了解。对基本资料要进行分析，做到心中有数。当然，这种收集资料、分析资料是贯穿到整个设计过程的，不可能收集分析完了再开始设计。

11.2.2 编制临时建筑物的项目单，估算场地面积

在掌握基本资料的基础上，根据工程施工条件，结合类似工程的施工经验，编制临时建筑物的项目单，并大致定出它们的占地面积、建筑面积和布置要求。如由工程量估算材料量，由材料量估算堆料场面积；由施工强度估算各工厂需要的生产能力，进而估算出各施工工厂所需的建筑面积和场地面积；由施工人数估算临时用房面积。对于施工工厂项目要提出服务对象，生产能力，班制，人员，以及风、水、电的需用量等。

编制项目单时，应该仔细研究工程的施工方法、施工程序，了解整个施工时期各阶段的施工需要，确定各临时建筑物使用期限、建筑标准，力求做到比较详尽，不致遗漏。

11.2.3 对现场布置进行总体规划

11.2.3.1 区域规划方式

在区域规划时，按主体工程施工区与其他各区域互相关联或相互独立的程度，分为集中布置、分散布置、混合布置三种方式。水电工程一般多采用混合式布置。

11.2.3.2 各项临时建筑物布置

1. 坝区运输线路

坝区运输线路布置前应选择坝料运输方式，宜采用自卸汽车直接上坝，选用其他运输时应作充分论证。采用多种运输方式时，应按对外交通运输方案，拟定场内外交通连接方式，拟定车站、码头和各施工区的位置，并确定场内永久交通主干线的走向。

应根据建筑物布置、施工导流特点和当地建筑材料产地，以及工程主要土石方和混凝土运输流向，结合场地分布情况拟定场内主要交通干线。连接坝体上下游交通线路，应避免跨越坝面，陡坡段的上下层道路应留有足够的安全距离，或采取其他挡护措施。交叉路口、急弯、陡坡处应设置安全设施。

2. 具体布置各项临时建筑物

在对现场布置进行总规划的基础上，再根据对外交通方式，依次布置各项临时建筑物。

（1）对外运输专用线的铁路车站、汽车基地，可以布置在施工现场入口附近，或车站附近。

（2）以混凝土建筑物为主的枢纽工程，施工布置宜以砂石开采、加工、混凝土拌制、浇筑系统为主；以当地材料为主的枢纽工程，施工区布置宜以土石料开采、加工、堆料场和上坝运输线路为主，使枢纽工程施工形成最优工艺流程。

（3）机电设备、金属结构安装场地宜靠近主要安装地点。

（4）工程建筑物管理区，宜结合生产运行和工程建筑管理需要统筹规划，场地应具有良好的外部环境，且交通方便、避免施工干扰。

（5）火工材料、油料等特种材料仓库布置应符合国家有关安全标准的规定。

（6）施工工厂、站场和仓库的建筑标准应满足生产工艺流程、技术要求及有关安全规定，宜采用标准化、定型化和装配式结构。

（7）施工管理及生活区设在主体工程施工区、施工工厂和仓库区的适中地段，各施工区应靠近各施工对象，布置应考虑风向、日照、水源水质等因素，其生活设施与生产设施之间应有明显的界限。

（8）施工分区规划应考虑施工活动对周围环境的影响，减少噪声、粉尘、振动、污水等对办公及居住区、变电站、水厂等的危害。

11.2.4　调整、修正、选定合理方案

在完成各项临时建筑物和施工设施布置后，最后应对整个施工总体布置进行协调修正工作。检查施工设施和主体工程施工之间、各项临时建筑物之间彼此有无干扰矛盾，是否协调一致，生产和施工工艺间的配合如何，能否满足保安防火和卫生环境保护等方面的要求。对于不协调的布置应进行调整，并注意对整个布置留有余地。最后对提出的几个可能的方案进行比较，选定合理的布置方案。

12 土石坝施工技术

知识目标：了解碾压式土石坝料场规划，掌握土石坝面作业的施工组织、坝体填筑施工程序与施工要点，混凝土面板堆石坝施工的工艺流程和施工方法。

能力目标：会组织坝面施工平行流水作业，会进行土石坝施工质量控制与检查。

土石坝包括各种碾压式土石坝、堆石坝和土石混合坝，是一种充分利用当地材料的坝型。土石坝施工特点：筑坝材料就地取材，工程量大，施工强度高，施工场内运输量大，导流标准高、水文气象影响因素大，根据筑坝材料确定施工参数。堆石坝属于土石坝的范畴，是用石料抛填或碾压而筑成，它在水压力、地震力和其他荷载的作用下，依靠堆石区的重量和抗剪强度来保持整个坝体的稳定。用振动碾施工的堆石体，密度增加，变形量减小，因此，对材料的要求得以适当放宽，从而创造了新型混凝土面板堆石坝。

12.1 坝料使用规划与开采加工

12.1.1 坝料使用规划

土石坝施工，通常要在较短的时间内，按照施工分期的质量要求，将大量的各种坝料有计划、有次序地开采出来，运输并填筑到坝体的不同部位，必须做好料场的使用规划。坝料的使用规划，应根据坝型、料场地形、施工方法、导流方式和施工分期等具体条件，并按照施工方便、投资经济、保证质量、不占或少占耕地以及在施工期间各种坝料综合平衡的原则进行编制。土石料使用规划应从空间、时间、质与量等方面进行全面规划。

12.1.1.1 质与量的规划

质与量的规划，是指对料场的质量和储量进行合理规划，数量和质量应有可靠保证。应充分利用符合设计要求的建筑物开挖料；将符合设计要求的各种坝料按不同施工阶段，分别确定其填筑部位，做到料尽其用；使用时必须研究开挖、取料和填筑进度的配合及质量管理的措施，提高开挖料直接上坝的比例，满足施工各个阶段最大上坝强度的要求。

12.1.1.2 空间规划

空间规划是指根据料场高程、位置、填筑部位做统一规划。根据总体布置要求，需在料场内布置施工场地、修建临时性建筑物时，应在施工组织设计及施工技术措施中统一考虑安排，但不得影响料场后续使用。

土石坝的上下游、左右岸最好都有料场，以利于各个方向同时向大坝供料，保证坝体均衡上升。用料时原则上高料高用、低料低用；上游料用于上游坝体、下游料用于下游坝体，尽量避免横穿坝体和交叉运输。

12.1.1.3　时间规划

时间规划，是要考虑施工强度、季节、坝前水位变化、坝体填筑部位的变化。在坝料使用程序上，应考虑建筑物开挖料、料场开采料与坝体填筑之间的相互关系，并考虑施工期间河水位与流量的变化以及由于导流而使上游水位升高的影响，在枯水季节可多用河滩料场；应有计划地保留一部分近坝料场，供合龙段填筑和度汛拦洪的高峰填筑期使用；堆石料场应优先选用岩性单一，剥离层较少，开采和运输条件较好，施工干扰少的料场；填筑强度较高的土石坝，宜选择施工场面宽阔、料层厚、储量集中的料场作为施工的主料场，其他料场配合使用，并考虑一定数量的备用料场；对黏性土、砾质土的使用规划，应优先选用土质均匀，含水率适当的料场，并考虑将天然含水率较高的料场用于干燥季节，天然含水率较低的料场用于多雨潮湿或低温季节。

12.1.2　坝料的开采

12.1.2.1　土石料的开采前准备工作

料场开采前的准备工作：划定料场范围；分期分区清理覆盖层及山坡堆积物；设置料区排水系统；修建施工道路；修建辅助设施。

12.1.2.2　开采方式

1. 土料开采

土料开采采用立面开采和平面开采（包括斜面开采）两种，规划中应将料场划分成数区，进行流水作业。

立面开采方法适用于土层较厚，天然含水量接近或小于填筑含水量，土料层次较多，各层土质差异较大时；平面或斜面开采方法适用于土层较薄，土料层次少且相对均质、天然含水量偏高，需翻晒减水的情况下。

2. 石料开采

石料开采应根据岩性、风化程度、粒径和级配要求的不同分区开采。石料开采宜采用梯段爆破法开采，采用洞室爆破法应进行专门论证。

12.1.2.3　坝料加工

坝料加工的目的是进行土石料含水率与级配的调整，以满足各种坝料的施工和设计要求。

1. 土料的加工

降低土料含水量的方法有挖装运卸中的自然蒸发、翻晒、掺料、烘烤等方法；提高土料含水量的方法有在料场加水，料堆加水，在开挖、装料、运输过程中加水。宜采用水平互层铺料。

2. 反滤料、垫层料加工

反滤料、垫层料宜选择天然砂石料，采用破碎、筛分、掺和等加工工艺满足设计级配要求，通过技术经济比较选择具体措施进行调整。

3. 过渡料加工

过渡料宜直接采用控制爆破技术进行开采，不宜采用二次加工。

4. 堆石料

从石料场取料和利用工程开挖料作为堆石时，应采取控制爆破技术开采，石料应满足设计级配要求。超径块石料，可用浅孔爆破法和机械破碎法两种方法加工。

12.2　碾压式土石坝施工

12.2.1　概述

碾压式土石坝施工包括准备作业（三通一平，架设水、通信线路，基坑排水、开挖，修建道路，修建生产、生活、办公临时用房、排水清基等）、基本作业（料场土石料开采，挖装、运输，坝面卸料、铺料、平土、压实、质检）、辅助作业（配合基本工作进行的工作，包括清除施工场地及料场的覆盖层，翻松硬土、晒土、洒水；从上坝土料中剔除超径石块、杂物，坝面排水、层间刨毛、加水、维修道路等）和附加作业（坝坡修整，铺砌护面块石及铺植草皮等）。

12.2.2　坝基及岸坡开挖

清理坝基、岸坡和铺盖地基时，应将树木、草皮、树根、乱石以及各种建筑物等全部清除。可采用开挖、回填、夯实、灌浆、桩基础、防渗墙等坝基防渗与加固施工方法。坝基、岸坡开挖宜采用自上而下分层进行，分层厚度应根据工程规模、地质条件、开挖断面特性等分析确定。

岸坡轮廓面开挖宜采用预裂爆破、光面爆破或预留保护层等；岸坡采用喷混凝土、锚杆等临时支护时，应在每层开挖完成后及时实施。岩石开挖宜采用分层梯段爆破方法，接近建基面应预留保护层。对于局部凹坑、反坡以及不平顺岩面，可用混凝土填平补齐，使其达到设计坡度。非黏性土坝壳与岸坡接合处，亦不得有反坡，清理坡度按设计规定进行。

12.2.3　碾压式土石坝施工

12.2.3.1　坝体土方填筑的特点

基坑开挖和地基处理结束后即可进行坝体填筑。坝体土方填筑的特点是作业面狭窄、工种多、工序多、机械设备多，施工干扰大，若组织不好将导致窝工，产生施工干扰，影响工程进度和施工质量。坝面作业程序：包括铺土、平土、洒水或晾晒（控制含水率）、压实、刨毛（用平碾碾压）、质量检查等，坝面可分为四个相互平行的工段。

为了避免施工干扰、延误施工进度，充分发挥各不同工序施工机械的生产效率，一般采用平行流水作业法组织坝面施工。

12.2.3.2　平行流水作业

1. 基本做法

平行流水作业的基本做法是：①根据某一时段的坝面面积及坝体填筑强度，将坝面划分成若干工程量大致相等的工作区段（或称流水段）；②按流水段数将整个施工分解为若干个施工过程（或工序）；③每一工序都由相应的专业队负责施工；④各专业队按施工工艺顺序，依次先后进入同一工作区段，分别完成各自的施工任务；⑤每一专业队连续地从前一个工作区段转移到后一个工作区段，依次不停地在各工段完成固定的专业作业。

所谓平行是指同一时间内每一工作区段均有专业施工队在施工；流水指每一工作区段按施工工艺顺序依次进行施工。

2. 优点

流水作业施工实现了施工专业化，有利于工人劳动熟练程度的提高，从而提高劳动效率和工程施工质量。同时，各工段都有专业队施工固定的施工机具（流水工段数等于流水工序数），从而保证施工过程人、机、地三不闲，避免施工干扰，有利于坝面作业多、快、好、省、安全地进行。

由于坝面作业面积的大小随高程而变化，因此，施工时应经常根据作业面积变化的情况，采取措施有效的管理，合理的组织坝面的流水作业。

12.2.3.3　填筑与碾压

1. 防渗土料

防渗土料的铺筑宜沿坝轴线方向向上、下游方向一致延伸进行，厚度要均匀，超径土块要打碎，石块应剔除。在防渗体上用自卸汽车铺土时，宜用进占法倒退铺土，推土机平土，使汽车在松土上行驶，以免在压实的土层上开行而产生超压剪切破坏。铺土厚度应根据土料特性与压实设备性能通过工程类比法确定。

防渗土料宜采用振动凸块碾压实，碾压应沿坝轴线进行。防渗体分段碾压时，相邻两段交接带碾迹，应彼此搭接，垂直碾压方向搭接带宽度不小于 0.3～0.5m，顺碾压方向搭接带宽度应为 1～1.5m。在坝面上每隔 40～60m 应设置专用道口，以免汽车因穿越反滤层将反滤料带入防渗体内，造成土料与反滤料混淆，影响坝体质量。

2. 坝壳料

坝壳料运输宜选用自卸汽车运输方式，填筑时宜采用进占法卸土，推土机及时平料，铺土厚度符合设计要求，确保工程质量。具体操作时可采用"算方上料、定点卸料、随卸随平、铺平把关、插杆检查"的措施，铺料时不应使坝面起伏不平，避免降雨积水。用自卸汽车运料上坝，由于卸料集中，应采用推土机平土。填筑面上不应有大块石集中、架空等。坝壳料与岸坡及刚性建筑物结合部位，宜回填一条过渡料。坝壳料宜选用振动平碾压实，除特殊部位外，碾压方向应沿坝轴线方向进行。与岸坡结合 2m 宽范围内，可沿岸坡方向碾压，不易压实的边角部位应减小铺料厚度，用轻型振动碾压实或用平板振动器等压实。坝壳料接缝部位宜采用留台法和坡法。

塑性心墙坝或斜墙坝坝面铺筑时应向上游倾斜 1‰～2‰；均质坝应使坝面中部凸起，并分别向上下游倾斜 1‰～2‰ 的坡度，以便排水。

3. 过滤料

过渡料宜采用后退法铺料，宜采用与坝壳料相同的压实机械压实，且与同层垫层料或反滤料一并碾压。

4. 心、斜墙反滤料平起法施工

防渗体的土料与上下游反滤料、过渡料及部分坝壳料应平起填筑跨缝碾压。施工平起施工法根据其先后顺序可分为先土后砂法、先砂后土法，如图 12.1 所示。工作段的平面尺寸应满足施工机械作业的要求，宽度应大于碾压机械错车与压实的最小宽度，或卸料汽车的最小转弯半径的 2 倍，长度不宜小于 40m。

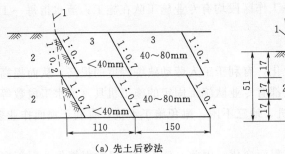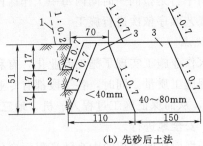

（a）先土后砂法　　　　　　　　　　　　　（b）先砂后土法

图 12.1　土砂平起施工示意图
1—土砂设计边线；2—心墙；3—反滤料

先土后砂法是先填压三层土料再铺一层反滤料，并将反滤料与土料整平，然后对土砂边沿部分进行压实，如图 12.1 所示。由于土料表面高于反滤料，土料的卸、散、平、压都是在无侧限的情况下进行的，很容易形成超坡。在采用羊角碾压实时，要预留 30～50cm 的松土边，应避免因土料伸入反滤层而加大清理工作。这种施工方法，在遇连续晴天时，土料上升较快，反滤料往往供不应求，必须注意克服。

先砂后土法是先在反滤料的控制边线内用反滤料堆筑一小堤，如图 12.1 所示。为了便于土料收坡，保证反滤料的宽度，每填一层土料，随即用反滤料补齐土料收坡留下的三角体，并进行人工捣实，以利于土砂边线的控制。由于土料在有侧限的情况下压实，松土边很少，仅 20～30cm，故采用较多。

无论是先砂后土法还是先土后砂法，土料边沿仍有一定宽度未压实合格，所以需要每填筑三层土料后用夯实机具夯实一次土砂的结合部位，夯实时宜先夯土边一侧，合格后再夯反滤料一侧，切忌交替夯实，以免影响质量。例如某水库，铺筑黏土心墙与反滤料时采用先砂后土法施工。自卸汽车将混合料和砂子先后卸在坝面当前施工位置，人工（洒白灰线控制堆筑范围）将反滤料整理成 0.5～0.6m 高的小堤，然后填筑 2～3 层土料，使土料与反滤料齐平，再用振动碾将反滤料碾压 8 遍。为解决土砂结合部位的土料干密度偏小的问题，在施工中采取了以下措施：用羊角碾碾压土料时，要求拖拉机履带沿砂堤开行，但不允许压上砂堤；在正常情况下，靠砂带第一层土料有 10～15cm 宽的干密度不够，第二层有 10～25cm 宽的干密度不够，施工中要求用人工挖除这些密度不够的土料，并移砂铺填；碾压反滤料时应超过砂界至少 0.5m 宽，取得了较好的效果。

在塑性心墙坝施工时，应注意心墙与坝壳的均衡上升，如心墙上升太快，易干裂而影响质量；若坝壳上升太快，则会造成施工困难。塑性斜墙坝施工，应待坝壳填筑到一定高度甚至达到设计高度后，再填筑斜墙土料，尽量使坝壳沉陷在防渗体施工前发生，从而避免防渗体在施工后出现裂缝。对于已筑好的斜墙，应立即在上游面铺好保护层，以防干裂。

12.2.3.4　结合部位处理

施工中防渗体与坝基、两岸岸坡、溢洪道边墙、坝下埋管及混凝土齿墙等结合部位需认真处理，若处理不当，将可能形成渗流通道，引起防渗体渗透破坏和造成工程失事。

防渗体与坝基结合部位填筑时，对于黏性土、砾质土石坝基，表面含水率应调至施工含水率上限，用羊脚碾或凸块碾碾压；对于无黏性土石坝基铺土前，坝基应洒水压实，第一层料的铺土厚度可适当减薄，宜采用轻型压实机具压实。

防渗体与岸坡结合带的填土可选用黏性土，其含水率应调至施工含水率的上限，选用轻型碾压机具碾压，局部碾压不到的部位可用小型机具进行碾压，严禁漏压、欠压。防渗体与岸坡结合带碾压搭接宽度不小于1m。

当黏性土含水率偏低或偏高，可进行洒水或晾晒。洒水或晾晒工作主要在料场进行。如必须在坝面洒水，为使水分能尽快分布到填筑土层中，可在铺土前洒1/3的水，其余2/3在铺好后再洒水。洒水后应停歇一段时间，使水分在土层中均匀分布后再进行碾压。

土料的压实是坝面施工中最重要的工作之一，压实参数应通过现场试验确定。碾压方式可采用进退错距法、圈转套压法，碾压方向与坝轴线平行，相邻两次碾压必须有一定的重叠宽度。对因汽车上坝或压实机具压实后的土料表层形成的光面，必须进行刨毛处理，一般要求刨毛深度为4～5cm。

防渗体与岸坡结合面（或岩基面）填筑时，需先清理混凝土表面乳皮、粉尘及附着杂物。填土时应洒水湿润，并边刷浓泥浆、边铺土边夯实，填土含水率应控制在最优含水率1%～3%，用轻型碾压机械碾压，适当降低干密度，待厚度在0.5～1.0m以上时，方可用选定的压实机具和碾压参数正常压实。防渗体与混凝土齿墙、坝下埋管、混凝土防渗墙两侧及顶部一定宽度和高度内土料回填宜选用黏性土，采用轻型碾压机械压实，两侧填土保持均衡上升。

截水槽的槽基填土时，应从低洼处开始，填土面保持水平，不得有积水。槽内填土厚度在0.5m以上时方可用选定的压实机具和碾压参数压实。

12.2.3.5　反滤层施工

土工建筑物的渗透破坏，常始于渗流出口，在渗流出口设置反滤层，是提高土的抗渗比降，防止渗透破坏，促进防渗体裂缝自愈，消除工程隐患的重要措施。对于不均匀天然反滤料的填筑质量控制，主要有：①加工生产的反滤料应满足设计级配要求，严格控制含泥量不得超出设计范围；②生产、挖装、运输、填筑各施工环节，应避免反滤料分离和污染；③控制反滤料铺筑厚度、有效宽度和压实干密度。反滤料压实时，应与其相邻的防渗土料、过渡料一起压实，宜采用自行式振动碾压实。铺筑宽度主要取决于施工机械性能，以自卸汽车卸料、推土机摊铺时，通常宽度不小于2～3m。用反铲或装载机配合人工铺料时，宽度可减小。严禁在反滤层内设置纵缝，以保证反滤料的整体性。

12.2.3.6　施工质量控制及检查

土石坝施工时，主要有坝基、料场、坝体填筑、护坡及排水、反滤等质量检查和控制。

1. 料场的质量检查和控制

对上料场应经常检查所取土料的土质情况、土块大小、含水率和杂质含量是否符合填筑要求。特别注意对黏性土含水率的检查和控制，若含水率偏高，一方面应加强改善料场的排水条件和采取有效防御措施；另一方面应将含水率高的土料进行翻晒，或采取轮换掌子面的办法，使土料的含水率降低到规定的范围再开挖。当土料含水率不均匀时，应考虑堆筑"土牛"，使含水率均匀后再外运。当含水率偏低时，应考虑在料场加水，以提高含水率。

对石料场要经常检查石质、风化程度、石料大小及形状等是否符合填筑要求。如发现不合格，应查明原因，并及时处理。

2. 坝面的质量检查和控制

土料填筑过程中，应对铺土厚度、填土块度、含水率、压实后的干密度等进行检查，并提出质量控制措施。对黏性土含水率可采用"手检"法，即手握主料能成团，手搓可成碎块，则含水率合格，准确检测应用含水率测定仪测定。取样所测定的干密度试验结果，其合格率应不小于 90%，不合格干密度不得低于设计值的 98%，且不能集中出现。黏性土和砂土的密度可采用环刀测定；砾质土、砂砾料、反滤料可采用灌砂法或灌水法测定。

12.3　面板堆石坝施工

堆石坝属于土石坝的范畴，是用石料抛填或碾压而筑成，它在水压力、地震力和其他荷载的作用下，依靠堆石区的重量和抗剪强度来保持整个坝体的稳定。用振动碾施工的堆石体，密度增加，变形量减小，因此，对材料的要求得以适当放宽，从而创造了新型混凝土面板堆石坝。

这种新型的混凝土面板堆石坝具有工程量较小，施工简单，工期较短，造价较低和运行安全等优点，因而得到了迅速的发展。面板堆石坝的缺点是防渗面板对沉陷变形较为敏感，因此在设计施工中予以重视。目前，国内外坝工界已将该坝型列为选择坝型时必须参与比较的坝型之一。

12.3.1　基础处理

坝基、趾板地基、岸坡处理应按隐蔽工程要求进行施工并检查验收。截流前，宜完成水上部分的两岸岸坡、趾板地基开挖及岸边溢洪道等项目中干扰坝体填筑部位的开挖。

12.3.1.1　基础处理要求

（1）坝基处理应做到减小地基变形，提高抗剪强度，防止渗漏和地基材料的冲蚀，改善地基表面的平整度，使之符合大坝正常和安全运行的要求。

（2）当趾板位于岩溶地基时，应查明岩溶发育情况，并对其防渗处理措施作专门论证。

（3）深厚砂砾石地基处理需占用较长工期，在施工程序上应作妥善安排，进度安排上留有余地。

（4）坝基和岸坡开挖应按照自上而下程序开挖，并根据地质条件和设计要求及时进行基础处理。

（5）对爆破开挖趾板地基，应采取控制爆破技术，必要时可预留保护层。

12.3.1.2　基础处理方法

（1）趾板的岩石地基应进行固结和帷幕灌浆处理。固结灌浆应采用铺盖式，宜布置2～4排，深度应不小于 5m。帷幕灌浆应布置在趾板中部，并可与固结灌浆相结合。帷幕深度宜深入相对不透水层以下 5m。也可根据地质条件，按坝高的 1/3～1/2 选定。在复杂水文地质条件下，或相对不透水层埋藏较深时，防渗帷幕的布置、深度和向两岸延伸长度，宜按计算并结合类似工程经验确定。

（2）灌浆压力的升幅、浆液配比、吸浆量等参数，应通过试验确定。灌浆设计中应制订提高灌浆帷幕耐久性和表层基岩灌浆压力的措施。

（3）趾板范围内的基岩如有断层、破碎带、软弱夹层等不良地质条件时，应根据其产状、规模和组成物质，逐条进行认真处理，可用混凝土塞做置换处理，延伸到下游一定距离，用反滤料覆盖，并加强趾板部位的灌浆。

（4）趾板地基如遇深厚风化破碎及软弱岩层，难以开挖到弱风化岩层时，可以采取如下处理措施：延长渗径，如加宽趾板，设下游防渗板，设混凝土截水墙等；增设伸缩缝；下游铺设反滤料覆盖。

（5）在砂砾石覆盖层地基上，混凝土面板堆石坝的防渗处理可采用两种型式，经技术经济比较后选用。一是将趾板及下游一定范围内的砂砾石层挖除，趾板建于基岩面；二是用混凝土防渗墙或其他垂直防渗设施对砂砾石层进行防渗处理，并用连接板将混凝土防渗墙与混凝土趾板相连接。

（6）靠近建基面的岩石开挖应采用控制爆破法施工，或在设计建基面上部预留保护层，爆破作业宜安排在邻近的基础混凝土和地基灌浆施工之前完成。采用浅孔、小药量爆破和撬挖，避免对基础的破坏；坝基部位不得采用洞室爆破。

（7）坝基和岸坡为易风化、易崩解的岩石地基时，开挖后应及时回填。不能及时回填时，应留保护层或及时保护。如有条件，宜将坝轴线上游的堆石地基的岸壁均开挖成不陡于 $1:0.5$ 的坡度；如有困难，应至少将趾板下游 $0.3\sim0.5H$ 范围的岸坡开挖成不陡于 $1:0.25$ 的坡度，并在岸边设置低压缩区。因为最上游的不密实的堆石将直接影响面板的不均匀沉降及周边缝的变形。

12.3.2　坝体分区

面板堆石坝坝身主要是堆石结构，上游有薄层面板，面板可以是刚性混凝土的，也可以是柔性沥青混凝土的。采用良好的堆石材料，能减少堆石体的变形，为面板正常工作创造条件，是坝体安全运行的基础。坝体部位不同，受力状况不同，对填筑材料的要求也不同，所以应对坝体进行分区。堆石体的填筑按分区不同，而有不同的施工要求，一般坝体堆石从上游到下游可分成四个区。

12.3.2.1　垫层区

垫层区直接位于面板下部，是最重要的部位，其主要作用在于为面板提供平整、密实的基础，将面板承受的水压力均匀传递给主堆石体。全部采用新鲜而坚硬的细粒石料填筑，并要求低压缩性、半透水性，尤其是基础周边部位，要压实得更密实些，以减小其在库水位作用下的变形。

垫层料的最大粒径一般不超过 150mm，小于 5mm 的细粒含量一般不宜超过 30%，平均为 10%左右，并控制小于 0.1mm 的含量在 5%以下，以免一旦面板漏水，造成细料流失，产生不均匀沉陷。垫层的水平最小宽度不宜小于 3m，渗透系数不小于 $10cm^{-3}/s$，压实后的平均孔隙率小于 21%。

垫层料有半透水性，在面板浇筑前可利用坝体进行挡水度汛，当面板或接缝产生裂缝时，垫层料可作为第二道防线。

垫层料、过渡料和主堆石料的填筑宜平起施工，均衡上升。坝料应按照先主堆石料、后过渡料、再垫层料的顺序填筑，并清除边界面的分离料。垫层施工时，每层铺筑厚度一般为 0.4～0.5m，用 10t 或 10t 以上的振动碾进行薄层碾压，根据密实度与现场碾压试验成果，每层碾压 4～6 遍。为保证垫层（Ⅰ区）与过渡区（Ⅱ区）以及下游堆石区各区间相邻连接处的紧密结合，垫层须与其他各区平起施工。如遇特殊情况，对先后填筑的堆石体连接部位，采用夯板夯实或轻型振动碾细致压实，以保证两部分堆石体能密切结合。在靠近岸坡或因场地狭窄，重型振动碾碾压不到的部位，也应采用夯板或轻型振动碾夯压到要求的密实度。

12.3.2.2 过渡区

为垫层区与主要堆石区的过渡带，实际上与垫层共同支承面板，该区要求一旦面板发生裂缝、漏水时，能防止垫层区的细颗粒流失，即起过渡层作用。其粒径、级配应符合反滤要求。过渡区的宽度可以灵活，该区料物应是新鲜、坚硬、级配良好的石渣，一般不必采用破碎加工，对石料级配要求可较垫层区放宽。可用主堆石料剔除较大粒径后直接填筑，其碾压要求，铺筑厚度与Ⅰ区相同。

12.3.2.3 主堆石区

主堆石区是面板坝堆石的主体，亦为粗粒堆石区，是承受水荷载的主要支撑体，要求用良好级配，坚硬的石料施工。由于它的沉陷变形大小同样影响面板的变形，因此要求很好地压实，但较垫层区、过渡区要求可稍低，粒径与级配亦可放宽。有些面板坝的主堆石区采用最大粒径 600mm 左右的坚硬石料，并允许有分散的少量风化岩石，压实后的平均孔隙率小于 25%。填筑时铺筑厚度为 0.8～0.9m，用 10t 振动碾碾压 4 遍，可沿坝轴线碾压两遍，垂直坝轴线再碾压两遍。

12.3.2.4 下游堆石区

下游堆石区位于坝体断面的下游，约为堆石坝断面的 1/6～1/3。其沉陷变形大小对面板影响较小，因此变形不是主要的，变形大小对面板影响较小，因此填筑厚度可以较大，铺层厚可为 1.5～2.0m。级配比主堆石区（Ⅲ区）可放宽，允许含有少量均匀分布的风化岩石，可使用普通堆石料，要求压实后的平均孔隙率小于 28%，下游坝坡面用干砌石护面。

12.3.3 坝体填筑

坝体填筑时，垫层料、过渡料、主堆石料宜平起施工，均衡上升。坝料应按先主堆石料、后过渡料、再垫层料的顺序填筑，填筑宽度宜大于 30m。坝体堆石料宜采用进占法，必要时采用后退法与进占法结合卸料；垫层料、过渡料宜采用后退法，应及时平整，加水碾压，坝体堆石料碾压应采用振动平碾，高坝宜采用重型振动碾，开行速度不大于 2km/h 控制，各碾压段之间的搭接不应小于 1.0m，碾压宜采用进退错距法。

12.3.4 垫层料坡面碾压与保护

12.3.4.1 整平坝坡面

垫层料和过渡料宜采用自卸汽车后退法卸料，铺料时应避免分离，并整平坝坡面，避免混凝土面板厚薄不匀，受力不利。要求堆石坡面不得超过设计值±（3～4）cm。施工时随堆石分层施工，用人工和机械配合及时完成。垫层料铺筑上游边线水平超宽一般为 20

～30cm，垫层料宜采用自行式振动碾压实。水平碾压时，振动碾与上游边缘的距离不宜大于40cm；垫层料每填筑升高10～15m，进行垫层坡面削坡修整和碾压。如采用反铲削坡时，宜每填高3.0～4.0m进行一次。

12.3.4.2 压实并进行坡面保护

垫层料粒径较粗，又处于倾斜部位，通常采用斜坡振动碾压实，宜先静压2～4遍，振压6～8遍，并由试验最终确定。振动碾压时上坡方向振动，下坡方向不振，一上一下为一遍。

压实过程中，有时表层块石有失稳现象，为改善碾压质量，采用了斜坡碾压与砂浆固坡相结合的施工方法，尽快进行坡面保护。这种方法使固坡速度加快，为面板施工提供坚固、平整工作基面，对施工期防止雨水冲刷，临时挡水，防洪度汛，争取工期效果明显。常用的防护型式有碾压水泥砂浆、喷混凝土、喷乳化沥青等。

12.3.5 混凝土底座（含填补板）

趾板在体型上分平趾板、斜趾板两类。已建工程多采用平趾板，趾板开挖一般在两岸清基时开始，趾板的混凝土浇筑，在垫层料、过渡料和主堆石区开始填筑前完成。

12.3.5.1 基础开挖

趾板基础一般要求为弱风化岩石。基础开挖一般采用光面爆破或预裂爆破，以防止爆破对基础的损伤。光面爆破只用于坑壁，预裂爆破则能避免基础的爆破漏斗，减少超挖及爆破对基础的损伤。

12.3.5.2 趾板施工

趾板浇筑在上游坝趾基岩上，通过止水板与填补板或主面板相连接，应在坝体填筑前进行施工。趾板混凝土浇筑应在基岩面开挖、处理完毕，并按隐蔽工程质量要求验收合格后方可进行。

趾板绑扎钢筋前，应按设计要求设置锚筋，趾板锚筋可作架立筋使用，锚筋孔直径应比锚筋直径大5mm，并用微膨胀水泥或预缩细砂浆紧密填塞，砂浆强度不低于20MPa。绑扎钢筋的同时按要求设置灌浆导管，止水片固定在正确位置等。

底座混凝土浇筑，应在相邻区堆石填筑前完成。混凝土浇筑在基础面清洗干净、排干积水后进行，要及时振捣密实，注意和避免止水片的变形和变位。工程中混凝土可用罐车运输，溜槽输送入仓。混凝土浇筑时，就及时振捣密实，并注意止水片（带）附近混凝土密实，避免止水片（带）的变形和变位。趾板混凝土浇筑、灌浆后，在周围需要进行爆破时，应严格按规范控制。

12.3.5.3 填补板

填补板是主面板与底座之间的三角形板，因从坝顶到达这些位置比较困难，故多用人工或小型设备进行施工。坝体在底板1/4～1/3高度，由于回填筑面积比较大，可沿上游面留一平台，在平台以外填筑堆石的同时，尽早进行填补板的施工。

12.3.6 面板施工

12.3.6.1 面板构造

防渗面板为混凝土面板堆石坝的一个重要组成部分，它与地下防渗墙，底座（趾板）及防浪墙一起自下而上联合组成防渗体，如图12.2所示。混凝土面板直接浇筑在垫层的上游坡面上，一般首先应完成迎水坡坝脚防渗面板和地基基础连接部分，然后分层分块进行面板施工。

12.3.6.2 面板分期施工

混凝土防渗面板的施工，对于中低坝，一般在坝体填筑完成后进行，面板一次浇筑；对于高坝，若因施工导流、度汛需要提前施工时，可采用临时断面和分期施工，但须等到堆石坝升到中间高度后方可开始一期面板的施工，避免在施工期间，因堆石沉陷而影响工程质量。斜坡作业需要设计、制作专用施工设备，并应有安全措施，与此同时，继续填筑临时断面以外的坝体堆石部分，然后浇筑二期面板。分期浇筑接缝，应按施工缝处理。

12.3.6.3 主面板分缝

防渗面板浇筑宜采用滑模自下而上分条进行，在面板上须布置若干伸缩接缝，将面板分隔成若干条或块。面板纵缝的间距决定了混凝土浇筑能力，也决定了钢模的尺寸及其提升设备的能力。目前，混凝土面板仅设垂直缝和周边缝（与岸边、基础接触处），不设水平缝。垂直缝由底部到顶部布置，中部受压区间距一般为12～18m；两侧受压区按6～9m布置。面板浇筑顺序通常是先浇筑中部，然后再向两侧浇筑。垂直缝的间距应按有利于滑模操作适应混凝土供料能力和便于组织仓面作业的原则确定。垂直缝一般要保持与周边轮廓呈法线垂直方向，在坝肩两岸的岸边呈折线型，当岸边较平缓时，垂直缝也可以基本保持直线型。当混凝土面板采用分期施工时，允许设置水平缝，并用钢筋贯穿连接。混凝土面板堆石坝分缝布置如图12.3所示。

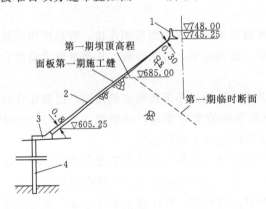

图 12.2 面板堆石坝分期施工图
1—防浪墙；2—面板；3—趾板；4—防渗墙

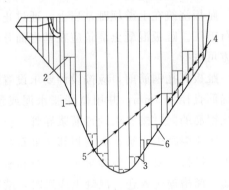

图 12.3 混凝土面板堆石坝分缝布置
1—周边缝；2—水平伸缩缝；3—水平施工缝；
4—竖向伸缩缝（受拉）；5—竖向伸缩缝
（受压）；6—竖向施工缝

12.3.6.4 垂直缝砂浆条铺设

垂直缝砂浆条一般宽50cm，是控制面板底止水质量和控制面板体型的关键。根据设定的坝面拉线进行施工，砂浆一般采用人工抹平，平整度要求较高。砂浆标号与面板混凝土相同。砂浆铺设完成后，再在其上铺设止水，架立侧模。

12.3.6.5 面板混凝土浇筑

防渗面板浇筑一般在堆石坝体填筑完毕后进行，可避免面板产生较大的沉陷与位移。

浇筑时起始三角块应与主面板一起浇筑，条与条之间宜采用跳仓浇筑方式，宜一次浇筑至坝顶；应优先采用滑动模板浇筑。

1. 施工工艺流程

面板混凝土浇筑工艺流程为：测量放样、接缝处砂浆抹面、设止水片、打设插筋、架设钢筋网、安装溜（滑）槽、安底部侧模、吊设滑模、安装侧模、浇混凝土、养护等。

2. 面板分期

在坝高不大于 70m 时，面板混凝土宜一次浇筑完成；坝高大于 70m 时，因坝坡较长给施工带来困难可根据施工安排或提前蓄水需要，面板宜分两期或三期浇筑，接缝要按施工缝处理。

3. 钢筋制作安装

面板坝施工时，面板钢筋均采用现场绑扎、焊接。可采用人工或牵引式台车配合人工运输钢筋至仓面，先打设斜坡固定插筋，再在斜坡面上现场绑扎、焊接钢筋网。当采用预制的钢筋网时，应注意在运输和安装过程中，钢筋网不得变形、松脱和开焊。

4. 混凝土入仓铺料

面板混凝土入仓应选用溜槽输送。应根据面板宽度选择溜槽数量，宽度为 8m 以下时应选 1 条，宽度为 8～12m 时应选 2 条，宽度为 12m 以上时应选 3 条。浇筑宽度为 12m 以上的面板时，宜采用 1 条溜槽集中送料、仓面皮带机布料的方法，溜槽连接不得脱落，漏浆。滑槽由集料斗、滑槽、Y 型叉槽与摆动槽支架等部件构成。可用厚 2mm 的钢板制成 40cm×25cm 宽高的 U 型滑槽，每节长 1.2～2m，并随滑模上升而逐节脱落。溜槽出口距仓面距离不应大于 2m。混凝土入仓必须均匀布料，每层布料厚度应为 25～30cm，止水片周围应辅以人工布料。布料后应及时振捣密实。滑槽输送混凝土坍落度应控制在 4～7cm 范围内。

5. 混凝土浇筑

面板混凝土宜跳仓浇筑，采用滑动模板从趾板到坝顶连续施工，以免出现水平浇筑冷缝。滑动模板的长度由面板的纵缝距离而定，为便于运输和适应面板不同宽度的要求。模板采用分段组合式，以便拼装成各种长度的模板。滑动模板必须设计得安全可靠，施工方便。在使用滑模施工时，必须均匀布料，薄层浇筑。

面板混凝土应连续浇筑，滑动模板滑升前，必须清除前沿超填混凝土，每次滑升距离不得大于 30cm，每次滑升间隔时间不宜超过 30 分钟。面板浇筑滑升速度应为 1.5～2.5m/h，最大滑升速度不应大于 4.5m/h。

布料后的混凝土应及时振捣。振捣时，振捣器不得触及滑动模板、钢盘，止水片，振捣间距不得大于 40cm，深度应达到新浇筑层底部以下 5cm。使用的振捣器直径不宜大于 50mm，靠近侧模的振捣器直径不得大于 30mm。由于靠近侧模处的钢筋较密，又有止水设施，捣实较为困难，止水片周围的混凝土必须特别注意振捣密实。振捣器不得靠在滑动模板上或靠近滑动模板顺坡插入浇筑层。

一般入仓混凝土每层厚度控制在 25～30cm 范围。滑模施工时的滑升速度，应与浇筑强度、脱模时间相适应，每次滑升距离不应大于 30cm，平均滑升速度一般控制为 1.5～2.5m/h，最大滑升速度不超过 3.5m/h。由于滑动模板的锚固设备一般设在坝顶上，并在坝顶公路上操作，滑模沿坝面预先铺设的轨道滑行，所以事先必须仔细安排施工程序，以避开坝顶各项施工的干扰。

通常的浇筑顺序是先浇筑中部的护面板，然后再向两侧浇筑。当中部护面板的一边浇筑混凝土时，则在另一块面板布设止水、轨道及钢筋，为下一步浇筑做准备。

6．面板养护与缺陷检查、处理

脱模后的混凝土应及时修整和保护。混凝土初凝后应及时铺盖草袋等以便隔热、保温，并及时洒水养护，宜连续养护至水库蓄水为止。

在趾板及面板混凝土浇筑完成、表面覆盖及蓄水前，应要进行裂缝的检查与统计，应进行全面检查，记录裂缝分布、条数、长度、宽度、深度、产状及是否贯穿等资料处理，提出专门报告，应按设计要求，逐条进行处理。

13 土石坝施工进度计划

知识目标：了解土石坝施工进度计划的作用，熟悉施工进度计划的编制依据和原则，掌握施工项目进度安排要点和施工进度计划编制方法和步骤。

能力目标：会编制土石坝施工进度计划。

13.1 施工进度计划概述

土石坝施工具有大型化、施工条件多变、工程结构与施工技术复杂、建设协作单位多等特点，并且工程从立项、开工到竣工投产要经历较长的建设周期。编制合理的施工进度计划，并在工程项目的建设中按所安排的进度控制实施，以保证工程按期或提前发挥经济和社会效益。在工程建设的进度、质量、投资的控制关系中，进度控制是中心环节，质量控制是根本，投资管理控制是关键。

13.1.1 施工进度计划的作用

施工进度计划以图表的型式规定了工程的施工顺序和速度，它反映了工程从施工准备工作开始到工程竣工验收的全过程。在编制施工进度计划时，应选择先进有效的施工方法，要与施工场地的布置相协调，并考虑技术供应的可能性与现实性，拟定的各类施工强度要与选定的施工方法和施工机械设备的生产能力相适应，使施工进度计划建立在切实可靠的基础上。

施工进度计划的作用：是施工组织设计和施工措施计划的重要组成部分，是整个枢纽或单项工程的各个施工项目的时间规划，它规定了工程的起讫时间、施工顺序和施工速度，是施工方案和施工活动在时间上的具体体现；是劳动力和物质资源需要量的依据；是编制年度、季度、月度施工作业计划的基础；是工程控制的有力工具。

13.1.2 施工总进度计划编制

13.1.2.1 进度计划编制的依据

1. 工程施工合同

施工合同中有关工期、质量、资金的要求，是确定进度计划的最基本依据。质量控制、投资的控制与管理及各类计划，都是通过进度计划的实施才能落实。工程施工合同应以合同标准文本为依据进行编制与签约，在合同中应明确双方在建设中的责任、权利和义务，并明确工期要求、质量标准、费用的支付方式、违约责任等。

2. 设计文件及施工详图供图进度

批准的初步设计文件明确了工程项目的规模、结构型式及具体的设计要求等内容，通过对设计的分析与评审，可进行设计概算与施工详图设计。

除合同另有规定外，施工单位所需的施工与安装图纸，则由施工单位根据施工详图自行设计绘制进度计划表，并按监理工程师批示报送备查。施工现场由于地质、水文地质或进度要求等情况的影响，设计常发生变更，必须修改施工详图，经监理工程师认可后，设计单位应尽快予以修改并提出供图进度。

施工详图是施工的依据，施工进度计划必须与供图进度相衔接，应考虑每部分图纸资料的交付日期，避免影响进度。由于施工图纸，特别是工程变更的有关图纸未能在合理的时间内提供，而影响工程的进展现象十分普遍，尤其是有的工程开工后在施工过程中变更过多，甚至于有方案性的变更，在相当长的时间内不能提供施工图纸而使施工中断。因此业主应当妥善做好提供图纸的一切工作，避免或减少上述情况发生。如果没有在合理的时间内提供图纸而造成施工单位的损失，则全部由业主承担责任。

3. 施工组织设计

施工组织设计是指导施工单位进行施工准备，有计划地利用一切施工资源组织施工的依据。

4. 有关的法规、技术规范、标准和政府指令

有关的法规、技术规范、标准和政府指令包括与工程项目建设有关的法规、技术规范与标准及政府部门下达有关建设的各种指示、指令、批示等。

5. 施工企业的生产经营计划

施工企业的生产经营计划应服从施工企业经营方针的指导，满足生产经营计划的要求。

6. 施工单位的管理水平和设备

施工单位的管理水平和设备包括施工单位及分包商的企业管理水平、人员素质与技术水平、施工机械的配备与管理等资料。

7. 其他有关施工条件

在编制项目施工进度计划之前，必须收集到有关工程建设各种资料，认真进行分析整理，列出影响进度计划的约束条件及利用条件为计划提供依据。

施工组织设计中虽已经编制了施工进度计划，但这个进度计划是带有预测性和控制性，并不十分具体。因此，必须结合现场和工程实际情况将施工进度计划进一步具体化，以便有工程的施工阶段中能具体实施，并根据实施的具体情况调整与控制进度计划。

13.1.2.2　进度计划的编制原则

编制施工进度计划（特别是施工总进度）主要应遵循以下基本原则。

（1）严格执行基本建设程序和国家方针政策。遵守有关法令法规，满足国家和上级主管部门对本工程建设的具体要求。

（2）编制施工进度计划，应分析关键线路、关键施工项目应明确、突出。应以规定的竣工投产要求为目标，分清主次，抓住施工过程中对施工进度起控制作用的环节（如导流截流、拦洪度汛、下闸蓄水、供水发电等），与施工组织的其他各专业设计统筹考虑，确保工期。

（3）采用国内平均先进水平，合理安排工期。按合理的顺序进行项目排队，按均衡连续有节奏的方式组织工程施工，减少施工干扰，从施工顺序和施工速度等组织措施上保证工程质量和施工安全。

（4）施工强度指标应根据施工洪水和其他自然条件，经综合分析确定。考虑到水利工程施工既受自然条件干扰和制约，又受到社会经济供应条件的影响和限制，编制施工进度计划时要做到既积极可靠又留有适当的余地。

（5）编制施工进度计划时需要对人力物力进行综合平衡，在保证施工质量和工期的前提下，充分发挥投资效益。

13.1.2.3　施工程序与控制进度

土石坝施工程序与控制进度应遵循以下原则。

（1）土石坝施工程序安排应与施工导流规划相适应，应满足大坝安全度汛、下游供水和水库初期蓄水要求，坝体填筑强度应相对均衡。

（2）大坝施工程序与控制进度应满足坝体变形控制和坝料季节性施工要求。

（3）坝体填筑分期应符合坝体的结构、满足填筑坝体的稳定性和施工工艺的要求。

（4）土石坝施工应根据导流与安全度汛要求，确定大坝填筑分期及相应填筑高程，制定施工分期控制性计划。

13.2　土石坝施工进度计划编制

13.2.1　收集基本资料

（1）上级主管部门对工程建设开工、竣工投产的指示和要求，有关工程建设的合同协议。

（2）工程勘测和技术经济调查的资料。如水文、气象、地形、地质、当地建筑材料，以及工程所在地的工矿资源、水库淹没和移民安置等资料。

（3）工程规划设计和概算方面的资料。

（4）国民经济各部门对施工期间防洪、灌溉、航运、供水等方面的要求。

（5）施工组织设计其他部分对施工进度的限制和要求，如交通运输能力、技术供应条件、施工分期、施工强度限制等。

（6）施工单位施工能力方面的资料。

13.2.2　施工项目进度安排

（1）坝体填筑施工应根据施工条件，定量分析降水、气温和蒸发量，统计月总量月平均数据，根据对施工影响程度的大小，统计各种量级在各个月份出现的天数；对气温、相对湿度、日照、风力风向和雾等观测资料，应统计月总量和月平均数据。

（2）土石坝应根据当地气候条件，选择施工时段，制定防护措施。

（3）停工标准和设计有效施工天数应符合相关规定。

（4）大型土石坝工程施工进度宜采用计算机仿真技术、软件进行分析与优化。

（5）坝基开挖强度和相应的工期宜根据基坑开挖面积、岩土级别、开挖方法、出渣道路及按工作面分配的施工设备性能、数量等分析计算。

（6）岸坡开挖可安排与施工导流工程平行施工，宜在河道截流前完成；地基基础工程进度应根据地质条件、处理方案、工程量、施工程序、施工水平、设备生产能力和总进度要求等因素确定。地质条件复杂、技术要求高、对总工期起控制作用的地基处理，应分析论证对施工总进度的影响。

（7）不良地质基础处理宜安排在建筑物覆盖之前完成。帷幕灌浆可在坝基混凝土浇筑面或灌浆洞内进行，不宜占直线工期，应在坝基固结灌浆完成后进行。

（8）过水土石坝应在设计要求的过水时间之前完成坝体防护工程施工，并分析坝体过水后恢复正常施工所需时间。

（9）心墙式土石坝的上升速度宜按心墙的上升速度控制，心墙的施工速度应综合分析材料特性、有效工作天数、坝面作业规划和施工工艺等因素确定。

（10）面板堆石坝施工应合理安排面板施工时间，宜避开雨季和高温季节，减少面板施工和坝体填筑等相互干扰。

（11）坝体填筑强度应满足总工期和各月计划目标要求，各施工分期强度均衡。施工强度应根据坝体规模、控制进度要求、施工布置条件、导流度汛方案和有效施工天数等因素分析确定。

（12）施工时段应根据进度要求选取，并计算拟定填筑、运输和开采强度。

13.2.3 施工进度计划编制方法

13.2.3.1 列出工程项目并确定施工程序

（1）根据施工图纸和施工条件，按施工顺序把拟建工程各个施工过程依次列出，作为编制进度计划需要的工程项目。

（2）根据客观情况确定工程项目划分的粗细程度。控制性计划只列分部分项工程名称，相对较粗；实施性计划要详细具体不漏项。

（3）项目划分及名称，应与预算项目对应。

确定施工过程，注意主要项目——列出，零星工程合并，粗细程度要适宜，施工项目的划分与名称应与预算项目对口。将本项目的所有工序依次列成表格编排代号或序号，以便查找是否遗漏。

13.2.3.2 计算工程量及施工延续时间

根据列出的项目，分别计算工程量；再根据工程量，应用相应的定额，计算施工延续时间。

1. 工程量计算

根据施工图和工程量计算规则来计算工程量。一般可采用施工图预算的数据，但应注意以下几个问题：①计量单位和现行定额一致；②结合各分部分项工程的施工方法和安全技术要求计算工程量；③按施工流水段的划分，列出分段分层的工程量，便于安排施工进度；④与编制施工预算同时进行，避免重复。

2. 延续时间计算

根据计算的工程量，应用相应的定额资料，可以计算或估算各项目的施工延续时间 t。

$$t = \frac{V}{kmnN} \tag{13.1}$$

式中　V——项目的工程量；

　　　　m——日工作班数，实行一班制时等于1；

　　　　n——每班工作的人数或机械设备台数；

　　　　N——人工或机械台班产量定额；

　　　　k——考虑不确定因素而计入的系数，k<1。

有时为了便于对施工进度进行分析比较和调整，需要定出施工延续时间可能变动的幅度，常用三值估计法进行估计，计算公式见式（13.2）。

$$t=\frac{t_a+4t_m+t_b}{6} \tag{13.2}$$

式中　t_a——最乐观的估计时间；

　　　　t_b——最悲观的估计时间；

　　　　t_m——最可能的估计时间。

13.2.3.3　确定施工方案和施工顺序，分析项目之间的逻辑关系

确定施工顺序是编制施工进度计划的一项重要工作。它不仅关系拟定进度计划的正确性，而且还涉及工程成本和工期。

项目之间的逻辑关系，即施工顺序，决定施工组织、施工技术等许多因素，确定时主要考虑两点：一是工艺关系，即由施工工艺决定的逻辑关系，如先地下后地上，先基础后结构，先土建后安装等；二是组织关系，即施工安排的衔接关系。

在安排施工顺序时，优先安排下列项目：按生产工艺要求，需要先期投入生产或起主导作用的工程项目；工程量大、施工难度大、需要时间长的项目；运输系统、动力系统；施工辅助企业。

13.2.3.4　初拟工程进度

初拟工程进度是编制施工总进度计划的主要步骤。初步拟定进度时，必须抓住关键，应以关键性工程项目为主线，慎重分析研究施工分期和施工程序，分清主次，合理安排，互相配合，选定关键性工程项目，其他非控制性的工程项目，则可围绕关键性工程项目的工期要求，考虑节约资源和施工强度平衡的原则进行安排。要特别注意把与洪水有关，受季节性限制较强的，或施工技术比较复杂的控制性的项目安排好，然后安排不受水文条件控制的其他工程项目。主要注意以下方面。

（1）工程项目应列出准备工程的主要项目，导流和主体工程的全部项目，并列出相应的工程量。

（2）施工进度的时间坐标和进度线上应标明的指标，与控制性施工进度表相同。

（3）除绘制土石方开挖、填筑和混凝土浇筑强度曲线外，还要绘制劳动力需要量曲线和施工期坝前水位变化过程线。

（4）总进度表上应附有关键工程的分期施工形象进度图，主体、导流和临时工程的工程量表。

（5）施工准备工程进度表作为施工总进度表的附图另行提出。

13.2.3.5　编制劳动力、材料和机械设备等需用量计划

根据拟定的施工总进度计划和定额指标，计算劳动力、材料和机械设备等的需要量，

并提出相应的计划。需要量的计划不仅要注意其可能性，而且还要注意到整个施工期间的均衡性。

13.2.3.6　调整和修改

初拟施工进度计划后，要根据施工强度的论证和劳动力、材料、机械设备等的平衡，可以检查其是否切合实际、各项工作之间是否协调、施工强度是否大致均衡，如有不完善的地方要进行调整和修改，最后使施工进度计划较为合理、完善。

13.2.3.7　提出施工进度成果

经过优化调整修改之后的施工进度计划，整理以后提交审核。施工进度计划的成果可以用进度图（又称横道图）型式表示，或用网络图的型式表示，也可两者结合，用横道网络图表示。

安排土石坝施工进度的过程各期上升高程的确定，不仅要考虑施工导流、大坝拦洪等要求，而且还要分析大坝的填筑强度是否能够实现。因此坝体各期上升高程，要经过反复分析和比较之后才能确定，并绘制坝体高程——工程量曲线。

13.2.3.8　编制正式施工总进度计划

通过调整和进度优化的施工进度计划，可以作为设计文件进行整理和提交审核，同时还应编制主体工程施工方案、施工准备工作计划，做好施工前的各项准备工作。

14 土石坝施工资源计划

知识目标：了解劳动力、主要材料、施工机械需要量计划的作用，熟悉劳动力需要量、施工机械需用量的计算步骤，掌握施工资源计划的编制方法。

能力目标：会编制施工资源需用计划。

施工资源需要量是指土石坝施工过程中所必要消耗的各项资源的计划用量，是编制施工资源计划和组织工人进场的主要依据。施工资源需要量主要包括劳动力需用量、施工机具设备需用量、主要建筑材料及购配件需用量以及施工用水、电、动力、运输、仓储设施等的需要量。资源是施工生产的物质基础，是工程实施必不可少的前提条件，它们的费用占工程总费用的80%以上，所以资源消耗的节约是工程成本节约的主要途径。编制这些计划是施工单位做好施工准备和物资供应工作的主要依据。如果离开了资源条件，再好的施工进度计划，任何考虑得再周密的工期计划也不能实施。因此，做好各项资源的供应、调度、落实，对保证施工进度，甚至质量、安全都极为重要，应充分予以重视。

14.1 劳动力计划

14.1.1 劳动力需要量

劳动力是土石坝施工的直接操作者，也是工程质量、进度、施工安全和文明施工的直接保护者，劳动力配备是工程实施的关键因素。

劳动力需要量指的是在工土石坝工程施工期间，直接参加生产和辅助生产的人员数量以及整个工程所需总劳动量。土石坝施工劳动力，包括建筑安装人员，企业工厂、交通的运行和维护人员，管理、服务人员等。劳动力需要量是施工总进度的一项重要指标，也是确定临时工程规模和计算工程总投资的重要依据之一。

劳动力计划的计算内容是施工期各年份的月劳动力数量（人），施工期高峰劳动力数量（人），施工期平均劳动力数量（人）和整个工程施工的总劳动量（工日）。

14.1.2 劳动力计算方法

施工作业人员宜按工作面、工作班制和施工方法按混合工种并结合国内平均先进水平进行劳动力优化组合设计。也可以定额为基础结合现有生产效率水平进行劳动力计算。

14.1.2.1 劳动定额法

劳动力定额是完成单位工程量所需要的劳动工日。在计算各施工时段所需要的基本劳动力数量时，是以施工总进度为基础，用各施工时段的施工强度乘以劳动力定额而得。总进度表上的工程项目，是基本施工工艺环节中各施工工序的综合项目，例如：石方开挖，包括开挖和出渣等；土石方填筑包括料物开采、运输、上坝和填筑等。所以计算劳动力所需的劳动力定额，主要是依据本工程的建筑物特性、施工特性、选定的施工方法、设备规格、生产流程、生产率水平等经过综合分析后拟定。

14.1.2.2　类比法

根据同类型、同规模（水工、施工）的实际定员类比，通过认真分析加以适当调整，方法比较简单，也有一定的准确度。

14.1.3　劳动力需要量计算步骤

14.1.3.1　劳动力需要量计算步骤

（1）拟定劳动力定额。

（2）以施工总进度表为依据，绘制单项工程的施工进度线，并说明各时段的施工强度。

（3）计算基本劳动力曲线。

（4）计算企业工厂运行劳动力曲线。

（5）计算对外交通、企业管理人员、场内道路维护等劳动力曲线。

（6）计算管理人员、服务人员劳动力曲线。

（7）计算缺勤劳动力曲线。

（8）计算不可预见劳动力曲线。

（9）计算和绘制整个工程的劳动力曲线。

14.1.3.2　劳动力计算

应根据安排的施工进度计划，提出分年、分月平均人数及总人数。施工总日工数按分月平均人数乘以各月有效工日累计求得。

（1）基本劳动力。以施工总进度表为依据，用各单项工程分年、分月的日强度乘以相应劳动力定额，即得单项工程相应时段劳动力需要量。同年同月各单项工程劳动力需要量相加，即为该年该月的日需要劳动力。

（2）企业工厂运行劳动力。以施工进度表为依据，列出各企业工厂在各年各月的运行人员数量，同年同月逐项相加而得。各企业各时段的生产人员，一般由企业工厂设计人员提供。

（3）对外交通、企管人员及道路维护劳动力。用基本劳动力与企业工厂运行人员之和乘以系数 0.1～0.5，混凝土坝工程和对外交通距离较远者取大值。

（4）管理人员。管理人员（包括有关单位派驻人员），取上述（1）、（2）、（3）项的生产人员总数的 7%～10%。

（5）缺勤人员。缺勤人员取上述生产人员与管理人员总数之和的 5%～8%。

（6）不可预见人员。取上述（1）～（5）项人员之和的 5%～10%。

14.2　材料、构件及半成品需用量计划

水利水电工程所使用的材料包括消耗性材料、周转性材料和装置性材料。由于材料品

种繁多，且不同设计阶段对材料需要量估算精度的要求不同，一般在初步设计阶段，仅对工程施工影响大，用量多的钢材、木材、水泥、炸药、燃料等主要材料进行估算。主要建筑材料应根据工程建筑规模、工程量，按照材料消耗指标计算主要建筑材料的数量。应根据施工总进度计划，编制主要建筑材料分年度供应计划。

14.2.1　材料需要量估算依据

（1）主体工程各单项工程的分项工程量。

（2）各种临时建筑工程的分项工程量。

（3）其他工程的分项工程量。

（4）材料消耗指标一般以部颁定额为准，当有试验依据时，以试验指标为准。

（5）各类燃油、燃煤机械设备的使用台班数。

（6）施工方法，原材料本身的物理、化学、几何性质。

14.2.2　主要材料汇总

主要材料用量，应按单项工程汇总并小计用量，最后累计全部工程主要材料用量。汇总工作可按表14.1型式进行。

表14.1　　　　　　　　　　　　主要材料汇总表

序号	单项工程名称	工程部位	主要材料用量					
			钢材	木材	水泥	炸药	燃　料	
							汽油	柴油
		小　　计						

14.2.3　编制分期供应计划

（1）根据施工总进度计划的要求，在主要材料计算和汇总的基础上编制分期供应计划。

（2）分期材料需要量，应区分材料种类、工程项目，计算分期工程量占总工程量的比例，并累计整个工程在各时段中的材料需用量。计算表的型式见表14.2。

表14.2　　　　　　　　　　　　材料分期需要量计算表

材料种类	单项工程或部位名称	该工程或部位材料耗用总量	计　算　项　目	分　期　用　量		
				第　年	第　年	第　年
			分期工程量占总工程量比例 材料分期用量			
	小计					

（3）材料供应至工地时间应早于需要时间，并留有验收、材料质量鉴定、出入库等时间。

（4）如考虑某些材料供应的实际困难，可在适当时候多供应一定数量，暂时储存以备后用。但储存时间不能超过有关材料管理和技术规程所限定的时间，同时应考虑资金周转等问题。

（5）供应计划应按各种材料品种或规格、产地或来源分列供应数量和小计供应量。主要材料分期供应量表的型式见表14.3。

表14.3　　　　　　　　　　　　　　　　主要材料分期供应量表

材料名称	品种或规格	产地或来源	分期供应量												
			第　年				第　年				第　年			
			1	2	3	4	1	2	3	4	1	2	3	4
水泥															
	小　计														
	合　计														

根据施工总进度的安排和定额资料的分析，对主要建筑材料（如钢材、钢筋、木材、水泥、粉煤灰、油料、炸药等）和主要施工机械设备，列出总需要量和分年需要量计划。必要时还需提出进行试验研究和补充勘测的建议，为进一步深入设计和研究提供依据。主要技术经济指标是对确定的施工方案及施工部署的技术经济效益进行全面的评价，用以衡量组织施工水平。一般用施工周期、劳动生产率、质量、成本、安全、节约"三材"（钢材、木材、水泥）等指标表示，并制定相应的保证措施。

14.3　施工机械需用量计划

施工机械是施工生产要素的重要组成部分。现代工程项目都要依靠使用机械设备才能完成任务。随着科学技术不断发展，新机械、新设备层出不穷，大型的资金密集型和技术密集型的机械在现代机械化施工中起着越来越重要的作用。

14.3.1　施工机械设备的选择

正确拟定施工方案和选择施工机械是合理组织施工的关键。施工方案要做到技术上先进、经济上合理，满足保证施工质量，提高劳动力生产率，加快施工进度及充分利用机械的要求；而正确选择施工机械设备能使施工方法更为先进、合理，又经济。因此施工机械选择的好坏很大程度上决定了施工方案的优劣。所以，在选择施工机械时应遵照以下原则。

（1）适应工地条件，符合设计和施工要求，保证工程质量，生产能力满足施工强度要求。

选择的机械类型必须符合施工现场的地质、地形条件及工程量和施工进度的要求等。为了保证施工进度和提高经济效益，工程量大的采用大型机械，否则选用小型机械，但这并不是绝对的。例如某工程大型工程施工地区偏僻，道路狭窄，桥梁载重量受到限制，大型机械不能通过，为此要专门修建运输大型机械的道路、桥梁，显然是不经济的，所以选用中型机械较为合理。

（2）设备性能机动、灵活、高效、能耗低、运行安全可靠。选择机械时要考虑到各种机械的合理组合，这是决定所选择的施工机械能否发挥效率的重要因素。合理组合主要包括主机与辅助机械在台数和生产能力的相互适应以及作业线上的各种机械相配套的组合。首先主机与辅助机械的组合，必须保证在主机充分发挥作用的前提下，考虑辅助机械的台数和生产能力。其次一种机械施工作业线是几种机械联合作业组合成一条龙的机械化施工，几种机械的联合才能形成生产能力。如果其中某一种机械的生产能力不适应作业线上的其他机械的生产能力或机械可靠性不好，都会使整条作业线的机械发挥不了作用。

（3）通用性强，能满足在先后施工的工程项目中重复使用。

（4）设备购置及运行费用较低，易获得零配件，便于维修、保养、管理和调度。

施工机械固定资产损耗费（折旧费用、大修理费等）与施工机械的投资成正比，运行费（机上人工费、动力、燃料费等）可以看作与完成的工程量成正比。这些费用是在机械运行中重点考虑的因素。大型机械需要的投资大，但如果把其分摊到较大的工程量中，对工程成本的影响就很小。所以，大型工程选择大型的施工机械是经济的。为了降低施工运行费，要合理配套，一定要以满足施工需要为目的。

设备采购应通过市场调查，一般机械应为常用机型，有利于施工单位自带，少量大型、特殊机械，可由业主单位采购，提供施工单位使用。零配件供应一般由施工单位自行解决。

14.3.2 施工机械设备汇总平衡

在施工机械设备选型后，应进行主要施工机械设备的汇总工作。汇总时按各单项工程或辅助企业汇总机械设备的类型、型号、使用数量，分别了解其使用时段、部位、施工特点及机械使用特点等有关资料。

14.3.2.1 施工机械设备平衡

施工机械设备平衡的目的是在保证施工总进度计划的实施、满足施工工艺要求的前提下，尽量做到充分发挥机械设备的效能，配套齐全，数量合理，管理方便和技术经济效益显著，并最终反映到机械类型、型号的改变、配置数量的变化上。一般情况下，施工机械设备平衡的主要对象是主要的土石方机械、运输机械、混凝土机械、起重机械、基础处理机械和主要辅助设备等几大类不固定设置的机械。

机械平衡的主要内容是同类型机械设备在使用时段上的平衡，同时应注意不同施工部位、不同类型或型号的互换平衡。平衡内容和主要原则见表14.4。

14.3.2.2 施工机械设备总需要量计算

机械设备总需要量

$$N = \frac{N_0}{1-\eta} \tag{14.1}$$

式中　N——某类型或型号机械设备总需要量；

　　　N_0——某类型或型号机械设备平衡后的历年最高使用数量；

　　　η——备用系数，可参考表14.5选用。

表 14.4 　　　　　　　　　　　机械设备平衡的内容与原则

平衡内容		平 衡 原 则	
		施工单位不明确	施工单位明确
使用上的平衡		由大型、高效机械充当骨干	现有大型机械充当骨干，同时注意旧机械更新
		中小型机械起填平补齐作用	
型号上的平衡		型号尽力简化，以高效能、调动灵活机械为主；注意一机多能；大中小型机械保持适当比例	使现有机械配套
数量上的平衡		数量合理	减少机械数量
时间上的平衡		利用同一机械在不同时间、作业场所发挥作用	
配套平衡		机械设备配套应由施工流程决定。多功能、服务范围广的机械应与大多数作业的其他机械配套选择；施工机械应与相应的检修、装拆设施水平相适应	
其他	机械拆迁	减少重型机械的频繁拆迁、转移	
	维修保养	配件来源可靠、有与之相适应的维修保养能力	
	机械调配	有灵活可靠的调配措施	

表 14.5 　　　　　　　　　　　备用系数 η 参考值

机械类型	η	机械类型	η
土石方机械	0.10～0.25	运输机械	0.15～0.25
混凝土机械	0.10～0.15	起重机械	0.10～0.20

计算机械总需要量时，应注意以下几个问题。

（1）总需要量应在机械设备平衡后汇总数量的基础上进行计算。

（2）同一作业可由不同类型或型号机械互代（即容量互补），且条件允许时，备用系数可适当降低。

（3）对生产均衡性差、时间利用率低、使用时间不长的机械，备用系数可以适当降低。

（4）风、水、电机械设备的备用量应专门研究。

（5）确定备用系数时间，应考虑设备的新旧程度、维修能力、管理水平等因素，力争做到切合实际情况。

14.3.2.3　施工机械设备总量及分年供应计划

1. 机械设备数量汇总表

表 14.6 为机械设备数量汇总表，本表汇总数字为机械设备平衡后，并考虑了备用数的总需要量。表中应包括主要的、配套的全部机械设备。

2. 分年度供应计划制订

施工机械设备分年度供应计划表（表 14.7），制表时应注意以下几点。

（1）分年供应计划在机械设备平衡表、平衡后的机械设备数量汇总表的基础上编制，反映机械进场的时间要求。

表 14.6　　　　　　　　　　　　　**机械设备数量汇总表**

编号	施工机械设备名称及型号	功率	制造厂家	总需要量	现有数量	尚缺机械设备数量		
						新购	调拨	总数
设备总量								

表 14.7　　　　　　　　　　　　　**机械设备分年度供应计划表**

统一编号	机械类型	机械名称型号	机械来源	供应数量												不同来源机械供应总数	说明
				××××年				××××年				××××年					
				×季度	×季度	×季度	×季度	×季度	×季度	×季度	×季度	×季度	×季度	×季度	×季度		
小　计																	

（2）分年度供应计划应分类型列表，分类型小计。

（3）供应时间应早于使用时间，从机械设备全部运抵工地仓库时起至能实际运用止，应包括清点、组装、试运转等时间。对于技术先进的机械设备，还应包括技术工人培训时间。

（4）考虑设备进场以及其他实际问题，备用数量可分阶段实现，但供应数不得低于实际使用数量。

（5）制订分年供应计划，应对设备来源进行调查。如供应型号不能满足要求时，应与专业设计人员协商调整型号。

（6）机械设备来源包括自备，调拨，购置（国产、进口），租赁等。

15 土石坝施工组织措施

知识目标：了解施工质量控制过程、高处作业分级和文明施工、环保措施等，熟悉一般工程施工、高处作业、临边、临口安全技术措施、冬雨季施工措施，掌握施工质量控制措施。

能力目标：能编制施工技术组织措施。

主要技术组织措施中应重点包括保证施工质量控制措施、施工安全措施、冬雨季施工措施、文明施工、环保措施等。

15.1 施工质量控制措施

15.1.1 质量控制过程

质量控制是在明确质量目标的条件下通过行动方案和资源配置的计划、实施、检查和监督来实施项目目标的过程。将质量目标过程分为事前预控、事中控制和事后控制三个过程。

15.1.1.1 事前质量预控

事前控制是通过编制施工质量计划、施工组织设计等，运用目标管理的手段，实现施工质量的预控。主要从施工组织机构、施工人员、施工环境、施工原始基准点和基准线的复核、施工测量仪器性能及指标、施工原材料及构配件、料场的质量检查与迫近控制、施工工艺、填土的设计参数、设计交底和施工图纸的现场检校等方面，在事前对影响工程质量的各种因素加以控制，尽量避免在施工过程中出现问题。

15.1.1.2 事中质量控制

事中控制也称作业过程中的质量控制。施工中要严格坝面的质量控制与检查，确定合理的坝面分区。土石坝坝面作业的主要工序包括铺土地、平土、压实、质检几道工序，施工中按照操作规程进行操作，按设计的铺土进度进行铺料、规定的碾压遍数进行碾压，对心墙部位要合理调整含水率，选择合适的碾压机具。压实后对坝面填筑的干密度进行检查和测定。落实"三检制"，通过自检、互检、交接检，上一道工序不合格，不得进入下一道工序，尽量减少质量失误。

15.1.1.3 事后质量控制

事后质量控制，即事后质量把关，是根据当期施工结果与计划目标的分析比较，提出控制措施，在下一轮施工活动中实施控制的方式，以使不合格的工序或产品不流入后道工序、不流入市场。事后控制是以反馈信息实施控制，控制的重点是今后的生产活动。

（1）施工过程中的不合格工序产品做好采取三不放过的原则，标志和隔离，制定纠正措施，并跟踪检查整改情况，及时评定质量等级。

（2）按照规定的质量评定标准和办法，对完成的分项、分部工程、单位工程进行质量初评。

（3）与监理单位及建设单位密切配合，搞好工程分阶段验收及竣工验收的初验、报验、验收工作，并及时按整改单的要求实施整改，办理验收和移交手续。

（4）及时整理和搜集工程施工资料，并编目建档，做到资料齐全、准确、标准。验收前提前 10 天送监理人员和质监站审核，确保顺利交验。

15.1.2 质量控制措施

15.1.2.1 落实质量责任制

在土石坝施工中，为实现工程质量目标，必须设立由项目总经理统一领导部署的项目经理部，由总工程师协调工程施工质量工作，下设技术部和质检部，具体负责施工全过程的质量管理工作，施工单位的质量保证体系及有关的质量管理规定应报监理工程师审批后实施。施工实行分级管理，将质量责任层层落实，以质量管理制度规范质量管理、规范人的行为，使施工质量管理措施有计划、有序和规范化地实施。

15.1.2.2 进行图纸会审

图纸会审是指工程各参建单位（建设单位、监理单位、施工单位、各种设备厂家）在收到设计院施工图设计文件后，对图纸进行全面细致的熟悉，审查出施工图中存在的问题及不合理情况并提交设计院进行处理的一项重要活动。图纸会审目的在于发现、更正图纸中的差错，对不明确的设计意图进行补充，对不便于施工的设计内容协商更正。

会审主要内容包括设计文件是否符合施工技术水平、装备条件，需要采取特殊措施时，技术上有无困难，能否保证施工安全；设计计算是否符合实际情况；建筑、结构和设备安装各专业有无重大矛盾等。审查出来的问题经建设（监理）、施工、设计三方治商，由设计单位修改，建设（监理）单位向施工单位签发联系单才有效。

15.1.2.3 材料采购环节的控制

建筑工程项目质量高低，很大程度上取决于原材料质量的优劣，《中华人民共和国建筑法》明确指出勘察、设计文件应当符合有关法律、行政法规的规定和建筑工程质量、安全标准、建筑工程勘察、设计技术规范以及合同的约定。设计文件选用的建筑材料、建筑构配件和设备，应当注明其规格、型号、性能等技术指标，其质量要求必须符合国家规定的标准，要把住"四关"，即采购关、检测关、运输保险关和使用关。严格检查进场的材料、构配件及设备的出厂证明、技术合格证及质量保证书及技术鉴定文件等，必要时还需要进行抽检或试验。

建筑材料应重点检验的内容：钢筋的出厂证明书、试验报告单，钢筋级别、种类、直径及锈蚀情况，必要时抽样送检；水泥的出厂合格证、出厂日期、进场试验结果报告以及品种和标号；骨料除按设计的规范要求检查级配、料径、允许含泥量外，还应注意禁用含风化的碎石；钢筋、混凝土构件要送实验室进行检验；对砂石的粒径、含水率、混凝土的配合比、坍落度都要严格把关。

15.1.2.4　严格技术交底

施工前，认真做好施工任务书的签发工作，各项目负责人施工前必须有书面的技术交底，主要内容包括工作内容、施工工艺过程技术要求、质量要求、完成时间等。

15.2　施工安全措施

15.2.1　一般工程安全技术措施

一般性工程安全技术措施包括土石方工程、脚手架工程、临边临口、安全防护措施。

15.2.1.1　土石方工程

1.基本规定

（1）土石方施工前，应掌握必要的工程地质、水文地质、气象条件、环境因素等勘测资料，根据现场的实际情况，制定施工方案。施工中应遵循各项安全技术规程和标准，按施工方案组织施工，在施工中注意加强对人、机、物、环等因素的安全控制，保证作业人员、设备的安全。

（2）开挖过程中应充分重视地质条件的变化，遇到不良地质构造和存在的安全隐患部位应及时采取防范措施。施工中如发现可疑物品时，应立即停止开挖，报请有关部门处理。

（3）开挖过程中，应采取有效地截水、排水措施，防止地表水和地下水影响开挖作业和施工安全。

（4）开挖程序应遵循自上而下的原则，并采取有效的安全措施。

（5）应合理确定开挖边坡的坡比，及时制定边坡支护方案。

2.土方明挖

土方作业应遵守下列规定。

（1）人工挖土的操作人员之间，应保持足够的安全距离，横向间距不小于 2m，纵向间距不小于 3m。

（2）开挖应遵循自上而下的原则，不应掏根挖土和反坡挖土。

（3）边坡开挖过程中如遇地下水涌出，应先排水、后开挖。开挖工作应与装运作业面相互错开，应避免上、下交叉作业。

（4）边坡开挖影响交通安全时，应设置警示标志，严禁通行，并进行交通疏导。边坡开挖时，应及时消除松动的土体和浮石，必要时应进行安全支护。

（5）已开挖的地段，不应顺土方坡面流水，必要时坡顶应设置截水沟。

（6）在接近建筑物、设备基础、路基、高压铁塔、电杆待构筑物挖土时，应制定防坍塌的安全措施。

3.石方明挖

（1）开挖作业开工前应将设计边线外至少 10m 范围内的浮石、杂物清除干净，必要时坡顶应设截水沟，并设置安全防护栏杆。

（2）对开挖部位设计开口线以外的坡面、岸坡和坑槽开挖，应进行安全处理后再作业。

（3）对开挖深度较大的坡面，每下降 5m，应进行一次清坡、测量、检查，在悬崖 35°以上的陡坡上作业应系好安全绳，配戴安全带，严禁多人共用一根安全绳。

15.2.1.2　脚手架工程

1. 拆除前必须完成的准备工作

（1）全面检查脚手架的扣件连接、连墙件、支撑体系是否符合安全要求。

（2）根据检查结果，补充完善排架拆除方案，并经主管部门批准后方可实施。

（3）三级、特级及悬空高处作业使用的脚手架拆除时，必须事先制定出拆除安全技术措施，并经单位技术负责人批准后方可进行拆除。

（4）拆除安全技术措施应由单位工程负责人逐级进行技术交底。

（5）应先行拆除或加以保护架子上的电气设备和其他管、线路，机械设备等。

（6）清除脚手架上杂物及地面障碍物。

2. 拆除应符合以下要求

（1）架子拆除时，应统一指挥。拆除顺序应逐层由上而下进行，严禁上下同时拆除或自下而上拆除；严禁将整个脚手架推倒的方法进行拆除。

（2）所有连墙件应随脚手架逐层拆除，严禁先将连墙件整层或数层拆除后再拆除脚手架；分段拆除高差不应大于 2 步，如高差大于 2 步，应增设连墙件加固。

（3）当脚手架拆至下部最后一根长钢管的高度（约 7.5m）时，应先在适当位置搭临时抛撑加固，后拆连墙件。

（4）当脚手架采取分段、分立面拆除时，对不拆除的脚手架两端，应先设置连墙件和横向支撑加固。

3. 卸料应符合以下要求

（1）拆下的材料，禁止往下抛掷，应用绳索捆牢逐根放下（小型构配件用袋、篓装好运至地面）或用滑车、卷扬机等方法慢慢放下，集中堆放在指定地点。

（2）拆除脚手架的区域内，地面应设围栏和警戒标志，并派专人看守，严禁非操作人员入内。在交通要道处应设专人警戒。

（3）运至地面的构配件应按规定的要求及时检查整修和保养，并按品种、规格随时码堆存放，置于干燥通风处，防止锈蚀。

15.2.2　高处作业安全防护

15.2.2.1　高处作业

1. 高处作业分级

凡在坠落高度基准面 2m 以上有可能坠落的高处进行的作业均称为高处作业。作业高度在 2～5m 时，称为一级高处作业；作业高度在 5～15m 时，称为二级高处作业；作业高度在 15～30m 时，称为三级高处作业；作业高度在 30m 以上时，称为特级高处作业。

2. 高处作业安全措施

（1）高处作业前应检查排架脚手板、通道、马道、梯子和防护设施，符合安全要求方可作业。高处作业使用的脚手架平台，在铺设固定脚手板临空边缘时应设高度不低于

1.2m 的防护栏杆。

（2）在坝顶、陡坡、屋顶、悬崖、杆塔、吊桥、脚手架以及其他危险边沿进行悬空高处作业时，临空面应搭设安全网或防护栏杆。

（3）安全网应随建筑物升高而提高，安全网距离工作面的最大高度不应超过 3m，安全网搭设外侧应比内侧高 0.5m，长面拉直拴牢在固定的架子或固定环上。

（4）在带电体附近进行高处作业时，距带电体的最小安全距离应满足相关规定。如遇特殊情况，应采取可靠的安全措施。

（5）高处作业使用的工具、材料等不应掉下，严禁使用抛掷方法传送工具、材料，小型材料或工具应该放在工具箱或工具袋内。

（6）在 2m 以下高度进行工作时，可使用牢固的梯子高凳或设置临时小平台，严禁站在不牢固的物件（如箱子、铁桶、砖堆等物）上进行工作。

（7）从事高处作业时作业人员应系安全带，高处作业的下方应设置警戒线或隔离防护棚等安全措施，高处作业时应对下方易燃、易爆物品进行清理和采取相应措施后，方可进行电焊、气焊等动火作业，并应配备消防器材和专人监护。

（8）霜、雪季节高处作业应及时清除各走道、平台、脚手板工作面等处的霜、雪、冰，并采取防滑措施，否则不应施工。

（9）高处作业使用的材料应随用随吊，用后及时清理。在脚手架或其他物架上临时堆放物品，严禁超过允许负荷。

（10）上下脚手架、攀登高层构筑物应走斜马道或梯子，不应沿绳、立杆或栏杆攀爬。高处作业时不应坐在平台、孔、洞、井口边缘，不应骑坐在脚手架、栏杆，躺在脚手板上或安全网内休息，不应站在栏杆外的探头板上工作或凭借栏杆起吊物件。

（11）高处作业周围的沟道、孔洞、井口等，应用固定盖板盖牢或设围栏，遇有 6 级及以上的大风严禁从事高处作业。

（12）进行三级特级悬空高处作业时，应事先制定专项安全技术措施，施工前应向所有施工人员进行技术交底。

15.2.2.2 "临口"安全防护措施

"临口"是建筑施工中的楼梯口、预留口、通道口、电梯井口，它是容易发生事故的部位，由此做好"四口"的安全防护工作是保证施工安全的一个重要环节。土石坝施工重点防护部位如下。

1. 电梯井口

在电梯井口设防护栏或固定栅门与工具式栅门，栅门网格的间距不应大于 15cm，高度不低于 1.5m。并在电梯井内每隔两层（不大于 10m）设置一道安全平网。平网固定牢靠耐重力冲击，网内应无杂物。网与井壁间隙不大于 10cm。当防护高度超过一个标准层时，不得采用脚手板等硬质材料做水平防护。

2. 预留口

（1）按照《建筑施工高处作业安全技术规范》（JGJ 80—2011）的规定，对孔洞口（水平孔洞短边尺寸大于 25cm 的，竖向孔洞高度大于 75cm 的）都要进行防护。

（2）较小的洞口可临时砌死或用定型盖板盖严；较大的洞口可采用穿于混凝土板内的

钢筋构成防护网，上面铺满脚手板；边长在1.5m以上的洞口，张挂安全平网并在四周设防护栏杆。

（3）在施工现场中根据洞口大小及作业条件，形成定型化，不允许由作业人员随意找材料盖上的临时做法，防止由于不严密、不牢固而存在事故隐患。

15.2.2.3　临边安全防护措施

（1）按照《建筑施工高处作业安全技术规范》(JGJ 80—2011)的规定，在施工现场，工作面边、沿无防护设施或围护设施高度低于80cm时，都要按规定搭设临边防护栏杆。

（2）有以下情况必须设置防护栏杆：尚未装栏板的平台周边、基坑周边都必须设置防护栏杆。当在基坑四周固定时，可采用钢管并打入地面50～70cm深。钢管离边口的距离，不应小于50cm。当基坑周边采用板桩时，钢管可打在板桩外侧。

（3）临边防护栏杆要由栏杆立柱和上下两道横杆组成，栏杆选材应满足力学条件外，其规格尺寸和连接方式还应符合构造的要求，应紧固而不动摇，能够承受突然冲击，阻挡人员在可能状态下的下跌和防止物料的坠落，还要有耐久性。

（4）防护栏杆上杆离地高度为1.0～1.2m，下杆离地高度为0.5～0.6m，坡度大于1：2.2的层面，防护栏杆应高于1.5m，并加挂安全立网。除经设计计算外，横杆长度大于2m时，必须加设栏杆柱。

（5）栏杆柱的固定及其与横杆的连接，整体构造应使防护栏杆在上杆任何处，能经受任何方向的1000N外力。在栏杆所处位置有人群拥挤或物件碰撞等可能的地方应加密立柱间距。

（6）防护栏杆必须自上而下用安全网封闭，并系牢固，不许漏绑和有漏洞。

15.3　冬雨季施工措施

15.3.1　土方工程冬季施工

土方工程冬雨季施工，使施工的有效工作日大为减少，造成施工强度不均衡，增加施工难度，甚至延误工期。因此采取经济合理的措施进行冬季作业很有必要。

在寒冷地区的冬季，气温常在零摄氏度以下，由于土料冻结，给土方工程施工带来很大的困难。规范规定：当日平均气温低于0℃时，黏性土应按低温季节施工；当日平均气温低于−10℃时，一般不宜填筑土料，否则应进行技术经济论证。

土方工程冬季施工的关键是防止土料的冻结。通常采用防冻、保温、加热三方面措施。

15.3.1.1　防冻

（1）降低土料含水率。在入冬前，采用明沟截、排地表水或降低地下水位，使砂砾料的含水率降低到最低限度；对黏性土将其含水率降低到塑限的90%以下，并在施工中不再加水。若土料中含在冻土块，其含量不得超过15%，且不得集中，冻土块直径不能超过层厚的1/3～1/2。

（2）降低土料冻结温度。在填土中加入1%的盐，降低土料冻结温度，使填筑工作在−12℃的低温下仍能继续施工，有利于快速、连续施工。

（3）加大施工强度，保证填土连续作业。采用严密的施工组织，严格控制各工序的施工速度，使土料在运输和填筑过程中的热量损失最小，下层土料未冻结前被新土迅速覆盖，以利于上下层间的良好结合。发现冻土应及时清除。

15.3.1.2　保温

土料保温也是为了防冻，可用隔热措施对土料保温，及时做好保温覆盖，各层互相搭接严密，敷设时要注意防潮和防止透风，对于结构构件的边棱，端部和凸角，要特别加强保温、挡风。土料的隔热有以下方法。

（1）覆盖隔热材料。对开挖面积不大的料场，可覆盖树枝、树叶、干草、锯末等保温材料。

（2）覆盖积雪。积雪是天然的隔热保温材料，覆盖一定厚度的积雪可以达到一定的保温效果。

（3）冰层保温。采取一定措施，在开挖土料表面形成 10～15cm 厚度冰层，利用冰层下的空气隔热，对土料进行保温。

（4）松土保温。在寒潮到来前，对将要开采的料场表层土料翻松、击碎，并平整至 25～35cm 厚，利用松土内的空气隔热保温。

一般来讲，开采土料温度不低于 5～10℃，压实温度不低于 2℃，便能保证土料的压实效果。

15.3.1.3　加热

当气温低、风速过大，不能保证施工要求的最低温度，则采用加热和保温相结合的暖棚作业，在棚内用蒸气和火炉升温。蒸气可以用暖气管或暖气包放热。暖棚作业费用高，搭盖的范围也不可能太大，通常只有在冬季较长地区，质量要求很高，工期很紧，工作面狭长便于搭建暖棚的情况下使用。

15.3.2　土方工程雨季施工

在多雨的地区进行土方工程施工，特别是黏性土，常因含水率过大而影响施工质量和施工进度。因此，规范要求：土方施工尽可能安排在少雨季节，若在雨季或多雨地区施工，应选用合适的土料和施工方法，并采取可靠的防雨措施。雨季作业通常采取以下措施。

15.3.2.1　改进黏性土特性，使之适应雨季作业

在土料中掺入一定比例的砂砾料或岩石碎屑，滤出土料中的水分，降低土料含水率。

15.3.2.2　合理安排施工，改进施工方法

对含水率高的料场，采用推土机平层松土取料，有利于降低含水率；利用晴天多采土，加强料场对合格土料的储备，堆成土堆，并将土堆表面压实抹光，以利排水，形成储备土料的临时土库，即所谓"土牛"；充分利用气象预报资料，晴天安排黏土施工，雨天或雨后安排非黏性土施工。

15.3.2.3　增加防雨措施，保证更多有效工作日

对作业面狭长的土方填筑工程，雨季施工可以采用搭建防雨棚的方法，避免雨天停工，争取更多的工作天数；或在雨天到来时，用帆布或塑料薄膜加以覆盖；当雨量不大，降雨历时不长，可在降雨前迅速撤离施工机械，然后用平碾或振动碾将土料表面压成光

面，并使其表面向一侧倾斜，以利排水。

15.4　文明施工措施

文明施工是施工管理以人为本，各项管理工作标准化，现场有围挡、大门、材料堆放整齐，生活设施清洁，工人行为文明，有良好的施工和生活环境。创文明工地就是创安全工地，施工的文明将带来施工的安全。创文明工地的目的是树立文明形象、确保生产安全。在上述文明工地标准管理规定中，绝大多数的规定都与确保职工的安全与健康有关，它们几乎概括了安全生产方方面面的管理要求。

15.4.1　场容场貌的规定

工地区域分布合理有序、场容场貌整洁文明。施工区域与生活区域严格分隔，场容场貌整齐、整洁、有序、文明、材料区域堆放整齐，并采取安全保卫措施。

1. 现场围挡

（1）市区主要路段的工地周围应设置高度不得小于 2.5m 的封闭围挡；一般路段的工地周围必须设置高度不得小于 1.8m 的封闭围挡。

（2）围挡材料应坚固、稳定、整洁、美观，围挡应沿工地四周连续设置。

2. 封闭管理

（1）施工现场出入口应设置大门，大门口应有门卫室。

（2）应有门卫和门卫制度，进入施工现场应佩戴工作卡。

（3）施工现场出入口应标有企业名称或标识，并应设置车辆冲洗设施。

（4）设置"六牌一图"施工标牌。在工地主要出入口设置工程六牌，六牌是指工程概况牌、管理人员名单及监督电话牌、消防保卫牌、安全生产牌、文明施工牌、重大危险源警示牌；一图是指施工现场总平面布置图。

3. 施工场地

（1）现场的主要道路及材料加工区必须进行硬化处理。

（2）现场道路应畅通，路面应平整坚实。

（3）现场作业、运输、存放材料等采取的防尘措施应齐全、合理。

（4）排水设施应齐全、排水通畅，且现场无积水。

（5）应有防止泥浆、污水、废水外流或堵塞下水道和排水河道的措施。

（6）应设置吸烟处，禁止随意吸烟。

（7）温暖季节应有绿化布置。

4. 现场材料

（1）建筑材料、构件、料具应按总平面布局进行码放。

（2）材料布局应合理、堆放整齐，并标明名称、规格等。

（3）建筑物内施工垃圾的清运，必须采用相应器具或管道运输，严禁随意凌空抛掷。

（4）应做到工完场地清。

（5）易燃易爆物品必须采取防火、防暴晒等措施，并进行分类存放。

15.4.2　工地卫生的规定

1. 现场住宿

（1）在建工程、伙房、库房内，严禁住人。

（2）施工作业区、材料存放区与办公区、生活区应划分清晰，并采取相应的隔离措施。

（3）宿舍必须设置可开启式窗户。

（4）宿舍内必须设置床铺且不得超过 2 层，严禁使用通铺，室内通道宽度不得小于0.9m，每间居住人员不得超过 16 人。

（5）宿舍内应有保暖和防煤气中毒措施。

（6）宿舍内应有消暑和防蚊蝇措施。

（7）生活用品摆放整齐，环境卫生应良好。

2. 食堂达到卫生要求

（1）食堂的搭设应符合规定并办理报批手续。

（2）食堂内和四周应整齐清洁，没有积水。

（3）盛器应有生熟标记，配纱罩，有条件的食堂应密封间。

（4）每年 5—10 月，中、夜两餐食品都要留样（不少于 50g），保持 24h 并做好记录。

（5）餐具、茶具要严格消毒，使用的代价券每天消毒、防止交叉污染，茶水的供应应符合卫生要求。

（6）炊事员每年进行体检，持有健康证和卫生上岗证，并必须做到"四勤""三白"，保持良好的个人卫生习惯。

（7）生活垃圾装于容器、放置定点，有专人管理，定时清理。

15.4.3　现场防火

（1）必须有消防措施、制度及灭火器材。

（2）现场临时设施的材质和选址必须符合环保、消防要求。

（3）易燃材料不得随意码放，灭火器材布局、配置应合理且不能失效。

（4）必须有消防水源（高层建筑），且能满足消防要求。

（5）必须履行动火审批手续，且有动火监护人员。

15.5　施工环保措施

建立完善以项目经理为组长的施工环保组织机构，运用科学管理方法组织施工，明确绿色施工工作方针和目标，确定人员及相应的职责。实行项目经理负责制，项目经理对施工期间的环境保护工作负全面责任，施工现场应有防粉尘、防噪声、防光污染、防水污染等措施；应建立施工不扰民管理措施。

15.5.1　防尘措施

（1）结构施工、安装装饰装修阶段，作业区目测扬尘高度小于 0.5m。对易产生扬尘的堆放材料应采取覆盖措施；对粉末状材料应封闭存放；场区内可能引起扬尘的材料及建筑垃圾搬运应有降尘措施，如覆盖、洒水等；浇筑混凝土前清理灰尘和垃圾时尽量使用吸尘器，避免使用吹风器等易产生扬尘的设备；机械剔凿作业时可用局部遮挡、掩盖、水淋等防护措施；高层或多层建筑清理垃圾应搭设封闭性临时专用道或采用容器吊运。

（2）运送土方、垃圾、设备及建筑材料等，不污损场外道路。运输容易散落、飞扬、流漏的物料的车辆，必须采取措施封闭严密，保证车辆清洁。施工现场出口应设置洗车槽。

（3）土方作业阶段，采取洒水、覆盖等措施，达到作业区目测扬尘高度小于 1.5m，不扩散到场区外。

（4）施工现场非作业区达到目测无扬尘的要求。对现场易飞扬物质采取有效措施，如洒水、地面硬化、围挡、密网覆盖、封闭等，防止扬尘产生。

（5）构筑物机械拆除前，做好扬尘控制计划。可采取清理积尘、拆除体洒水、设置隔挡等措施。

（6）构筑物爆破拆除前，做好扬尘控制计划。可采用清理积尘、淋湿地面、建筑外设高压喷雾状水系统等综合降尘。选择风力小的天气进行爆破作业。

15.5.2　噪声与振动控制

（1）现场噪声排放不得超过国家标准《建筑施工场界环境噪声排放标准》（GB 12523—2011）的规定。

（2）在施工场界对噪声进行实时监测与控制。监测方法执行国家标准《建筑施工场界环境噪声排放标准》（GB 12523—2011）。

（3）使用低噪声、低震动的机具，采取隔音与隔震措施，避免或减少施工噪声和震动。

15.5.3　光污染控制

（1）尽量避免或减少施工过程中的光污染。夜间室外照明灯加设灯罩，透光方向集中在施工范围。

（2）电焊作业采取遮挡措施，避免电焊弧光外泄。

15.5.4　水污染控制

（1）在施工现场应针对不同的污水，设置相应的处理设施，如沉淀池、隔油池、化粪池等。

（2）施工现场污水排放应达到国家标准《污水综合排放标准》（GB 8978—1996）的要求。

（3）污水排放应委托有资质的单位进行废水水质检测，提供相应的污水检测报告。

（4）保护地下水环境。采用隔水性能好的边坡支护技术。在缺水地区或地下水位持续下降的地区，基坑降水尽可能少地抽取地下水；当基坑开挖抽水量大于 50 万 m^3 时，应进行地下水回灌，并避免地下水被污染。

（5）对于化学品等有毒材料、油料的储存地，应有严格的隔水层设计，做好渗漏液收集和处理。

15.5.5　建筑垃圾控制

（1）制订建筑垃圾减量化计划，如住宅建筑，每万平方米的建筑垃圾不宜超过 400t。

（2）加强建筑垃圾的回收再利用，力争建筑垃圾的再利用和回收率达到 30%，建筑物拆除产生的废弃物的再利用和回收率大于40％。对于碎石类、土石方类建筑垃圾，可采用地基填埋、铺路等方式提高再利用率，力争再利用率大于50％。

（3）施工现场生活区设置封闭式垃圾容器，施工场地生活垃圾实行袋装化，及时清运。对建筑垃圾进行分类，并收集到现场封闭式垃圾站，集中运出。

15.5.6 节材与材料资源利用技术要点

（1）图纸会审时，应审核节材与材料资源利用的相关内容，达到材料损耗率比定额损耗率降低30％。

（2）根据施工进度、库存情况等合理安排材料的采购、进场时间和批次，减少库存。

（3）现场材料堆放有序。储存环境适宜，措施得当。保管制度健全，责任落实。

（4）材料运输工具适宜，装卸方法得当，防止损坏和遗洒。根据现场平面布置情况就近卸载，避免和减少二次搬运。

（5）采取技术和管理措施提高模板、脚手架等的周转次数。

（6）优化安装工程的预留、预埋、管线路径等方案。

（7）应就地取材，施工现场500km以内生产的建筑材料用量占建筑材料总重量的70％以上。

15.6 水土保持措施

土石坝工程一般位于山区或丘陵区，该类区域由于地形、降雨、重力、人为等因素容易发生水土流失现象；土石坝项目中土石料场、上坝道路、溢洪道、施工导流、坝肩及基础等往往涉及大量的土石方开挖、回填及调运，如处理不当将造成严重水土流失；土石坝项目若有弃渣产生要设置弃渣场，如不做好防护，极易发生滑坡、泥石流等水土流失灾难性事件；土石坝、管理房等建筑物占地及上游淹没区域等永久占地往往涉及耕地、园地、林地及草地等土地利用类型，这些地类往往含丰富的表土资源，应剥离、保存、防护并综合利用；土石坝工程施工临时设施（如施工生产生活区、临时堆料场、临时道路）等临时占地，在施工过程中应予以防护，施工结束后恢复原有状态。

15.6.1 土石坝选址和选线

土石坝选址、选线必须兼顾水土保持要求，应避开泥石流易发区、崩塌滑坡危险区以及易引起严重水土流失和生态恶化的地区，应避开全国水土保持监测网络中的水土保持监测站点、重点试验区，不得占用国家确定的水土保持长期定位观测站。

15.6.2 施工占地

土石坝、管理房等建筑物占地及上游淹没区域等永久占地若涉及耕地、园地、林地及草地等土地利用类型，应根据实际调查确定是否剥离表层土，若剥离应根据土地利用类型、位置确定剥离厚度。剥离的表土可用于本项目后期绿化或外运综合利用，本项目利用的表土应临时堆置，临时堆置的表土应做好拦挡及排水防护。

施工临时设施，如施工生产生活区、临时堆料场等临时占地，在施工过程中应予以防护，施工生产生活区四周及临时道路两侧应布设临时排水及沉砂等措施，临时堆料场（含表土堆放场、临时堆土场、土方中转场等）四周应设置拦挡、临时排水及沉砂等措施。施工临时占地在施工结束后恢复原有状态，占用耕地应复垦，占用林草地、园地应复绿。

15.6.3 土石方管理

土石坝涉及大量土石方开挖、回填及调运。土石方平衡是指挖方＋借方＝填方＋弃方。填方尽可能利用自身开挖方，不足依靠借方；借方一般指商购或自设料场，土石坝往往受交通限制往往采用自设料场，料场应尽可能布设于上游水库淹没范围内（可较少占地，同时节省后期料场治理费用），若料场位于淹没范围之外，后期需对料场进行治理，采用排水、覆土、绿化等措施，料场应分级开采并布设截排水沟；挖方应根据材质、施工时序尽可能用于填方，经自身利用后剩余土石方为弃方；弃方应尽可能外运综合利用到其他项目，若不能利用需设置弃渣场，弃渣场不得影响周边公共设施、工业企业、居民点等的安全，不得在河道、湖泊管理范围内设置弃渣场，禁止在对重要基础设施、人民群众生命财产安全及行洪安全有重大影响的区域布设弃渣场。

15.6.4 附属管理

上坝道路，上坝道路开挖边坡应做好的防护、排水及绿化措施（边坡顶端根据汇水面积布设截水沟，坡脚布设排水沟，坡面进行防护及绿化）；上坝道路填方边坡应做好拦挡、排水及绿化措施。

管理区四周、溢洪道开挖边坡、坝肩开挖边坡后期应实施绿化。

16 土石坝施工组织设计示例

——某二级面板堆石坝施工组织设计

16.1 综合说明

16.1.1 工程概况

16.1.1.1 地理位置

某市地处浙江省西南山区，东邻云和、景宁两县，南连庆元县，北接遂昌、松阳两县，西与福建省浦城县交界，地理位置在东经 $118°43′\sim119°25′$，北纬 $27°43′\sim28°21′$，全市总面积 $3059km^2$，人口 26.15 万人。某二级水电站位于某市的东南部，在小梅镇境内，厂址在金村上游约 350m 处河道右岸，大坝位于竹蓬后村上游 2km，距小梅镇 21km，距某市 66km。

本工程坝址以上集水面积区域的海拔为 $480\sim1811.4m$，多为群山峻岭，河道狭窄，平均纵坡约为 3.88%，厂房下游河段相对上游较为开阔，在至小梅的 11km 河段左右侧分布着金村、溪东、洋淤、白沙、桐山等村庄较为密集。

现有公路已路经厂房直达竹蓬后村，距坝址约 2km，交通方便。某市位于亚热带中部地区，属亚热带季风湿润气候，总的特点是四季分明，冬暖夏凉，潮湿多雨，光、热、水条件较充足。

瓯江干流某溪上游称为梅溪，它是瓯江水系的源头。梅溪在竹蓬后村下游附近由两条支流汇集而成，左为顺洋溪、右为南溪。本工程选定坝址位于南溪与顺洋溪汇合口上游 3.5km 处的南溪主河道上，坝址以上集水面积为 $86.22km^2$，已建成的某一级水电站位于顺洋溪上，一级尾水引水工程集水面积 $77.73km^2$，通过引水隧洞自流入二级电站水库。

16.1.1.2 主要建筑物

1. 混凝土面板堆石坝

某二级水电站大坝为混凝土面板堆石坝。堆石体直接建在基岩上，坝顶高程为541.35m，坝高89.35m，坝轴线长198m。上下游坝坡均取 1:1.3，下游坝坡于高程488.35m，510.35m 各布置一道宽2m的马道，下游坝坡干砌石护面。于坝顶设置双"L"墙，墙体采用C20钢筋混凝土结构，上游墙高5.6m，下游墙高4.9m。上游墙上部1m作为防浪墙，坝顶净宽5.1m。

(1) 坝体分区。坝体填筑料分四区，将坝体至上游至下游分为垫层区即2A区，水平厚度不小于1m（趾板与面板交接部位设置特殊垫层区即2B区），过渡区即3A区，水平厚度不小于3m，主坝堆石区即3B区，下游次堆石区即3C区。各区石料质量要求饱和无侧限抗压强度大于 30MPa，含泥量≤4%。

（2）坝体填筑要求。2B 区（特殊垫层区）设计孔隙率不大于 16%，要求压实后渗透系数 K 不大于 $i×10^{-3}$ cm/s（$i=1\sim10$，下同）；2A 区（垫层区）设计孔隙率不大于 18%，要求压实后渗透系数 K 不大于 $i×10^{-3}$ cm/s；3A 区（过度层区）设计孔隙率不大于 20%，要求压实后渗透系数 K 不小于 $i×10^{-2}$ cm/s；3B 区（主堆石区）设计孔隙率不大于 22%，要求压实后渗透系数 K 不小于 $i×10^{-2}$ cm/s；3C 区（次堆石区）设计孔隙率不大于 24%，要求压实后渗透系数 K 不小于 $i×10^{-2}$ cm/s。

为充分利用开挖料，垫层料要求利用导流洞开挖弃渣及隧洞开挖石渣加工而成。满足设计要求的溢洪道、坝基等开挖弃料须用于大坝的堆石区。

（3）碾压参数。碾压参数参考值见表 16.1。

表 16.1 碾压参数参考值

指 标	2B 区	2A 区	3A 区	3B 区	3C 区
铺筑厚度/mm	20	40	40	80	100
加水量/%	4～6	4～6	＞15	＞15	＞15
振动碾	平板夯，手扶 1t 振动碾	同右，斜坡碾压采用 ≥10t 牵引振动碾	≥16t 牵引振动碾	≥16t 牵引振动碾	≥16t 牵引振动碾
碾压遍数	6～8	6～8	8～10	8～10	8～10
碾压速度/(km/h)	2～3				

（4）趾板。趾板厚度采用 0.4m，含钢率双向均为 0.4%，底部采用 ϕ25、长 5m，孔、排距约 1.5m 的锚筋与基岩进行锚固。在高程 483.00m 以下趾板宽度为 5m，高程 483.00～510.00m 趾板宽度为 4m，高程 510.00m 以上趾板宽度为 3m。采用 C25，W8～W10、F100 混凝土浇筑。趾板共设 6 条横缝，趾板横缝只在表面设一道止水，表面采用嵌填弧形 SR 填料封闭，SR 上部粘贴 SR 盖片保护，盖片板用喷锌膨胀螺栓固定，螺栓间距 25cm。

（5）面板。面板采用 0.3～0.5m 变厚，其混凝土要求满足 C25，W8～W10、F100，水灰比小于 0.5，含气量为 4%～6%。面板只设垂直缝不设水平缝，缝间距 16m 宽共计 13 块，垂直缝分为 A 型、B 型止水型式，河床部位的缝采用 B 型止水型式，即单止水，只是在面板分缝底部设一道"W"型止水铜片，在铜片底部设宽 60cm，厚 0.6cm 的 PVC 板，其缝间涂刷一道石灰水。面板两端部的缝采用 A 型止水型式，即双止水。缝的下部结构同 B 型缝，缝的顶部增嵌弧形 SR 填料封闭，上部粘贴 SR 盖片保护，盖片板用喷锌膨胀螺栓固定，螺栓间距 25cm。止水铜片要求采用 1mm 厚的退火纯铜卷材，延伸率大于 20%，面板与趾板间的周边缝采用 A 型止水结构，即双止水。

大坝面板配置单层双向钢筋，其配筋率纵、横向均为 0.4%。

（6）基础开挖与处理。坝体堆石填筑区内将河床覆盖层部分开挖清除，山坡覆盖层全部开挖清除。趾板基础开挖至弱风化层下限。趾板基础进行全面固结灌浆（孔距 3m 布置 2～3 排，孔深 5m），沿趾板设置单排防渗灌浆，孔距 3m，孔深要求达到相对不透水层（透水率 $q≤3Lu$）。

2. 侧槽溢洪道

根据地形条件，于大坝右岸布置侧槽溢洪道，其侧堰长度为 50m。堰顶高程为

535.00m，堰型采用 WES 曲线。为了有一个良好的进水条件，堰前要求开挖至 527.00m 高程。侧槽段长度为 50m，底宽为 5～15m，槽首底高程为 521.59m，底坡为 $i=0.01$。水平过渡段总长 101m（桩号从 0+050.00 至 0+151.00），桩号从 0+050.00 至 0+075.00 底宽为 15～20m，其余部位底宽为 20m。陡槽段的水平长度为 117m（桩号从 0+151.00 至 0+268.00），陡坡坡角为 27°，斜长为 131.31m，底部高程为 523.83～464.21m。陡槽段宽度为 20m，最大单宽流量为 69.45m³/s。为减轻高速水流产生气蚀等危害，分别在桩号 0+213.50、0+231.50 和 0+149.50 各设一道渗气槽。溢洪道出口采用挑流消能，在陡槽末端设 $R=10m$ 的反弧段，挑流鼻坎挑角为 30°。

3. 发电输水隧洞

（1）进口段。进口段由喇叭口段、过渡段、渐变段组成，全长 57.087m，纵坡 $i=0$。进口底板高程 490.60m，喇叭口段采用 1/4 椭圆方程（$x^2/5^2+y^2/2^2=1$）与过渡段相连，过渡段为 3.0m×4.0m（宽×高）方形洞，渐变段即方变圆段长 6m，由 3.0m×4.0m（宽×高）渐变为衬后的内径 3.7m 的圆形洞。

喇叭口段前端设置活动式拦污栅，拦污栅滑道倾角为 60°，拦污栅孔口净尺寸为 5.0m×6.0m（宽×高）。

进口内桩号 0+031.981～0+036.331 段设置事故检修闸门竖井，竖井开挖尺寸为 5.8m×3.35m，检修平台高程 535.50m，启闭平台高程 544.00m，启闭机房尺寸为 6.2m×9.0m。

进口段全段采用 C20 钢筋混凝土衬砌，衬砌厚度 0.8～0.4m。并要求此段全部进行回结灌浆及回填灌浆。

（2）平洞段。桩号 0+042.331～0+500.00 段为平洞段，总长 457.669m，此段纵坡为 $i=2.5826\%$，开挖圆形洞径为 4.5m，衬砌段采用 C20 钢筋混凝土或 C20 素混凝土衬砌，厚度 0.4m，不衬砌段采用 C15 混凝土抹底厚度 0.4m。

（3）发电输水隧洞工程进口金属结构。一扇事故检修闸门孔口净尺寸 3.5m×3.5m（宽×高），一台启闭机 QPQ2×250，一扇孔口净尺寸为 5.1m×6.0m（宽×高）拦污栅，一台手摇绞车（50kN）。

4. 其他

（1）导流洞封堵叠梁门（孔口净尺寸为 7.5m×7.5m）一扇。

（2）导流洞封堵段 C15 混凝土长度 56m 及回填灌浆。

16.1.1.3 主要工程量

主要工程量见表 16.2。

表 16.2　　　　　　　　　　　主要工程量汇总表

项　目	土方开挖 /万 m³	石方开挖 /万 m³	洞挖石方 /万 m³	混凝土 /万 m³	堆石填筑 /万 m³	钢筋 /t	金属结构 /t	帷幕灌浆 /m	固结灌浆 /m	回填灌浆 /m²
面板堆石坝	5.94	2.32	—	0.98	89.87	587.0		3235	1063	
侧槽溢洪道	2.26	25.62	—	2.19	—	83.5		283	495	

续表

项　目	土方开挖/万 m³	石方开挖/万 m³	洞挖石方/万 m³	混凝土/万 m³	堆石填筑/万 m³	钢筋/t	金属结构/t	帷幕灌浆/m	固结灌浆/m	回填灌浆/m²
发电输水隧洞	0.09	0.21	0.98	0.28	—	103.0	33.84		2655	1451
导流洞封堵				0.16						1229
合　计	8.29	28.15	0.98	3.61	89.87	773.5	33.84	3518	4213	2680

16.1.2　水文气象和工程地质

16.1.2.1　水文气象

某市位于亚热带中部地区，属亚热带季风性湿润气候，总的特点是四季分明，冬暖夏热、潮湿多雨，光、热、水条件较充足。

本流域据屏南气象哨 1972—1980 年观测资料，多年平均气温为 13.66℃，最高月平均气温（7 月）22.6℃，最低月平均气温（1 月）3.8℃。该区域历年平均相对湿度为81.7%，年内以 3 月的 94% 为最大，12 月的 65% 为最小，历年实测最小相对湿度为45%，最大相对湿度为 100%。

该区域多年陆面蒸发量为 625mm，据道太水文站 80cm 蒸发器多年实测资料推求区域内平均水面蒸发量为 836.1mm，参照某县有关资料，历史最大风速为 22m/s（九级），风向冬为西北风、夏为东南风。

该区有霜期一般从 11 月中旬至次年 3 月中旬，约为 114 天。该区降雨主要由春季副热带高温气流北进，夏季冷暖空气交错和台风侵入以及冬季的寒潮南袭所构成，也有因湿气流受高山阻挡形成的地形雨。据南溪口雨量站实测资料，年最大降雨量为 2987mm，多年平均降雨量为 2050mm，雨量的年内分配很不均匀，大部分集中于汛期。4—9 月的降雨量约占全年的 70% 左右。雨峰大多出现在 5 月、6 月。年降雨天数为 139～214 天。阴雨连绵的梅雨季节和台风期往往会发生强度较大的降雨，容易形成洪水灾害和大量水土流失。实测最大日降雨量为 191.4mm。

本流域具有明显的季节变化，每年 5 月、6 月梅雨间洪水较为突出，而 8 月、9 月多由台风形成洪水。坝址非汛期 $P=20\%$、汛期 $P=2\%$ 洪峰流量见表 16.3。

表 16.3　　　　　　　　　　汛期 $P=2\%$ 洪峰流量

分期	重现期	频率/%	洪峰流量/(m³/s)	水位/m		备　注
				上游	下游	
非汛期	5 年一遇	20	202.62	468.48	460.24	每年 10 月 16 日至次年 4 月 14 日为非汛期，每年 4 月 15 日至 10 月 15 日为汛期
汛期	50 年一遇	2	945.71	492.35	462.64	
	20 年一遇	5	755.00	487.94	462.14	
	10 年一遇	10	626.00	483.93	461.79	
	5 年一遇	20	492.00	480.10	461.38	

16.1.2.2　工程地质

本流域地貌属构造剥蚀中低山区，库区周围环山、山坡陡峻、流域边界分水岭高出河床 500～1000m 不等。山坡角多数在 40°以上，而且超过 60°～70°陡崖峭壁发育，河谷以"U"型为主，河底宽度 20～50m 不等，河道以下切侵蚀为主，局部侧向侵蚀，坡降较大，河水湍急，堆积作用较弱，河漫滩面积小。

坝址两岸基岩出露良好，基岩地层单一，岩性简单且均一，为晶屑熔结凝灰岩，局部含角砾，物理学性能良好，地表以弱风化为主，右岸山坡下段风化较强。但没有大规模断裂破坏，仅表层原生、次生节理发育地段破碎，深部岩体完整性好，按开挖要求处理后，坝基及坝肩稳定性良好，无可能产生失稳的不利因素。

基岩抗渗性能良好，没有较大断裂产生的渗漏通道，不会出现严重的渗漏问题。但原生、次生节理发育，较小规模渗漏可能性仍存在，尤其基岩上部可能性大。

两岸均存在原生、次生节理组合及卸荷节理存在而产生一些容易失稳的陡壁危岩等不良物理地质现象，施工中应予全部清除。以确保工程施工及运行安全。

供参考的主要地质参数，大坝趾板开挖深度河床 8m，左岸 6m，右岸高程 475.00m 以上 6m，高程 475.00m 以下 6～18m。大坝堆石体开挖深度河床 5～8m，左岸坡 0.5～1m，右岸坡高程 462.00m 以上 0.5～3m，高程 462.00m 以下 3～5m。新鲜基岩主要力学指标（经验值）天然干密度 2.45～2.55g/m³，摩擦系数 0.60～0.65，弹性模量 2.5×10^4～3.0×10^4MPa，抗压强度 100～120MPa，泊松比 0.2，f 为 1.1～1.2，C 为 0.9～1.0MPa。

侧槽溢洪道基础部位基岩出露良好，地表松散堆积很薄（小于 1m），基岩地层单一，均为侏罗系上统 b 段，岩性亦较简单，均为晶屑熔结凝灰岩、晶屑凝灰岩，较致密坚硬，抗风化能力强，物理力学性能良好。

两岸坡无大断裂构造通过及影响的迹象，主要构造形迹为节理裂隙（小断层亦不发育）。

由于布置溢洪道部位的山坡极陡（大于 60°），而溢洪道基础面高程为 521.00m，两岸坡要达此高程均须大量开挖，而开挖至此高程基岩将均已达新鲜岩石，同时地表较发育的次生张裂节理裂隙亦大部已清除或达闭合状态，整个溢洪道基础将有较坚硬完整的岩体，因此稳定条件良好。

溢洪道基础岩石层属极弱透水地层，且构造不发育，不存在重大渗漏通道，因此基础抗渗条件亦属良好。

输水隧洞进口处，地表松散堆积较薄，其基岩地层岩性均属单一的侏罗系上统 b 段的晶屑熔结凝灰岩，新鲜时致密坚硬，物理力学性能良好。无明显地下水活动，山坡陡峻，地表水活动亦无明显不利影响，水文地质条件良好。主要参考地质参数 $F=5$～6，$K_0=45$～50MPa。

隧洞全洞围岩地层单一，为侏罗系上统 b 段，岩性亦较简单，以晶屑熔结凝灰岩和晶屑凝灰岩为主，岩性较均一，致密坚硬，其坚固系数和抗力系数等力学指标较高。虽然局部地段可能出现稍软熔结凝灰岩夹层，其范围亦不会很大，在没有严重断裂、节理等构造破坏及地下水强烈作用条件下，其稳定性能仍属良好。

隧洞所处山体厚实，全洞除支洞范围外，其埋深均在百米以上，最大深近千米。全洞顶山体无大型地表水体，地表径流水对隧洞列直接影响。围岩均属弱透水地层，不会遇到地下含水地层。全洞唯一可遇地下活动为裂隙水，隧洞开挖中，遇到因裂隙产生的渗水、涌水（漏水）现象将不可避免。但据经验估计规模均不甚大，不会因产生严重渗漏地下水问题而影响开挖施工。

供参考主要地质参数，区域断裂带及严重破碎带 $F=6\sim7$，$K_0=10\sim15$MPa。一般破碎地段 $F=4\sim5$，$K_0=20\sim30$MPa。较完整段 $F=6\sim7$，$K_0=55\sim65$MPa。

16.1.3 天然建筑材料

16.1.3.1 砂料

本工程所需天然砂料需在小梅镇以下瓯江主河道中开采，主要料场为骆庄Ⅱ号料场，运距为 25km。

16.1.3.2 砾石料

砾石料采用机轧碎石，利用开挖石料轧制而成。

16.1.3.3 堆石料

大坝所需堆石料场位于坝轴线上游约 500m 的河床右岸。石料场所在区域为中生代火山岩区，主要有两种岩性：蚀变流纹质晶玻屑熔结凝灰岩和流纹质含角砾玻晶屑熔结凝灰岩。蚀变流纹质晶玻屑熔结凝灰岩：灰色带绿色，塑变结构，假流纹构造，致密坚硬，块状，轻度绢云母化，局部地段节理裂隙发育，此岩体较易风化，局部出露强风化基岩。D级储量约 124 万 m^3。

16.1.4 对外交通条件

本工程地处偏僻山区，坝区距某市区 66km，目前有龙梅、梅瑞公路将坝区、厂区与市区连接，对本工程施工进点、外来建筑材料和机电设备运输十分有利。

16.2 施工组织管理

本公司多年来一直经营水电工程施工为主，十分重视在水电行业的信誉，并积极推广和使用新技术、新材料、新方法，效果显著。本公司在认真研究了本项工程招标内容后，制定了本标施工组织设计，某二级水电站拦河坝工程若由本公司承建，本公司将按业主的开工时间要求，调集本公司精干力量和充足的设备，迅速进场。为全面完成承诺的工期和质量标准，继续发扬本公司敢打硬仗的拼搏精神，精心组织，科学调度，全面协调组织施工，确保本标工程按期优质完成。

16.2.1 施工组织机构

16.2.1.1 组建施工项目部，明确职责

1. 项目经理

项目经理任项目总指挥，负责与业主、设计、监理及地方政府的协调，是工程施工的总调度，对该工程的质量、工期、安全、文明施工负总责，并对施工成本进行有效的控制，按"项目法施工"的要求进行管理。项目经理将充分发挥和利用"责、权、利"，组织实施"保证体系"中所有的承诺，通过项目经理的得力指挥和项目部各部门及全体员工的精心作业、科学管理、规范化施工、文明施工等，将按时交给业主一个外表美观、质量优良、专家肯定、百姓放心的优良工程。

2. 项目副经理、技术负责人

项目副经理、技术负责人应服从项目经理的指挥，努力做好本职工作，向项目经理献计献策，解决施工中出现的各种问题及技术难点，认真落实各项责任制度。技术负责人必须严格按业主在文件中要求的技术规范和其他有关的标准、规范、规程制订和实施施工计划和施工工艺，把好质量、技术、安全和文明施工的关口。

3. 项目部各部门

项目部各部门，在项目副经理和技术负责人的直接领导下，开展工作，以施工作业计划为目标，以法规、规程、条例、责任制为标准，互相协作，互相监督，承上启下，细化项目经理下达的施工指标，充分调动员工的积极性和创造性，为基层施工班组排忧解难，并严格把好各自的质量关，把质量放在第一位，凡与质量发生矛盾的，一切服从质量要求，以各环节各工序的质量优良来确保实现最终质量优良。

4. 施工班组和全体施工人员

各个施工班组和全体施工人员，是完成项目经理部各项指标的直接责任人和执行者，是工程施工的一线战斗员，他们的素质直接影响到工程的质量、进度、安全和文明施工，项目经理将按工程各阶段施工劳动力的需要量，把技术过硬、作风优良的员工调到本工程现场，组成一个能打硬仗的施工队伍。施工人员在努力完成本职工作的同时，必须积极响应项目经理部发出的对工程质量、进度、安全、文明施工有利的各项活动。

16.2.1.2 施工组织机构

施工组织机构框图，如图 16.1 所示。

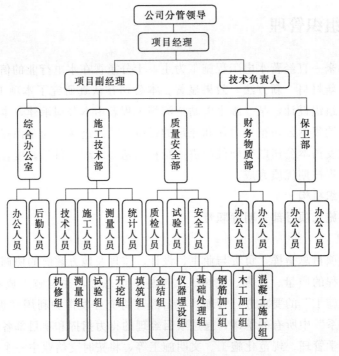

图 16.1 施工组织机构框图

16.2.2 资源需要量计划

16.2.2.1 施工设备需用量

拟投入本合同项目的主要施工设备见表16.4。

16.2.2.2 主要人员及劳动力需用量

拟投入本合同工作的主要管理人员数量见表16.5，拟投入本合同工作的劳动力见表16.6。

表16.4　　　　　　　　　　　拟投入本合同项目的主要施工设备表

设备名称	型号及规格	数量	制造厂名	购置年份	已使用台时数	检修情况	现在何处	进场时间
挖掘机	WD-200（2m³）	2	杭州		250	良好	杭州	
挖掘机	CAT-330（1.6m³）	2	美国		300	良好	杭州	
挖掘机	PC220（1m³）	4	日本小松		250	良好	杭州	
凿岩钻机	CM340	1	宣化		600	良好	杭州	
凿岩钻机	CM220	2	中国宣化		500	良好	杭州	
潜孔钻	YQ-100A	10	中国		500	良好	杭州	
手风钻	27型	15	中国		400	良好	杭州	
空压机	电动4LX-23/7	1	中国		300	良好	杭州	
空压机	电动LG-10/7	2	中国		400	良好	杭州	
空压机	柴动6m³	5	中国		250	良好	杭州	
通风机	YBTM-2	1	中国		250	良好	杭州	
自卸汽车	斯太尔20T	10	济南		—	新	租赁	
自卸汽车	T815	10	捷克		550	良好	杭州	
自卸汽车	SH361-D15T	15	中国上海		200	良好	杭州	
自卸汽车	东风8T	6	中国杭州		100	良好	杭州	
载重汽车	5~10T	6	中国杭州		200	良好	杭州	
装载机	ZL-50	1	中国杭州		150	良好	杭州	
装载机	ZL-40	2	中国杭州		250	良好	杭州	
推土机	T140	4	中国宣化		200	良好	杭州	
推土机	120A	2	中国上海		250	良好	杭州	
振动夯板		1	自制			良好	杭州	
振动碾	YZT16T	3	中国陕西		150	良好	杭州	
振动碾	YZT12T	1	中国陕西		250	良好	杭州	
振动碾	2.5T	2	中国陕西		150	良好	杭州	
斜坡碾	YZT10T	1	中国陕西		100	良好	杭州	

设备名称	型号及规格	数量	制造厂名	购置年份	已使用台时数	检修情况	现在何处	进场时间
汽车吊	QYZOB20T	1	日本		300	良好	杭州	
履带吊机	W100	2	中国		300	良好	杭州	
颚式破碎机	PEF400×600	2	中国		200	良好	杭州	
自动混凝土拌和站	1×750	2	中国		100	良好	杭州	
砂浆搅拌机	0.25m³	1	中国		250	良好	杭州	
混凝土搅和机	0.4m³	2	中国		250	良好	杭州	
混凝土泵	HBT-30A	1	中国		150	良好	杭州	
混凝土搅拌车	3m³	3	中国		500	良好	杭州	
卷扬机	5T	4	中国		100	良好	杭州	
卷扬机	2T	2	中国		200	良好	杭州	
钻机	SGⅢA	2	中国		600	良好	杭州	
灌浆机	SGB6-10	2	中国		500	良好	杭州	
变压器	500kVA、250kVA	2	中国		700	良好	杭州	
喷射机	HP-30-74	1	中国		150	良好	杭州	
凿岩钻车	CMJ-17	1	宣化		150	良好	杭州	
侧装机	ZC-6	1			200	良好	杭州	
切缝机		1			100	良好	杭州	
强制式拌和机	0.25m³	1			300	良好	杭州	
滑模设备		2	自制		250	良好	杭州	
清水泵	IS系列	15	中国		150	良好	杭州	
潜水泵		4	中国		150	良好	杭州	
钢筋加工机械			中国		750	良好	杭州	
剪板机		1	中国		150	良好	杭州	
刨板机		1	中国		150	良好	杭州	
超声波探伤机	CTS22	1	日本		50	良好	杭州	
X射线探伤机		1	中国		50	良好	杭州	
电焊机		10	中国		800	良好	杭州	
测量设备		2	瑞士		200	良好	杭州	
试验设备		1	中国		150	良好	杭州	
机修设备		1	中国		450	良好	杭州	
对讲系统		4	中国		100	良好	杭州	

表 16.5   拟投入本合同工作的主要管理人员数量表

序号	项目名称	姓名	职务	职称	任本合同职务
1	总部负责				
(1)					本部项目负责
(2)					本部技术负责
2	项目部				
(1)					项目经理
(2)					项目总工
(3)					爆破技术负责
(4)					开挖施工负责
(5)					填筑负责
(6)					施工员
(7)					质量负责
(8)					安全负责
(9)					电气负责
(10)					机械负责

表 16.6   拟投入本合同工作的劳动力表

工 种 名 称	人 数	工 种 名 称	人 数
一、管理人员	32	水泵工	6
项目经理	1	灌浆工	10
项目副经理	1	钻机工	15
项目总工程师	1	钢筋工	10
质量员	6	浇筑工	15
安全员	3	模板工、架子工	12
工程技术人员	15	起重工	6
财务劳资计划统计	5	重机工	30
二、后勤人员	18	汽车驾驶员	65
后勤负责	1	修理工	10
仓库物资管理	4	金加工人员	10
食堂	6	电工	6
医务人员	3	钳工	3
保卫	2	焊工	8
其他	2	管子工	6
三、主要工种	271	测量工	6
风钻工	25	试验工	4
炮工	10	四、普工	80
钻修工	6	合计	401
运转工	8		

16.3　施工总平面布置

本标的施工场地布置原则上按招标文件、设计图纸划定的施工区域或征地范围内。在具体布置中，根据本标的工程特点和施工地段的地形、地质条件及现场实际条件，合理布局，统筹安排，力求合理、紧凑、厉行节约、经济实用、方便管理，确保各施工时段内的施工均能正常有序和安全高效地进行。同时，尽量少占耕地，对施工区及周围环境进行有效的保护。

16.3.1　风水电及通信系统

16.3.1.1　施工供风

（1）在坝址下游右岸溢洪道出口内侧设置一处集中压风站，配备一台 $23m^3/min$ 电动压风机和两台 $10m^3/min$ 电动压风机，供溢洪道、坝基石方开挖等施工用风。

（2）在坝址上游发电输水隧洞进口处设一处压风站，配备两台 $6m^3/min$ 柴动压风机。供发电输水隧洞施工及临时施工道路施工用风。

（3）为确保上坝公路施工满足交通要求，拟按三个工作面进行开挖，布置三台 $6m^3/min$ 柴动移动式空压机，随开挖面的推进而移设。

压风机在压风站并网运行，通过压风管向各工作面供风，共铺设 6 英寸管300m，3～4英寸管800m。

16.3.1.2　施工供水

在大坝上游右岸围堰上游侧的位置，设一处供水泵站，采用一台 IS100 - 65 - 315 型离心式清水泵（$Q=100m^3/h$，$H=125m$，$N=75kW$）在堰前的南溪主河道中提水，并在右岸 570.00m 高程处设一只 $300m^3$ 蓄水池，用自来水管向场内的各施工工作面供水，蓄水池土建工程量和自来水管工程量如下。

土方开挖	100m³	石方开挖	300m³
M10 砂浆砌块石	80m³	混凝土	50m³
钢筋	1t	自来水管（2～4英寸）	1500m

生活区内设一处 20T 生活水处理厂，采用一台 IS80 - 65 - 160 型清水泵（$Q=50m^3/h$，$H=32m$，$N=7.5kW$）提水，经过滤沉淀后加氯消毒后，进入生活区的供水网。

16.3.1.3　施工供电

本标的施工用电，业主提供在场内的 10kV 高压终端杆线路已接至坝轴线下游约200m 的右岸山坡，在下游设 400kVA 变压器，供坝区、溢洪道、辅助企业、生活区用电，在上游设 250kVA 变压器，供主料场、发电输水隧洞及上游其他工作面用电，变压器合计容量 650kVA，共架设低压动力线 2000m。

另配 120kW 柴油发电机组 1 台，作为备用电源。

16.3.1.4　通信系统

项目经理部安装一台程控电话机，作为对外联络通信工具。另外配备 4 副对讲机，便于场内施工管理和指挥调度。

16.3.2　场内施工道路

根据本标段地形条件及建筑物结构布置型式场内施工道路主要布置在右岸上下游，为主料场的开采运输道路和坝体填筑上坝道路。公路采用碎石路面，施工道路布置见总平面布置图。具体布置如下。

16.3.2.1　上游侧

根据坝区地形条件、坝体高度结合施工填筑强度，堆石料上坝道路须跨越趾板，为了最大限度减少坝体外的上坝道路，施工时采取随着坝体上升在坝体内部灵活地设置"之"字形道路，并根据填筑施工的需要随时变换，同时形成单向环形道路，以减小道路宽度及减少施工干扰。具体布置如下。

坝体填筑临时施工道路根据坝高共分五条，即高程 465.00m、475.00m、495.00m、515.00m、537.00m，其中高程 495.00m 施工道路为双车道，路面宽 8m，其他高程施工道路为单车道，路面宽 5.0m，单车道路面每隔 50m 设一回车道，路面采用碎石路面。五条施工道路均通过趾板，过趾板采用跨度为 5m 的临时栈桥，在坝外与上坝公路相接，在坝内与坝内道路相接。上游侧施工道路总长为 1550。在南溪与屏南溪交汇口处 485.00m 高程设一跨度为 20m 的交通桥，桥墩采用浆砌石，板面采用钢结构；在高程 472.00m 左右设一过水路面桥，跨度为 15m。填筑"L"墙内部堆石料时，在溢洪道人行交通桥处设一钢结构栈桥。

16.3.2.2　下游侧

下游侧临时施工道路主要是溢洪道路开挖石料进坝道路及下游施工道路与上坝公路（桩号 0+530）间的连接道路。溢洪道开挖石料进坝道路共布置三条，即高程 510.00m、495.00m 及沿江道路 463.00m。道路长为 250m，路面宽 5m，为石渣路面。下游施工道路与上坝公路（桩号 0+530）间的连接道路按 7% 的坡度考虑，路长 215m，路面宽 3.5m，石渣路面。下游侧临时施工道路总长为 465m。

16.3.2.3　料场施工道路

根据料场布置情况及储量，料场按三级台阶开挖，并沿各级台阶修建施工道路，高程分别为 472.00m（现有道路拓宽）、487.00m、492.00m，道路长 350m，路面宽 8m，路面结构为碎石路面。

16.3.3　砂石料系统

本标工程的混凝土工程约为 3.62 万 m³，需混凝土骨料约 5.49 万 m³，其中碎石 3.68 万 m³，黄砂 1.81 万 m³。根据招标文件本工程所需的天然砂料在小梅镇以下瓯江主河道中的骆庄Ⅱ料场，运距为 25km，储量和质量均能够满足混凝土浇筑需用量的要求。砂料在料场采购。混凝土浇筑用粗骨料加工见碎石加工系统。

16.3.3.1　碎石加工系统

坝体的垫层料最大粒径为 80mm，特殊垫层料最大粒径为 20mm。总方量为 13529m³，根据规范、设计要求及以往经验，其小于 5mm 细料含量控制在 30%～45% 范围，0.1mm 以下的细料含量小于等于 4%，不均匀系数大于等于 30，且级配连续。另外混凝土粗骨料采用洞渣料加工成成品骨料。

为达到以上技术指标，本工程的垫层料及混凝土浇筑骨料采用碎石料获取，碎石加工系统布置在坝下游 3 号弃渣场和坝上游右岸围堰上游侧山坡处（前期利用），利用导流洞和发电输水隧洞的洞渣料做原料，采用两台 PEF400×600 颚式破碎机生产加工碎石料 2×

17t/h，配套电动功率 $P=30\mathrm{kW}$。

16.3.3.2 块石开采系统

块石料场选定在右岸的坝上游 500m 主料场，根据土石方开挖平衡计算，本工程主料储量和质量均能满足大坝堆石料填筑的需要。

坝体各填区的级配料有严格的技术要求，因此上坝料爆破开采直接关系到上坝速度和填筑质量，根据我公司的施工经验和已建工程的实例，拟采用深孔梯段微差挤压爆破技术，并通过爆破和碾压试验，调整钻爆参数，以获取最优的爆破效果，以满足工程的要求。具体开采方法见"开采措施"。

16.3.4 混凝土系统

16.3.4.1 混凝土系统布置

根据本工程混凝土结构布置型式及施工进度安排，在上游右岸坝脚与围堰间利用开挖弃料进行回填平整，作为前期混凝土拌和系统布置场地，在此布置两台 $0.4\mathrm{m}^3$ 拌和机，主要供前期围堰砌筑及混凝土趾板浇筑之用；在坝顶溢洪道内侧高程 527m 开挖平台上布置两台 $0.75\mathrm{m}^3$ 混凝土自动拌和机，供混凝土面板浇筑、溢洪道混凝土浇筑及发电输水隧洞混凝土浇筑。

16.3.4.2 拌和能力

本标工程混凝土用量为 3.62 万 m^3，最大月混凝土浇筑强度为（4434m^3/月）考虑到高峰期各浇筑块台班浇筑强度不均匀性等因素，小时生产能力 Q_h 按下式计算：

$$Q_\mathrm{h}=\frac{k_\mathrm{h}Q_\mathrm{m}}{20\times 25}=13.30(\mathrm{m}^3/\mathrm{h})$$

式中　Q_m——最大月混凝土浇筑强度，取 $4434\mathrm{m}^3$/月；

　　　k_h——小时不均匀系数，取 1.5。

混凝土拌和系统选择根据以上计算，并充分考虑混凝土浇筑高峰期仓面大小的不均衡性等，拟采用 2×0.75 型混凝土微机自控拌和系统，生产能力为 $45\mathrm{m}^3/\mathrm{h}$。

主拌和系统配料采用 ZL-40 装载机装料至不同级配的储料斗内，通过电脑程序系统进行自动称量，皮带机自动配料和拌和。前期小拌和系统利用人工进料，磅秤计量。在高强度、连续作业的情况下能充分保证拌和质量。

16.3.4.3 拌制工艺

1. 砂石料

黄砂直接从骆庄Ⅱ号料场采购，利用 8t 自卸汽车运到混凝土拌和系统处，碎石在碎石加工系统轧制出来用 ZL-50 装载机装 15t 自卸汽车运到拌和站的堆料隔仓内，堆料隔仓共分 4 档（黄砂 5~20mm，20~40mm，40~80mm）每档宽 8m，高 4m，隔仓间挡墙利用浆砌块石砌筑。再由 ZL-40 装载机装运到储料斗，由自动称量斗由皮带机自动送入到混凝土搅拌机。

2. 水泥

拌和站设 1 只 100t 水泥罐，采用 1 台 GX-300 型螺旋输送机输送水泥到自动称量斗，再送到配料斗后进入混凝土搅拌机。

3. 外加剂

所有外加剂均应根据说明书和现场试验确定掺量，通过外加剂池稀释到要求浓度，由酸碱泵送到储箱（桶），再经称量装置送到混凝土拌和机内。

4. 水

根据混凝土试验及现场调整配合比确定的拌和加水量，由程控系统控制流量泵进行加水。

16.3.5 其他临建系统布置

16.3.5.1 停车场

根据本工程料场位置，停车场分二期布置，前期布置在南溪与屏南溪交汇口处利用开挖弃料平整形成，在2012年4月15日以后考虑洪水影响，停车场布置在下游河流沿岸征地范围内。

16.3.5.2 堆渣场

1. 临时周转场

根据总进度计划安排，在截流前即主坝填筑前，导流隧洞的作为上坝料，需临时周转堆放这部分石渣。拟选定大坝下游3号弃渣场，其面积为1000m²。

另外，坝基开挖出来的土石方主要堆放到业主指定的弃渣场，弃渣场面积为5000m³，可利用的那部分土石分开堆放，作为下游临时围堰的堰体填筑料。

2. 弃渣场

根据招标文件规定，大坝两岸坡开挖弃渣堆放在2号弃渣场，运距1.895km；河床开挖弃渣堆放于大坝下游3号弃渣场，运距0.15km；侧槽溢洪道开挖弃渣堆放在5号弃渣场，运距1.65km；发电输水隧洞及石料场开挖弃渣堆放于大坝上游4号弃渣场，运距0.85km。

3. 辅助企业

各种辅助企业及生活设施根据现场地形条件布置在下游右岸沿江道路沿线上及上游右岸沿线业主征地范围内。

（1）压风站。在下游右岸溢洪道出口内侧和上游右岸发电输水隧洞出口分别设置压风房，面积80m²，竹瓦结构。

（2）修钻车间。布置在主料场附近路旁，房建面积60m²，竹瓦结构。

（3）金工、机修车间。布置在下游右岸的公路旁位置，利用弃渣料填基平整150m²，竹瓦结构。

（4）轮胎修理车间。布置在停车场附近，采用钢构架、石棉瓦（塑钢瓦）做房盖，四周防雨布封闭，建筑面积为150m²。

（5）模板制作、钢筋加工车间。布置在下游沿江的河滩地上，利用弃渣填筑场地，采用钢构架，房建面积为200m²。

（6）试验室。布置在混凝土拌和站附近，采用砖瓦结构，房建面积为60m²。

4. 仓库

（1）水泥。在拌和站内，采用1只100t水泥罐储存水泥，设在拌和平台处，另设袋装水泥库80m²。

（2）物资库、工具库和综合仓库等。主要布置生活区附近的山坡，采用竹瓦结构，房建面积240m²，其中包括在采石场大坝现场等地，根据工程需要，零星布置一些仓库。

（3）炸药、雷管库、油库。以上属危险品仓库，均按业主指定地点布置或由供货部门直接供货到现场。

5. 生活设施

生活设施布置在下游右岸沿江道路沿线业主征地范围内，经场地平整后布置职工宿舍、办公室、卫生所、食堂等设施，总建筑面积1800m³。

以上临建设施见表16.7，平面布置图略。

表16.7　　　　　　临建系统房建及占地面积表

名　称	房建面积/m²	占地面积/m²	备　注
一、停车场		800	
二、周转场		1000	
三、弃渣场		5000	
四、辅助企业	770	1010	
压风站	80	100	竹瓦结构
变压站	40	50	砖瓦结构
修钻车间	60	80	竹瓦结构
金工、机修车间	150	200	钢构架、塑钢瓦
轮胎修理车间	150	200	钢构架、塑钢瓦
模板、钢筋车间	200	260	钢构架、塑钢瓦
试验室	60	80	砖瓦结构
配用发电房	30	40	砖瓦结构
五、仓库	460	610	
水泥库	80	100	竹瓦结构
物资库	80	100	竹瓦结构
工具库	60	80	竹瓦结构
综合仓库	100	130	竹瓦结构
油库	60	90	砖瓦结构
炸药、雷管库	80	110	砖瓦结构
六、生活设施	1800	2420	
办公室	200	260	砖瓦结构
招待所	100	130	砖瓦结构
职工宿舍	1300	1700	砖瓦结构
食堂	100	200	竹瓦结构
卫生所	60	80	砖瓦结构
厕所	2×20	50	竹瓦结构
七、其他棚建	300	400	
合　计	3330	11240	

16.4 施工导流

16.4.1 导流标准及方式

上、下游围堰采用 10 月 16 日至次年 4 月 15 日非汛期 5 年一遇洪水标准设计，坝体施工期临时度汛洪水标准采用 50 年一遇。本工程拟采用"断流围堰，隧洞导流"方式，即非汛期天然来水由围堰挡水，导流隧洞导流；梅雨期台汛期天然来水则由坝体临时断面挡水，导流隧洞导流，导流洞布置在右岸。根据导流水力估算结果，见表 16.8。

表 16.8   导　流　水　力　标　准

分　　期	重现期	频率/%	洪峰流量/(m³/s)	水位/m	
				上游	下游
非汛期	5 年一遇	20	202.62	468.48	460.24
汛期	50 年一遇	2	945.71	492.35	462.64

结合施工控制性进度安排，大坝工程的导流方案及施工期临时度汛方案可分为以下四个阶段。

第一阶段：2011 年 10 月 16 日至 2012 年 4 月 15 日，为坝体基础开挖，河床段趾板混凝土浇筑及坝体填筑期间，上游天然来水由"围堰挡水导流隧洞过流"。

第二阶段：2012 年 4 月 16 日至 7 月 15 日，为坝体填筑期。此时要求坝体填筑临时断面在 2012 年 4 月 15 日前填筑至 495.00m 高程，采取"坝体临时断面挡水，导流隧洞过流"的方式，相应的坝体上游坡面采取砂浆固坡保护，以确保坝体临时度汛安全。

第三阶段：2012 年 7 月 16 日至 2013 年 4 月 15 日，因本区域的设计洪水由梅雨期控制，所以施工期间的上游天然来水可由围堰或坝体临时断面挡水，导流洞过流。

第四阶段：2013 年梅雨期度汛，根据施工总进度安排，梅雨期到来之前坝体堆石已填筑至坝顶高程，混凝土面板、帷幕灌浆等工作已基本完成。

16.4.2 导流设施

16.4.2.1 上下游围堰

上游围堰为浆砌块石围堰，堰顶高程 469.00m，堰基高程 460.00m。最大堰高 9.00m，堰顶宽度 2.5m，堰顶中心线长 54.0m。迎水面直立，背水面边坡 1∶0.5。下游围堰为土石围堰（中间设浆砌石心墙，心墙宽度为 1.0m），堰顶高程 461.00m，堰基高程 454.00m，最大堰高 7.0m，堰顶宽度 2.0m，堰顶长度 57.0m，迎水面、背水面边坡均为 1∶1.5。上游浆砌石围堰及下游围堰浆砌石心墙基础置于弱风化基础上。围堰工程量：土方开挖 800m³，石方开挖 500m³，M7.5 浆砌石 2870m³，下游围堰土石填筑 4100m³。围堰断面如图 16.2 所示。

16.4.2.2 围堰施工

先进行土石子围堰填筑闭气后，挖集水井设泵站排干基坑内积水，进行围堰基础开挖，土方剥离采用 1m³ 反铲挖装，8t 自卸车运渣至弃渣场，石方开挖采用手风钻爆破，1m³ 反铲挖装，8t 自卸车运渣至弃渣场，运距 0.3km。浆砌石围堰采用人工分段分块砌

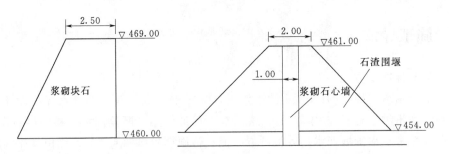

图 16.2 上下游围堰断面示意图（单位：m）

筑，采用坐浆法砌筑，砂浆由拌和站供给，手推车直接入仓。浆砌石砌完盖草帘洒水养护。下游土石围堰填筑利用开挖料进行填筑，采用 8t 自卸车从右岸向左岸推进。日砌筑量 46m³/d，日填筑量 82m³/d，1m³ 反铲 2 台，8t 自卸车 4 辆，手拉车 4 辆。

16.4.3 截流

本工程截流时段选择 2011 年 10 月底进行。采用土石草包截流，土石就近采用 1m³ 挖掘机装 8t 自卸汽车运到围堰施工工作面装草包，由两岸逐层向河中摆放，合拢后堰顶均匀上升。截流后进行浆砌石围堰的施工。

16.4.4 基坑排水

基坑排水和施工排水相结合，在上、下游围堰各设一座排水泵站，在堰内挖一条排水沟与集水井连接，集水井挖在堰内最低处，排水泵站将积水排出堰外，基坑排水按 5 天（含一次降雨）排出，排水量约 1289m³/h，配备水泵 IS150 - 125 - 250 泵 5 台（Q=200m³/h，H=20m，N=18.5kW，含备用 1 台）。IS100 - 80 - 125 泵 5 台（Q=100m³/h，H=20m，N=11kW，含备用 1 台）。IS100 - 65 - 250 泵 3 台（Q=50m³/h，H=20m，N=5.5kW，含备用 1 台）。

16.4.5 临时度汛与安全

2011 年 10 月截流至 2012 年 4 月 15 日，由上、下游围堰挡水，导流隧洞过流，该阶段完成河床段坝基土石方开挖，趾板混凝土浇筑，大坝上游Ⅰ期填筑 29.8 万 m³，上游面砂浆固坡 300m³，填筑高程 495.00m，梅雨期及台风期洪水来临时，事先向上游基坑充水形成水垫，并撤出排水泵站，汛后重新安装泵站排水清理。

同时做好度汛工作、安全工作，一旦遇有超流量预报时，撤离水位以下机具设备和施工人员，采用草包加高上游围堰，并备好度汛材料，以减少损失。

16.5 混凝土面板堆石坝施工

拦河坝为混凝土面板堆石坝，坝顶高程 541.30m，河床段坝基趾板底高程 452.00m，最大坝高 89.35m，坝顶净宽度 5.1m，长度 198m，上、下游坝坡均为 1∶1.3。坝顶在高程 537.35m 以上设双 L 型防浪墙，上游墙高 5.6m，下游墙高 4.5m。上游墙顶高程 542.35m，下游墙顶高程 541.65m。上游坝面设置 $C_{25}W_8$ - W_{10} 钢筋混凝土防渗面板，面板顶部厚度 30～50cm 变厚，面板底部设置 $C_{25}W_8$ - W_{10} 钢筋混凝土趾板，宽度 3～5m，板厚 40cm。坝体堆石分区填筑，分层碾压，自上游至下游依次分四个主要填筑区，另在面板周边缝附近设置特殊填筑区，下游坝坡设坡面处理区，基础置于弱风化基岩上，并进行固结灌浆和帷幕灌浆处理。面板与趾板间的周边缝和面板间和垂直缝均设止水，大坝下游坡为干砌石护坡，厚度小于等于 35cm。主要施工工艺流程如图 16.3 所示。

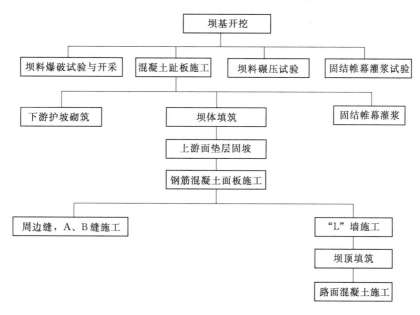

图 16.3　面板堆石坝施工工艺流程图

以下着重介绍土石方开挖。

16.5.1　大坝基础开挖

施工顺序自上而下，先两岸坝肩后坝基的原则，根据导流度汛要求，截流前先开挖两岸坝肩部分，截流后开挖河床坝基部分。

16.5.1.1　两岸坝肩开挖

左岸开挖高程 555.00m，开挖高度 103m。右岸开挖高程 542.00m（高程 542.00m 以上部分为侧槽溢洪道开挖），开挖高度 90m。开挖前人工在设计线挖截水沟，人工配合 1m³ 反铲剥离覆盖层并挖装，15t 自卸车运渣，运至坝体下游 3 号弃渣场弃料，运距 1895m。基岩开挖采用手风钻爆破，梯段高度 5m，边坡和底板采用光面爆破，底板光面爆破有困难时，可以预留 1～1.5m 保护层，离建基面 30cm 左右预留撬挖层、人工撬挖和翻渣，断层保留 40～50cm 撬挖层由人工撬挖，炸药为 2 号岩石硝铵炸药，一般开挖为非电毫秒雷管起爆，保护层开挖为火花起爆，出渣方法同上，初步确定爆破参数如下，在施工过程中调整到最佳爆破参数。配备机械设备有 1m³ 反铲 2 台，15t 自卸车 6 辆，手风钻 8 台。

16.5.1.2　坝基开挖

坝基开挖高程 450.00m 左右。坝基开挖先开挖上游趾板和趾板下游 50m，后开挖下游，开挖前在设计线外用 1m³ 反铲挖集水井和排水沟，排水沟的水流向集水井，经排水泵站排至堰外。采用 T140 推土机集料，2m³ 装载机装车，20t 自卸车运料和 1m³ 反铲挖装，15t 自卸车运料，直接运至下游 3 号料场弃碴，平均运距 150m。基岩开挖采用手风钻爆破，在趾板部位沿水流方向掏槽两个工作面，然后扩成四个工作面，分别向岸坡和河床中间开挖，开挖方法、爆破参数和火工材料与坝肩开挖相同，配备机械设备有 2m³ 装载机 1 台，1m³ 反铲 2 台，T140 推土机 2 台，15t、20t 自卸车 5 辆，手风钻 6 台。

16.5.2 施工排水

利用基坑排水泵站排水，汛前利用上游排水泵站向上游基坑充满水，形成水垫后撤出泵站，汛后重新安装泵站排水，并清理基坑。

16.5.3 料场石料开采

大坝填筑料料源主要是位于坝轴线上游约 500m 处的主料场，其储量和质量均能满足本工程的施工需要，石料开采根据各区级配和风化程度等要求，设计各区填筑爆破参数，经过爆破试验后，确定填筑料最佳爆破参数，并开采出合格的填筑料，以供碾压试验和上坝填筑，初步确定爆破试验做三场，其中过渡料 1485m³，上游堆石料 2100m³，下游堆石料 2475m³，经级配筛分试验后将试验成果报送监理工程师批准后，才能开采上坝填筑料。

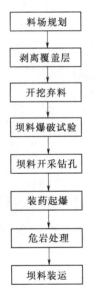

图 16.4 石料开采工艺流程图

16.5.3.1 开采方法

根据主料场的地形地质条件及料场征地范围，在开挖范围内设置安全护栏，人工在规划开采边线外挖截水沟，人工配合 1m³ 反铲剥离覆盖层，一般方法开挖钻爆弃料 1m³ 反铲挖装，15t 自卸车运渣到上游 4 号弃渣场弃渣，运距 500m，坝体填筑料采用深孔梯段微差挤压控制爆破法（在施工条件与地质条件符合洞室爆破时，进行小规模洞室爆破试验，试验时邀请监理工程师和业主参加，成功后进行开采），高速台钻造孔，炸药为 2 号岩石硝铵炸药，电毫秒雷管起爆，料场工作面开出后，沿南溪分两个工作面向上下游开采，采取自上而下梯段开采，边坡坡比为 1：0.3～1：0.5，开挖高度 30m 时留一马道，马道宽 1.5m，梯段高度 12～15m，1m³ 和 2m³ 铲装车，15～20t 自卸车运料直接上坝，平均运距 1.0km。开采工艺流程如图 16.3 所示。日开采量 3100m³（自然方），配备机械设备有 2m³ 反铲 2 台，1.0m³ 反铲 2 台，T140 推土机 2 台，CM340 钻 1 台，CM220 钻 1 台，YA－100A 钻 3 台，手风钻 4 台，料场提前开采并备足度汛填筑料。料场开采工艺流程如图 16.4 所示。

16.5.3.2 石料开采质量控制

为使石料开采取得良好的爆破效果，爆破施工时要严格按技术规定、施工流程和工艺要求，全面控制质量。

1. 钻孔作业质量控制

在正式钻孔前，必须平整钻孔台阶，确保能按设计方向钻凿炮孔，钻孔前严格按爆破设计布孔，并将孔位准确地标记在岩体上，标孔前，先要清除岩体孔位表面的岩粉和破碎层，再用油漆标明各个孔位，布孔从台阶边缘开始，边孔与台阶边缘要保留一定距离，以确保钻机安全。孔位根据孔网设计要求测量确定，孔位应避免布在岩体被振松、节理发育和岩性变化大的地方。遇到这些地方，应调整孔位，调整时应注意抵抗线、排距和孔距之间的关系，为控制爆破石料的大块率，必须保证抵抗线（或排距）和孔距及它们的乘积在调整前后相差不超过10％。

钻机就位后，应从台阶边缘开始，先钻边缘孔，后钻中部孔，并在钻孔过程中，随时掌握钻孔方向、角度及深度，使之符合设计要求，同时应防止堵孔，钻孔结束后装药爆破前，应检查孔壁和孔深，并做好记录。

2. 装药质量控制

装药前应注意检查炮孔，清理炮孔，装药时要严格控制投药的数量，要按设计要求装药，装药结束后孔口必须封堵，并保证封堵质量。

3. 料场的质量控制

面板堆石坝的质量控制，除严格工艺流程的工艺标准外，还需要在料场开采和装运过程中的各个环节进行质量控制。

（1）石料开采前，应在现场进行适当的爆破、碾压试验，优选爆破方式和参数，试验提供的爆破参数和爆破方式在施工中要切实可行。

（2）离覆盖层要彻底，要剥离到设计要求厚度，并根据实际情况进行调整，以确保爆破料的质量。

（3）爆破后，对于大于坝料粒径的超径石进行二次破碎，装料时应剔除超径块石。

16.5.4 坝体填筑

16.5.4.1 土石方平衡

垫层料1.3529万 m^3，由导流洞和发电输水隧洞洞渣料2.4780万 m^3，满足加工垫层料的需要，剩余的1.1251万 m^3 作为过渡料。过渡料3.9460万 m^3，由洞渣提供1.1251万 m^3，还缺过渡料2.8209万 m^3，由主料场开采补充，主堆石区石料84.5677万 m^3，由溢洪道开挖提供18.6049万 m^3（占主堆石区方量的22％），由坝基开挖提供2.7560万 m^3，剩余的63.2068万 m^3 由距坝上游约500m的主料场提供。根据料场地形条件，其储量和质量满足本工程的施工需要。

16.5.4.2 碾压试验

根据本工程所处区域的地形条件，坝体各区料填筑碾压试验，设在坝体内进行。特殊垫层料每层铺料厚度20cm、25cm两种比较，垫层为和过渡料每层铺料厚度40cm、50cm两种比较，上游堆石料每层铺料厚度80cm、100cm两种比较，下游堆石料每层铺料厚度100cm、120cm两种比较，碾压遍数分别按6、8、10遍比较。斜坡碾压（上振下静为一遍）、静碾2～4遍，振碾按2、4、6遍比较，在碾压试验中确定最佳碾压参数，碾压参数报监理工程师批准后，进行坝体填筑施工。各区试验料工程量：垫层料460 m^3，过渡料926 m^3，上游堆石料108 m^3，下游堆石料132 m^3，特殊垫层料37 m^3，爆破试验与碾压试验同步进行。2011年10月成果报监理工程师批准后实施。

16.5.4.3 上坝运输

填筑料装运前进行洒水湿润，Ⅰ期填筑29.8万 m^3，由上游右岸高程465.00m、475.00m、495.00m（跨越趾板时采用搭设钢栈桥保护趾板，并随坝体堆石上升逐步拆移）施工道路进坝。Ⅱ期填筑27.6万 m^3，由上游右岸高程495m施工路上坝。Ⅲ期填筑32.08万 m^3，由上游右岸高程495.00m、515.00m、537.00m施工路上坝。施工路均与各料场施工路相连接,确保填筑料上坝的需要。

因本工程主料场位于坝体上游,所有上坝公路均须跨越上游的混凝土趾板,为了减少施工干扰,使上游跨趾板道路减少,拟采取在坝内形成"之"字形施工道路,使运输线路形成单向循环线路。

16.5.4.4　坝体填筑

为了确保在 2012 年 4 月 15 日前坝体上升到 495.00m 高程,我们拟提前进行坝体主堆石料填筑,争取有效填筑工期,并减少趾板施工与填筑的干扰,填筑时在截流前利用开挖料填筑趾板下游河道两侧的主堆石。在截流后趾板浇筑完成后进行河床段的填筑。

坝面填筑作业包括铺料、晒水和碾压三道主要工序,为提高施工效率,避免施工相互干扰,确保施工安全,坝料填料采用流水作业法组织施工,根据本工程的结构型式及填筑断面尺寸,填筑沿上下游方向拟按宽度 45m 划分工作面,在单个工作面内型式流水作业施工。

坝体填筑前,先完成建基面验收和混凝土趾板浇筑,趾板止水系统保护采用方木围护进行保护。用 16t 振动碾碾压 6～7 遍河床砂石料后,再填筑一层 50cm 厚的 20cm 细石料,16t 振动碾碾压 6～7 遍。而后进行正常填筑,填筑后均衡上升,同一填筑区填筑顺序为主堆石区堆石料→过渡料→垫层料依次铺筑坝料,在与临时断面接坡处采用台阶收坡法,在下期填筑接坡时,利用挖掘机将大块石挖除,并用振动碾进行骑缝压实。在岸坡接坡时用剔出大块石的细料填筑,在临时断面接坡和岸坡接坡时出现架空现象时,用 1m³ 反铲挖出不合格料,补填剔出大块石的合格料,振动碾平行坝轴线碾压,岸坡处顺岸碾压,接坡处骑缝碾压,边角部位采用 2.5t 振动碾压实或振动夯板夯实。"冒尖石"和超径石采用 5.4t 夯锤处理后,再进行碾压,碾压采用错距法,碾迹重叠宽度 20cm,碾压参数按监理工程师批准后实施,填筑料的洒水量由岸坡处 DN100 洒水管路上水表计量,根据工程度汛要求,坝体采用砂浆固坡挡水方法度汛,大坝在 2012 年 3 月 15 日完成高程 495.00m 的上游临时断面填筑,填筑量 29.8 万 m³,3 月 30 日前完成上游砂浆固坡 300m³,2012 年 6 月 15 日完成下游断面填筑,填筑量 27.61 万 m³,高程 495.00m。2012 年 11 月 15 日完成高程 537.35 的上游断面填筑,填筑量 32.08 万 m³,2013 年 11 月 30 日前完成上游砂浆固坡 902m³。施工计划见大坝施工进度计划表,日填筑量 3681m³/d。配备机械设备有颚式破碎机 2 台、W100 履带吊 2 台、16t 振动碾 3 台、12t 振动碾 1 台、10t 振动碾 1 台、2.5t 振动碾 2 台、T140 推土机 4 台、振动夯板 1 台、1m³ 反铲 2 台、2m³ 装载机 1 台、20t 自卸车 10 辆、15t 自卸车 25 辆。

1. 垫层料

垫层料最大粒径 80mm,孔隙率小于等于 18%,级配连续,垫层料由洞渣料经颚式碎石机轧制而成,5mm 粒径不足部分可掺 10%～15% 筛分砂,采用平铺立采由 2m³ 装载机拌和后装车,15t 自卸车运料,运距 1.0km,退铺法卸料,人工挂线铺料,上游侧超宽铺料 20cm,铺料厚度 40cm,16t 振动碾压 6～8 遍,洒水 5%～10%,负温不洒水,增加碾压 2 遍。

特殊垫层料,最大粒径 20mm,孔隙率小于等于 16%,级配连续,此料由洞渣料经颚式碎石机轧制而成,5mm 粒径不足部分可掺 10%～15% 筛分砂,采取平铺立采由 2m³ 装载机拌和后装车，15t自卸车运料，运距1.0km，退铺法卸料，人工挂线铺料，上游侧超宽铺料20cm，铺料厚度20cm，2.5t振动碾碾压10～12遍，洒水5%～10%，负温不洒水，增加碾压2遍。

2. 过渡料

过渡料最大粒径300mm，孔隙率小于等于20%，级配连续，此料由洞渣料和料场爆破获得，2m³铲装车，15t自卸车运料，运距1.2km，退铺法卸料，人工配合T140推土机铺料，铺料厚度40cm，16t振动碾碾压6～7遍，洒水15%～20%，负温不洒水，增加碾压2遍。

3. 主体碾压堆石区

主体碾压堆石区最大粒径600mm，孔隙率小于等于22%，级配连续，此料由采石场供给，2m³铲装车，15t和20t自卸车运料，运距1.2km，进占法卸料，T140推土机铺料，铺料厚度80cm，16t振动碾碾压6～8遍，洒水15%～20%，负温不洒水，增加碾压2遍。

4. 下游碾区堆石区

下游碾压堆石区最大粒径800mm，孔隙率小于等于24%，级配连续，此料由采石场供给，2m³铲装车，15t和20t自卸车运料，运距1.2km，综合法卸料，T140推土机铺料，铺料厚度100cm，16t振动碾碾压4～6遍，洒水10%～15%，负温不洒水，增加碾压2遍。

"L"墙在堆石料填筑，在"L"墙浇筑完成并达到设计要求强度后进行回填，石料利用3.5t农用车通过溢洪道临时交通钢结构栈桥运到填筑点进行填筑，利用推土机推平，10t振动碾静碾压实。

16.5.4.5　砂浆固坡

上游面砂浆固坡1202m³，最大斜坡长140m，根据工程度汛要求，分两次进行。第一次高程495.00m以下最大斜坡长70.5m，砂浆固坡300m³；第二次高程495.00～537.35m，最大斜坡长69.8m，砂浆固坡902m³。垫层料每上升2～3m时，人工配合1m³反铲来粗削坡面，采用"宁少勿多"原则直至预填高程，而后进行人工挂线削坡、修坡、整坡，在设计线法线方向超留5cm沉降量，人工洒水湿润后，W100履带吊牵引10t或12t斜坡振动碾碾压，先静碾2遍，后振碾2～4遍。合格后铺砂浆，边铺料边碾压，静碾2次，初凝后洒水养护，砂浆由拌和站供给，3m³搅拌罐车运料，运距1km。

下游干砌石护坡厚度小于等于35cm，在堆石料中选取35cm的块石，此料在堆石料装车时，人工配合2m³铲剔出并装车，20t自卸车运至坝下游填筑层边缘，平均运距1.2km，人工砌筑，与填筑平起。

16.5.4.6　施工排水及反渗水处理

（1）在坝体填筑过程中，尽可能保持上游坝面高于下游坝面，即从垫层前缘坡向下游堆石区，尽可能避免坝上水流流向垫层。

（2）在两坝头岸坡上，填筑导流堤或挖排水沟，将岸坡上下泄的水流导向坝区以外，防止集中水流泄到填筑坝面。

16.5.4.7　填筑质量

（1）严格按照确定最佳爆破参数开采上坝料，定期检查上坝料颗粒级配情况。

（2）严格按照坝料分区界限及尺寸填筑，同时保持上游坝面平起填筑，避免过渡料占压垫层区、主堆石料占压过渡区。过渡层区与垫层区或主堆石区的界面不能有大块石集中和架空现象。

（3）严格控制坝体现岸坡接合部的填筑质量，与岸坡接合部采用填筑垫层料或过渡料并减薄铺层厚度，并使压路机沿岸坡方向碾压，对压不到的部位采用平板振动器进行压实，确保坝体与岸坡接合部的填筑质量。

（4）严格按照最佳碾压参数施工，每层碾压遍数达到后，挖坑注水法测容重，验收合格后，方准铺筑第二层。

（5）严格按照各区填筑料要求开采，加工轧制，禁止混料，确保坝体填筑质量。

16.5.5　混凝土工程施工

大坝工程混凝土施工包括趾板、面板、"L"墙及坝顶路面施工。

16.5.5.1　趾板混凝土施工

1. 趾板施工工艺流程

趾板施工工艺流程如图 16.5 所示。

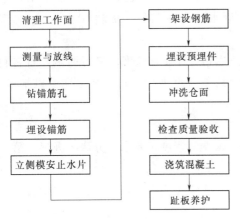

图 16.5　趾板施工工艺流程

2. 趾板施工

混凝土趾板厚度 0.4m，共设六条横缝，共分七块，其中左右岸岸坡段各 3 块，河床段 1 块。趾板建基面开挖验收合格进行混凝土浇筑，截流前浇筑部分岸坡段趾板混凝土，截流后抢浇河床段趾板混凝土，河床段趾板混凝土浇筑完成后再进行剩余的岸坡段混凝土浇筑。人工支模，隔块跳仓浇筑，混凝土由上游围堰与坝脚间的小拌和站供给，自卸汽车配 1m³ 卧罐运混凝土，平均运距 100m，岸坡段由混凝土泵入仓，河床段由 W100 履带吊吊 1m³ 卧罐入仓，混凝土初凝后，铺草帘湿水养护，日浇筑量 15m³/d，配备机械设备 HBT30 混凝土泵 1 台，W100 履带吊 1 台。

16.5.5.2　面板混凝土施工

1. 施工工艺流程

施工工艺流程如图 16.6 所示。

2. 混凝土浇筑

混凝土面板缝间距 16m 宽，共计 13 块。面板混凝土采用无轨滑模施工，先浇筑河床段后浇筑岸坡段，采用隔块跳仓浇筑。混凝土面板最大斜长 140m，等坝体填筑到 537.00m 高程时一次滑升到坝顶，坝顶设置 2 台 5t 慢速同步卷扬机牵引 16m 宽模体，侧模、钢筋、滑槽等材料由台车送到仓面，台车由 2t 卷扬机牵引，混凝土由拌和站供给，3m³ 搅拌罐车运混凝土卸入滑槽入仓，运距 150m，每层混凝土浇筑厚度 30～50cm，插入

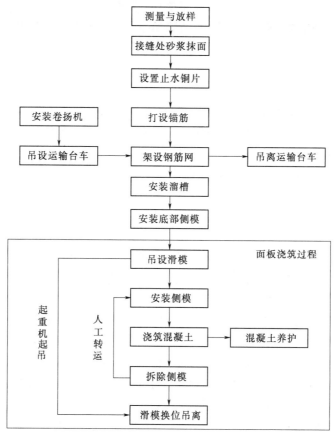

图 16.6　面板施工工艺流程

式振捣器振捣，插入下一层混凝土 5cm，滑模滑升速度控制在 1~2m/h，混凝土采用掺膨胀剂倒比例级配的补偿收缩混凝土，混凝土初凝后铺麻袋洒水养护，负温不洒水，晚拆模。日浇筑量 103.3m³/d，配备机械设备 16m×1m 模体 1 套，5t 卷扬机 2 台，2t 卷扬机 2 台，W100 履带吊 2 台，3m³ 搅拌罐车 4 辆。

16.5.5.3 "L"墙施工

支模采用组合钢模二次到顶，混凝土采用隔块跳仓浇筑，混凝土由拌和站供给，自卸汽车配 1m³ 卧罐运混凝土，运距 200m，W100 履带吊 1m³ 卧罐入仓，混凝土初凝后盖草帘洒水养护，日浇筑量 38m³/d，配备机械设备 W100 履带吊 1 台，8t 自卸汽车 2 辆。

16.5.5.4 路面施工

路面混凝土由纵缝分上游块和下游块，先浇筑上游块后浇筑下游块，人工支模，振捣梁振捣，混凝土由拌和站供给，机动翻斗车运混凝土直接入仓，真空吸水工艺，切缝机切割横缝，混凝土初凝后铺草帘洒水养护，配备机械设备机动翻斗车 4 辆，真空吸水装置 1 套，切缝机 1 台。

16.5.6　基础处理

16.5.6.1　断层处理

断层采用人工配合 1m³ 反铲挖除，开挖呈倒梯形，开挖深度和宽度达到设计要求后，用压力水冲洗干净回填混凝土塞。岩石较完整且裂隙细小时用压力水冲洗干净，然后用水泥砂浆封堵，裂隙发育渗水严重时，人工清除裂隙中的充填物，然后用压力水冲洗干净浇筑封盖混凝土。

16.5.6.2　灌浆

1. 灌浆试验

试验选择在大坝趾板地段，先打导孔确定固结、帷幕孔的参数，再确定固结灌浆深度和排数，同时确定帷幕灌浆的深度和间距，进行固结灌浆和帷幕灌浆试验，2011 年 10 月试验成果报请监理工程师批准后实施。初拟试验段工程量：固结灌浆 60m，检查孔 10m，帷幕灌浆 300m，检查孔 50m。最终根据设计要求确定。

2. 趾板灌浆

趾板灌浆孔采取预埋灌浆管的方法，用手风钻打固结灌浆孔，SGZ Ⅲ A 钻机打帷幕孔。待混凝土趾板达到一定强度后再进行灌浆，固结灌浆压力初拟 0.2～0.4MPa，帷幕灌浆压力初拟 0.5～1.5MPa，先固结灌浆后帷幕灌浆，固结灌浆和帷幕灌浆使用 52.5 级水泥，施工时应严格按试验成果布孔，钻孔灌浆，执行《水工混凝土水泥灌浆施工技术规范》（SL 62—2014）规范的技术规定，灌浆后的检查孔，采用回转式钻机钻孔，孔径 110～130mm。帷幕灌浆在岩石裂隙冲洗结束后进行压水试验，总压力值采用 1.0MPa，固结灌浆在岩石裂隙冲洗结束后进行压水试验，总压力值采用 0.3MPa。帷幕灌浆采用自上而下分段灌浆法，混凝土与基岩接触段单独先灌，待凝 24h 后，进行以各段钻孔，灌浆接触段长 2m 以内，其余段长 5m，灌浆塞位于基岩面上 0.5m，宜采用孔内循环法，射浆管距孔底 0.5m。固结灌浆采用孔内循环法，全孔一次灌浆，射浆管距孔底 0.5m，灌浆压力按试验成果实施。配备机械设备 SG Ⅲ A 钻机 2 台，手风钻 3 台，SGB6 - 10 泵 2 台，LJM Ⅲ - 200 搅拌机 2 台。

16.5.7　止水系统施工

根据设计要求，趾板横缝只在表层设一道止水表层采用嵌填弧形 SR 填料封闭，SR 上部粘贴 SR 盖片保护；面板部位的缝采用 B 型缝，即单止水，只在面板分缝底部设一道 W 型止水铜片在铜片底部设宽 60cm，厚 0.6cm 的 PVC 板，其缝间涂刷一道石灰水。面板两端部的缝采用 A 型止水型式，即双止水。缝的下部结构同 B 型缝，缝的顶部增嵌弧形 SR 填料封闭，上部粘贴 SR 盖片保护，盖片板用喷锌膨胀螺栓固定，螺栓间距 25cm。止水铜片要求采用 1mm 厚的退火纯铜卷材，延伸率大于 20%，面板与趾板间的周边缝采用 A 型止水结构，即双止水。

防渗填料施工时自下而上逐段进行，先河床段后岸坡段。止水铜片采用自制成型机压制，止水系统施工时严格按图纸和防渗填料施工说明进行。

嵌填料施工采用后填法施工，即在浇筑面板混凝土时，在接缝的顶部预留“V”型槽，槽内嵌入嵌缝材料，并按设计要求呈向上弧形隆起，并在上部采用 SR 盖片保护密封，并用膨胀螺栓将密封带牢固地压紧在混凝土上，以切实地起到密封的作用。其施工工艺流程为清槽→涂黏合剂→填料→密封。施工时应严格按施工规范和设计要求进行。

16.5.8　观测设备埋设

于坝体中央断面处，沿三个高程设置 YS - Ⅲ 水管式沉降仪计 3 套，YS - Ⅲ 钢丝水平位移计 3 套。于坝体左右岸坡、河床段分别设置五套 TS 型三向测缝计。坝体中央断面基础布置 5 套渗压计，面板埋设 60 支 DI－10 二向应变仪。在坝顶和下游坝坡表面共设置 20 只三向位移标点。坝体下游处的浆砌块石量水堰，防渗体采用等厚 0.8m 的 C20 混凝土截水墙延升至两岸基岩，其基础要求进行固结灌浆，截断地下渗流。

位移计、沉降计和渗压计的埋设在填筑中进行，周边用细料防护，1.8m 以内禁止碾压，用压力水冲实。用支座把应变计固定好，无应力计距应变计 50cm，采用隔离杯法埋在面板内，测斜仪埋在面板下部，仪器的电缆用塑料管套上引至观测房，电缆采用硫化胶接法连接，电缆芯线采用锡焊，在浇筑混凝土和填筑中设专人维护，以防损坏设施，埋设时按图纸、设计要求和规范执行。

在填筑到临时挡水断面时，为保护坝内仪器及确保后期填筑的连接，仪器电缆外包钢管进行保护，并在坝后坡利用块石砌筑进行保护。

16.6 溢洪道施工

开挖施工程序为进水渠、控制段→泄槽段→挑流鼻坎段，各段依次进行，自上而下逐段分层开挖，进水渠、控制段先在中间掏槽 15m，贯通后开挖层由上、下游向中部开挖。泄槽段、挑流鼻坎段由下游向上游分层左、右交替开挖，开挖工艺流程同坝体施工。

混凝土浇筑量 21887.4m³，浇筑部位溢流堰，挡墙、边墙、底板和鼻坎等。混凝土施工程序为进水渠、控制段→泄槽段→挑流鼻坎段，自下而上分层分块，先墙后板的顺序，混凝土施工工艺流程同坝体施工。

溢流堰和挑流鼻坎采用异形木模，其他均采用钢模板，混凝土浇筑厚度 30cm，采用插入式振捣器振捣，插入下层 5cm，混凝土初凝后盖草包洒水养护，为保证混凝土施工质量采用补偿收缩混凝土，真空吸水工艺施工。进水渠、控制段采用 W200A 履带吊配 2m³ 卧罐入仓。泄槽、挑流鼻坎段采用混凝土泵入仓，底板采用真空吸水工艺施工，混凝土由自动拌和站供给，3m³ 搅拌车运混凝土。

溢洪道交通桥在进水渠底板混凝土浇筑达到强度后，进行现场预制，W200A 履带吊安装就位。

日最大混凝土浇筑量 176m³/d，配备 W200A 履带吊 1 台，HBT30 泵 1 台，3m³ 搅拌车 2 辆，真空设备 1 套。

溢洪道工程灌浆包括帷幕灌浆 283m，固结灌浆 495m，灌浆方法与大坝灌浆方法相同。

16.7 隧洞工程

此部分内容略。

16.8 上坝公路施工

上坝公路从位于 1 号冲沟左侧 0＋530（高程 480.00m）至发电输水隧洞进口启闭机

室平台1＋740（高程543.90m），全长1.21km。上坝公路路面采用泥结石路面，净宽3.5m，路基宽4.7m，最小开挖边坡不小于1：0.3。

16.8.1 土石方开挖

因本工程上坝公路与溢洪道、坝区施工存在很大干扰，开工以后马上进行上坝公路开挖，并结合溢洪道开挖进行。为加快施工进度，对右坝头段上坝公路采用2台高速台钻进行钻孔开挖，其余部位采用气腿风钻造孔，分三个工作面同时开挖。覆盖层开挖采用1.0m³反铲开挖，石方开挖对于开挖深度较大部位采用梯段开挖，薄层开挖采用风钻造孔、浅孔火花爆破方法。开挖施工工艺流程同坝体工程施工。上坝公路开挖从2011年9月开始，到2011年10月结束，开挖工期为1.5个月。

16.8.2 泥结石路面施工

泥结石路面施工采用拌和法施工，其施工流程为铺碎石→铺黏土→拌和→洒水→碾压。

施工时，将碎石均匀撒铺在路槽中，然后将黏土均匀撒铺在碎石上，用齿耙、铁铲等工具将黏土与碎石拌和均匀，随即洒水并整平表面，待表面稍干且不粘滚筒时，用压路机碾压至密实。

16.9 施工总进度计划

16.9.1 编制说明

本项目施工进度计划按照招标文件规定的关键工期控制，符合招标工期要求。根据施工计划安排，拦河大坝填筑为施工主线，是工程能否按期完成的控制点，特别是2012年4月15日前，大坝临时断面必须填筑到495.00m高程，为安全度汛提供可靠保证，同时根据工程的特点，合理组织施工流程，各项目的施工进行密切配合，力争整个施工作业面合理布置，提高企业经济效益。根据以上原则，编制了"某二级水电站拦河坝工程施工进度表"。

16.9.2 工期

招标文件确定的总工期为24个月，为2011年9月至2013年8月，我公司的计划工期比招标文件确定的工期提前2个月，即工期拟2011年9月1日开工（以开工令为准），本标工程于2013年6月30日竣工，施工进度计划表详见表16.9。

16.9.3 控制性进度

16.9.3.1 大坝工程

（1）2011年9月1日开工（以业主开工令为准）。

（2）2011年10月31日实现南溪截流。

（3）2011年11月15日坝体开始进行堆石填筑。

（4）2011年12月15日完成坝基的土石方开挖工程。

（5）2011年10月15日开始进行趾板浇筑，并于2012年1月15日完成趾板浇筑施工。

（6）2012年3月15日完成大坝临时断面填筑，坝体高程达到495.00m，并于同年3月31日前完成495.00m高程以下的砂浆固坡工作，坝体具备挡水度汛条件。

表 16.9

施 工 进 度 计 划 表

编号	项目名称	单位	工程量
一	临时工程		
1	场内施工道路	项	1
2	场内风、水、电	项	1
3	生活设施、仓库、施工辅助企业	项	1
4	碎石加工系统	项	1
5	混凝土拌和系统	项	1
6	上下游围堰	项	1
二	导流洞封堵工程		
1	导流洞封堵C20混凝土叠梁门制安	m³	128
2	导流洞封堵C15混凝土封堵	m³	1503
3	导流洞回填灌浆	m²	1229
三	拦河坝坝工程		
1	坝基覆盖层开挖	m³	59386
2	坝基石方开挖	m³	23160
3	大坝趾板C25混凝土	m³	1067
4	坝体填筑	m³	898666
5	下游干砌石护坡	m³	6295
6	面板M10砂浆	m³	1202
7	大坝面板C25混凝土	m³	6454
8	"L"墙C20混凝土	m³	1902
9	坝顶公路C15混凝土	m³	177
10	固结灌浆	m	1063
11	帷幕灌浆	m	3235
四	侧槽溢洪道工程		
1	土方开挖	m³	22600
2	石方开挖	m³	256174

进度计划时间轴：2011 年（9、10、11、12 月）、2012 年（1～12 月）、2013 年（1～8 月）。

里程碑标志：▽截流、下游围堰、▽填到 495.00m 高程、▽Ⅱ期填筑完成、▽填到 537.35m 高程、▽下闸蓄水、竣工。

编号	项目名称	单位	工程量
3	溢流堰 C20 混凝土	m³	2977
4	挡水墙 C15 混凝土	m³	12515
5	边墙衬砌 C20 混凝土	m³	3156
6	底板衬砌 C20 混凝土	m³	2309
7	挑流鼻坎 C20 混凝土	m³	728
8	固结灌浆	m	495
9	帷幕灌浆	m	283
10	溢洪道交通桥	项	1
五	发电输水隧洞工程		
1	土方明挖	m³	914
2	石方明挖	m³	2133
3	石方洞挖	m³	8753
4	竖井石方开挖	m³	1027
5	拦污栅滑道及边墩 C20 混凝土	m³	86
6	平洞衬砌	m³	1426
7	竖井衬砌	m³	625
8	检修平台 C15 混凝土	m³	393
9	启闭机房	m²	56
10	固结灌浆	m	2655
11	回填灌浆	m²	1451
六	上坝公路工程	项	1
七	金属结构设备及安装工程		
1	进水口事故闸门及埋件制安	t	21.84
2	拦污栅制安	t	12
3	启闭设备安装	台	2
八	竣工清理	项	1

进度栏：2011 年（9、10、11、12 月）、2012 年（1～12 月）、2013 年（1～8 月）

▽开挖到 0+440

（7）2012年6月15日坝体495.00m高程下游断面填筑完成，2012年11月15日坝体填筑到537.35m高程，堆石工作基本结束。

（8）2012年12月1日至2013年2月28日浇筑大坝防渗面板混凝土。

（9）2013年2月28日封孔蓄水。

（10）2013年4月30日完成坝顶"L"墙的灌筑。

（11）2013年5月31日完成坝顶静碾区的填筑。

（12）2013年6月30日完成坝顶路面混凝土浇筑。

（13）2013年6月30日本标的全部工程竣工。

16.9.3.2　侧槽溢洪道

（1）2012年4月30日完成土石方开挖施工。

（2）2012年6月30日前完成溢流堰混凝土浇筑。

（3）2013年1月15日前完成溢洪道所有混凝土浇筑。

（4）2013年6月30日完成溢洪道交通桥施工。

16.9.3.3　发电输水隧洞工程

（1）2011年11月1日至12月15日完成土石方明挖。

（2）2012年3月15日前完成桩号0+440前洞挖石方施工，桩号0+440以后洞挖施工在2012年10月15日到10月31日完成。

（3）2012年5月15日前完成竖井石方开挖。

（4）2012年7月15日前完成竖井混凝土衬砌施工。

（5）2012年12月31日前完成隧洞混凝土衬砌施工。

（6）2013年3月15日前完成隧洞回填灌浆和固结灌浆施工。

（7）2012年8月31日完成进水口事故闸门、埋件的制作安装。

（8）2012年12月31日前完成进口拦污栅的制作安装。

16.9.3.4　导流洞封堵工程

导流洞封堵工程于2013年5月15日完成封堵混凝土浇筑及回填灌浆。

16.9.4　施工强度

（1）土石方开挖：76072m³/月。

（2）大坝坝体填筑：92037m³/月。

（3）混凝土浇筑：4434m³/月。

（4）洞挖石方：2188m³/月。

（5）帷幕灌浆：1078m/月。

（6）固结灌浆：1044m/月。

（7）回填灌浆：2458m²/月。

16.9.5　工期保证措施

为确保工期，保质保量完成施工任务，必须进行周密的计划和合理的组织，绝对保证工程如期完成，在施工中，我们采取如下保证措施。

（1）组建一个高效务实的施工领导班子，集中管理统一调度，由项目经理任现场总指挥，对施工机械、技术人员统一调度。最大限度地满足本工程需要。

（2）施工时制定详细的各分项工程的施工技术措施、组织流水作业，做到技术先进，工艺合理。

（3）项目经理部将对工程实行目标管理，用经济责任制对工期、质量、安全等进行全面奖罚考核，重奖重罚。

（4）施工进度计划派专人监督执行，做到计划科学合理，施工认真到位，并在施工过程中不断予以优化，力争提前完成本标工程。

（5）根据工程情况分成几个工作面，各段任务责任到人。合理安排劳动力，做好现场组织工作，并根据工程具体情况，某些项目安排二班至三班作业。

（6）确保设备、人力、物力充足，计划安排采取长计划、短安排、每旬编制计划，按制定的施工进度每旬检查一次，做到只许提前，不许退后，如发现推迟必须在下一个旬内进行赶期，不得拖延，必要时增加劳动力，加班加点，保质量，抢工期。

（7）认真制订各项目施工用料的供应计划，确保材料供应及时到，满足施工要求。并存有备料，决不因材料短缺而影响工期。

（8）根据各施工段情况编制出施工网络图，抓住关键线路，保证各工序顺利施工，关键工序施工时严格控制其进度，必要时增加劳动力和机械设备。同时认真制定各工序之间的衔接计划措施，缩短上下工序的衔接时间。

（9）加强质量监督，避免工程返工，严格按图纸规范施工，对单元工程及时进行质量自检、互检、验收评定，提高一次成功率，避免因返工延误工期。

（10）加强对机械设备定期检修和保养，备足备品备件，确保施工机械设备的完好率和利用率。

（11）及时掌握气象动态分析，抢晴天，赶雨天，抓住有利时机，环环相扣，步步为营。

（12）与当地居民和监理、设计部门协调好关系，减少工作纠纷，加强配合。

16.10　施工技术组织措施

16.10.1　施工技术措施

工程施工技术措施是工程质量、进度、安全施工目标得以实现的重要保证，为保证各工序的施工质量、进度、安全生产、文明施工，为此制定了详细的技术措施。

（1）选派一个多年从事并参加过类似工程施工的工程师担任本工程的项目总工程师，对工程进行整体把关。同时配备相应的质检、安全、施工人员，开展经常性检查各道工序的施工质量，做好施工前的技术交底及质量标准交底工作，做好测量放样工作。

（2）施工前，对使用的水准仪、经纬仪、全站仪由法定检测单位进行检测合格，符合工程测量规范有关技术要求。

（3）所有观测、测量数据应在现场直接记入手簿，字迹清楚，严禁涂改，测量资料有两人互检校核后才能使用。做好水准点、控制定位桩的保护、校核工作，并将其标于平面图上。其现场的保护工作应持续到竣工。

（4）施工放样单及测量数据应由项目总工程师把关。

（5）在现场布置符合工程等级精度的平面控制网和高程控制网，根据业主、设计给定的定位桩，在坝区设置和加密轴线及临时水准点，在施工过程中应经常校核轴线并复测水准点。现场定位桩、控制桩应用混凝土加以固定，以防其移动走位。

（6）健全各工序的班组自检、互检、交接检工作，做到在自检合格后，再递交监理工程师验收的质量管理制度，执行奖优罚劣制度。

（7）对工程的施工方案，组织主要施工人员进行优化讨论，从保证质量、工期等方面综合考虑，做到方案科学合理、切实可行且有保证措施。

（8）由项目总工程师、质量负责人组织施工主要人员学习施工规范，明确优良工程评定标准，使施工中的每一环节、每道工序在质量上得到预先控制，从而提高单元、分部工程的优良率。

（9）隐蔽工程验收由项目总工程师主持，组织质量负责人和有关人员参加，终检合格后，报监理工程师检查验收并签字后方可进行下道工序施工。

（10）原材料的采购、验收由材料员、质检员严格把关杜绝不合格材料进场，钢材、水泥、止水材料、电焊条、外加剂等原材料必须有出厂合格证、质保单；砂石料必须符合规范中含泥量、级配等标准。以上材料须按规范要求，原材料抽样必须合格后方能投入使用。

（11）对进入工地的材料以标准化管理的要求按规格入库，堆放整齐，不混堆。防止污染和践踏，保证材料的使用质量。在使用材料时，必须根据施工规范核对材料的品种、规格与外观质量符合要求后方可使用。

（12）混凝土工程采用钢模板为主，木模板为辅。使用同一品种、规格的水泥及脱模剂，确保混凝土色泽一致。

（13）浇筑混凝土时应有详细的施工记录，包括原材料、混凝土标号、混凝土配合比、浇筑过程、养护时间、试块制作编号、试验结果及分析等内容。施工必须严格按照《水工混凝土施工规范》（DL/T 5144—2001）实施。

（14）认真做好各工序的质量报验单及验收，做好隐蔽工程验收，认真填写施工日记、混凝土浇筑记录及单元工程验收单，竣工资料齐全且符合要求。

16.10.2　冬雨季施工措施

（1）组织施工人员学习冬季、雨季施工方案及其他有关条件、规定，严格按规范执行。

（2）修好砂石料场排水设施，保证排水畅通，不污染骨料，加强水泥的保管，防止受潮雨淋而变为废品。

（3）及时收集气象预报资料，尽量避免雨天浇筑混凝土，当雨天浇筑时，需搭设防雨棚，运输车辆盖防雨布，混凝土浇筑遇小雨时应调整混凝土拌和的水灰比，加强仓内积水的排除。新浇好的混凝土要盖好塑料布，防止周围雨水流入仓内；当浇筑遇到大雨不能施工时要留好工作缝。

（4）在下雨天，要及时检查电线、插头，必要时切断电源，防止电器设备漏电。

（5）提前准备防冻保温和防雨保护物资，如草包、油布等，确保混凝土不受冻。

（6）气温低于0℃时，不得浇筑混凝土，平均气温0～5℃时浇筑混凝土要适当延长混凝土拌和时间,应比常温时延长50%,养护时不得洒水,利用草包覆盖养护,对模板拼缝部外挂保温材料保温,并适当延长拆模时间。

16.10.3 降低工程成本措施

根据本工程的施工特点,优化施工方案,加强现场人力、设备、材料的科学管理和使用,节约成本,降低工程造价。

(1) 材料采购时严格控制质量和定额数量,避免浪费;降低采购成本,节约费用。

(2) 正确理解图纸含义,做好项目工料分析,落实各项计划。

(3) 正确合理指导施工,提高一次成活率;施工流程合理可行,避免停工、误工。调度要灵活,节约材料,制定节省材料和人工的措施。

(4) 建立和健全成本核算制度,及时进行成本分析,加强人工、材料、机械的管理。

(5) 合理安排施工,提高劳动效率及机械、材料的利用率,增加周转次数。不费料,不失窃材料,及时回收材料,合理堆放材料,减少搬运距离。

(6) 根据施工强度需要,各种材料尽量做到一次到位,减少驳运及二次搬运次数。

(7) 加强职工技术岗位培训,提高职工技术和操作技能。

(8) 学习和采用新工艺、新技术,制定先进合理的施工方案,减少资金占用,降低成本。严格把好施工质量,防止返工。

(9) 加强班组管理,实行工程经济承包责任制,做到奖罚分明,提高职工劳动积极性。

(10) 分段作业,各作业段前后工艺形成流水作业,建全工序验收制度,不留工程隐患,不返工,从而争取提前完工。

(11) 合理安排各施工段劳动力及各工序施工人员,不使各道工序脱节,确保各施工段均衡施工,不浪费劳动力。

16.10.4 质量保证措施

建立各级质量管理岗位责任制。严格按照水利水电工程施工技术规范、工程质量验收规范和设计要求进行施工。并按质量管理体系对工程项目的施工实施全过程持续、有效的控制,主动接受建设单位、设计单位、监理单位及质量监督单位的检查和监督,确保工程质量优良,特编制如下保证措施。

16.10.4.1 组织与管理措施

(1) 严格遵守水利水电工程施工技术规范,以规范为准则,建立完整的现场施工管理制度,建立完整的现场施工质量检查验收制度,做好完整的现场施工质量检查验收记录,按《水利水电基本建设工程验收规程》(SL 223—2008)进行验收,按《水利水电建设工程单元质量验收评定标准》(SL 631~637—2012)进行质量评定。

(2) 在施工全过程中,自始至终坚持由项目经理、项目总工、质检员组成的质量检查领导小组,领导QC小组开展各单项生产QC活动,建立质量责任制,实行奖罚制度,狠抓质量教育,提高职工的质量意识和素质,把质量隐患消灭在施工过程中。

(3) 工地配备专职检查员、试验员、因地制宜符合施工现场制度,确保各工序都有质量控制和监督。

(4) 实行"三检制",对各单元工程进行分级检查,隐蔽工程必须经监理工程师和业主中间验收合格，方可进行下道工序施工。最后由工地质检员会同建设单位代表及监理工程师进行验收。

（5）施工各工序要认真复核，经验收合格后方可进行下道工序施工，并严格执行单元工程质量等级评定制度。

（6）认真接受建设单位和有关质检部门的监督、检查和工程监理。积极配合建设单位、设计单位及监理工程师检查工程质量。按月向甲方提供质量报告及有关技术资料。

（7）坚持质量奖罚制度，并定期对工程质量进行全面检查、总结。

（8）健全和完善工程技术档案，做好原始资料记录和整理工作，及时完成竣工资料整理。

16.10.4.2　技术措施

1. 开挖系统

（1）爆破试验。坝肩和基坑采用浅孔爆破及深孔梯段微差爆破，隧洞主要采用光面爆破。选定合适地点，岩性与隧洞所给围岩条件相近的位置作为试验基地，组织有爆破经验的施工人员和爆破专家对现场进行爆破试验，取得有关孔径、孔深、线装药量、孔距、排距等钻爆参数，并结合进洞后的生产性试验，调整优化爆破参数，达到规范和设计要求，并取得良好的经济效益。

（2）开挖效果的控制。预裂爆破缝宽不小于1cm，不大于2cm，预裂面不平整度小于15cm；光面爆破的炮孔残留率中硬岩75%，硬岩85%左右；建基面以上1.5m范围按垂直向保护层开挖，药卷直径不大于32mm，对软岩、破碎岩基留足20～30cm撬挖层。

（3）上坝堆石料的质量应严格控制，绝对禁止风化石料上坝，采石料场应清理掉覆盖层后再进行堆石料的开挖，砌石护坡应选用质地坚硬、新鲜的石料。并保证上坝料的级配要求。

（4）其他情况处理。开挖时，准确对围岩（或基础）进行地质描绘，分项填表记录，发现不良地质构造时及时报告监理或设计部门并按规范正确处理，对较大范围的断层破碎带且有冒顶危险的地段，采取减小循环进尺、控制一次起爆范围和装药量，必要时采取开挖和锚喷支护交替进行的方式。

2. 混凝土系统

（1）对施工用的原材料，按规范要求进行试验、复检。水泥、钢材等主要施工用材进场时要有质保书或出厂合格证，否则不得使用，水泥尽量选用名牌产品。水泥、钢材等按规范规定进行复检。对砂石骨料、外加剂、水等按规范做质量检测，符合要求才可使用。

（2）混凝土拌和站每班做三组混凝土抽样试验，检查混凝土配比、拌和时间、外加剂掺量、坍落度等是否满足待浇部位的混凝土设计要求。按规定做混凝土试块，对施工中的质量及时进行控制、检查。混凝土浇筑面防止产生初凝现象。

（3）对各设计标号的混凝土应进行配合比试验，确定施工配合比。混凝土拌和楼计量器具应准确，定期进行检测。混凝土入仓距离不大于2m，超过2m挂溜筒或缓降溜槽。在运输或浇筑过程中发生骨料分离现象，立即予以清除或重新拌制并调整混凝土配比。

（4）模板的选材、制作和安装按规范标准执行。木材干燥后使用，钢模面板厚度δ大于 5mm，模板使用时表面涂脱膜剂，使用后立即清洗干净，变形或破损模板整修后分类堆放。

（5）混凝土浇筑前基础面或混凝土施工缝清基应干净，对水流要妥善引排，岩面施工缝无积水、无杂物，混凝土面无乳皮、成毛面。

（6）在夏季高温季节、冬季低温冰冻期、雨天等原则上不安排混凝土浇筑施工。该时间若进行混凝土施工，应采取一定的施工措施，确保混凝土的施工质量。在夏季高温时，尽量减少混凝土浇筑工作量，并采取降低骨料温度，采用低温水，加快混凝土入仓覆盖速度，采用喷水雾等方法，浇筑施工尽量安排在早晚和夜间进行。在冬季低温季节，施工仓面应采取加热保温等措施，确保混凝土的浇筑温度不低于 5℃，在混凝土拌和时，掺加气剂，对原材料储存、运输均采取适宜的保温措施，浇后，采用草包或塑料薄膜覆盖等措施保温。在雨天施工时，砂石料场的排水应畅通，混凝土浇筑仓面应有防雨设施，并做好沙石料含水率测定工作，对级配做合理调整，雨量较大时，应停止浇筑。

（7）面板与趾板混凝土施工，混凝土入仓距浇筑面不得大于 2m，溜槽顶设集料斗。以免混凝土骨料分离。浇筑面板时，其侧模安装除牢固外，不得破坏止水设施。侧模允许安装偏差：偏差设计线 3mm；不垂直度 3mm；20m 范围内起伏差 5mm。混凝土面板浇筑完毕，为减少裂缝，养护至水库蓄水为止。注意在冬季、雨季、夏季混凝土浇好的保护工作，并制定专项措施。

（8）喷混凝土骨料采用磨圆较好的卵石做骨料，最大粒径小于 15mm，骨料级配满足要求。

3. 基础灌浆

（1）灌浆机等施工设备经全面检查确认正常后再投入使用，每次使用前进行试运转，对承压设备或容器依据规定抽样检测和试验工作，不合格产品不得使用，并对砂石骨料、外加剂、水等灌浆材料按标准和规范做质量检测，并记录鉴定成果。

（2）灌浆按施工组织设计的程序、设计要求进行，确保灌浆的连续性。

（3）灌浆中配备专人观看压力表，并经常核对，不使用超出误差允许范围的压力表，严禁压力突升或突降。

4. 金属结构

（1）详细了解施工现场情况，按设计规范、设计要求，进行预埋件的安装，注意材料的及时购置和预埋件埋设前的检查。

（2）闸门上的临时吊耳、爬梯焊接牢固，经检查确认合格后方可使用，闸门连接板和轴销，在闸门未竖立前严格按规范预先组装。

（3）做好启闭机电气设备的金属非载流部分保护接地措施，并保证其良好的绝缘性。严禁在启闭机机械设备尚未安装完毕时接通电源，启闭机试运转前，检查设备转动部分和摩擦部分有无杂物阻塞，防护装置是否完好，并检查行程限制器、过载限制器、锁锭装置以及仪表等是否安全可靠及电子秤的灵敏度和制动器的能力是否符合设计要求。

16.10.5　安全保证措施

16.10.5.1　安全组织保证

（1）设立安全领导小组，项目经理为组长，项目总工为副组长，配备专、兼职安全员，建立安全网络，分级负责。

（2）严格执行国家的有关安全方针、政策和法规。

（3）根据本工程施工特点，制定施工"安全守则"，健全安全生产岗位责任制。

（4）特殊岗位持证上岗，加强岗前培训、教育。

（5）配备持证的专职安全员，并在各班组指定兼职的安全员，建立健全安全生产管理网络，制定各项安全生产责任书，建立奖罚制度。

（6）贯彻以防为主的方针，开展月度、季度、年度安全生产大检制制度，发现事故隐患，限期整改，并落实到人。

（7）加强职工的安全教育，树立"安全第一、预防为主，安全生产、人人有责"的思想，增强职工的安全防范意识。对新工人在进厂前应专门组织安全常规及工种安全规范的教育。

16.10.5.2 安全技术措施

（1）施工现场工作必须按照安全生产、文明施工的要求，积极推行施工现场的标准化管理。按施工组织设计，科学组织施工。

（2）开展安全竞赛活动，运用安全系统工程技术，开展安全活动，实施生产全过程的安全管理。

（3）施工现场用电线路、设施的安装和使用必须符合建设部颁发的《施工现场临时用电安全技术规范》（JGJ 46—2005）的要求。临时用电线路必须按临时用电施工组织设计架设，严禁任意拉线接电。

（4）各种机械、电器设备由专职人员操作，定机定人按规定做好维修保养，严禁超载使用。

（5）严格安全用电，各种电力设施安设规范，线路清晰有条理，工棚及简易辅助设施按规定设置灭火器，做好安全防火工作。

（6）施工人员正确使用各种劳动保护用品，严格执行操作规程和施工规章制度，禁止违章指挥和作业。

（7）文明施工，各种材料堆放有序，统一专人管理，各工种执行各操作规程和劳动纪律。醒目处设置安全警示牌或标安全标志，进入施工现场人员必须严格按劳保规定着装，遵守现场纪律。

（8）机械设备应定期检修和保养，严禁病车作业。

（9）场内的施工道路经常进行维修养护，保证施工期行车的安全。

（10）夜间施工保证有足够照明。

（11）指派专人配合建设单位，统一管理和协调工地的治安保卫，施工安全和环境保护等有关文明施工事项。

（12）定期和不定期地进行安全检查和安全评价。检查按建设部《建筑施工安全检查评分标准》（JGJ 59—2011）的要求进行。

16.10.5.3 编制分项安全技术措施

根据施工分项特点，分别编制安全技术措施。

（1）放炮安全区周围应设置警戒线，由专人警戒，统一放炮时间。清渣前应先排除危坡、危石，确证无瞎炮存在。

（2）炸药、雷管的装运、储存和销毁应严格按照有关规定进行。

（3）进洞前，洞口部位必须搭设牢固保护棚，防止落石伤人；进入洞内，如遇到险情、隐患部位，应及时做好支撑；遇地质条件较差，经设计认可，采用边挖边衬的支护施工。

（4）洞内照明使用 36V 安全电压，施工用电应注意安全，须用绝缘橡胶电缆线，并安装触电保护装置。

（5）喷射机、混凝土泵、灌浆机等施工设备，需经全面检查确认满足要求后再投入使用，每次使用前应进行试运转，对承压设备或容器均应安装压力表，有的还应装安全阀。经常检查输料管、注浆管和出料弯头等易磨损部件，发现问题应及时处理。

（6）施工作业时，在任何情况下都严禁在喷头和注浆管的前方站人，其他设备如挖掘机运转范围内不得站人。

（7）高空作业时应系好安全带、脚手架及仓面安全可靠，必要时须经计算论证。在高空作业时应高度重视安全生产。

（8）斜坡碾压施工时，要随时检查 W100 履带式吊机的稳固性，及 $1m^3$ 吊机的机械性能，严禁斜坡碾压时斜坡滚筒下方站人。

（9）滑模施工要注意卷扬机的平稳与牵引性能，滑升过程中，要经常调整水平、垂直偏差，防止平台扭转和水平位移，严格遵守设计文件规定的滑升速度和脱膜时间，以防混凝土表面坍塌导致滑模平台倒塌。

16.10.6 文明施工与环境保护

文明施工、环境保护是各个单位所企盼的，为使施工期间周围环境整洁、安宁，尽量减少由于施工对环境的影响，树立良好的企业形象，特制定如下保证措施。

16.10.6.1 组织管理

（1）施工期间严格遵守国家有关环境保护的法律和法规，采取合理的措施进行环境保护。

（2）组织项目经理部学习国家有关环境保护的法规和合同中规定的环保要求，在制定施工措施和组织管理中具体落实到位。

（3）严格文明施工，对施工人员进行环保文明施工教育，从思想上认识环保文明施工的重要性。

（4）在施工区和生活区的重点区域配备专兼职卫生员及卫生管理员，检查、清扫生产垃圾和生活垃圾，并监督施工程序是否符合环保要求，发现问题及时向上级报告。

16.10.6.2 文明施工

（1）根据施工现场及生活区的实际情况应设必要的围栏，非施工人员不得擅自进入。生活区或工地进出口附近设经济民警值班室，施工区域内各种安全警示标志应齐全、清洁、醒目，生活区域与施工区域严格分隔，危险区域要有醒目的安全警示标志。

（2）施工现场的主要出入口处必须设置一图五牌：施工现场平面布置图、工程概况牌（标明工程项目名称、建设单位、设计单位、施工单位、监理单位的名称及工程项目负责人、技术和质量安全负责人的姓名）、安全生产"六大纪律""十个不准"和十项安全技术措施牌、防火责任牌、"安全用电十大禁令"。要求规格适当，字迹端正，位置明显，张挂牢固。

（3）施工现场要保持场容场貌整洁，道路畅通、平坦、整洁，场内排水良好。现场有定期考核检查制度，做到工完料尽、场地清，弃料等建筑垃圾集中堆放。

（4）建筑材料及周转材料严格按预定的位置分类堆放、堆放整齐，堆料场不作他用，有材料收发管理制度。

（5）施工人员统一着装，进入施工现场的所有人员必须戴安全帽（按领导、管理、工人区分颜色），严禁赤脚、穿高跟鞋、拖鞋、喇叭裤、裙子等上岗。

（6）施工时应遵守国家有关环保法规，采取有效措施控制现场的各种粉尘、废物、固定废弃物、噪声、振动对环境的污染和危害。施工车辆（机具）定期进行清扫冲洗。

（7）根据施工现场规模大小、施工人员多少等实际情况，设置职工生活、文化娱乐设施，包括舞厅、放映厅、食堂、宿舍、浴室、厕所、茶水棚（亭、桶）与医疗室，并符合安全卫生、通风、照明等要求，职工的膳食、饮水供应等应符合卫生要求。提倡在工地建立职工之家。

（8）食堂位置适当（要求距厕所、垃圾场30m以外）、环境清洁，外墙面抹灰刷白，灶台处立墙与平台面贴白釉瓷砖，抹水泥地面，安装纱门纱窗。食品储藏柜（箱）和菜饭应生、熟分开，厨房应定期灭蚊蝇、蟑螂。炊事人员上岗必须穿工作服（帽），保持个人卫生。炊事和生活管理人员应每年进行一次健康检查，持卫生部门颁发的健康证和岗位培训等级合格证上岗。

（9）生活区设置固定垃圾箱，并设专人每天清理，生活区的卫生由清扫人员每天打扫。

（10）生活区及施工现场厕所必须男女界别，厕所结构要稳定、牢固、防雨、防风。坑池要用砖砌或混凝土作壁，蹲位口要用盖封闭，不得污染环境。厕所卫生应设专人负责，保持清洁，随时清扫，定期进行冲刷消毒，防止蚊蝇孳生。生活区周围及工地无随地便溺现象。

（11）宿舍房间净高不得低于2.5m，进深不得小于3.5m。床铺距天不低于1m，床长不得小于2m，每人铺位宽不得小于0.8m，床边、立柱、爬梯要刨光。室内通风良好。采光系数不得小于0.1，照明不得小于100W，电源线、灯头、开关均符合标准。室内应保持清洁，墙壁天棚应刷白，卧具、用具应摆放整齐。禁止职工睡通铺，同时不得男女混杂居住及居住与施工无关人员。室外设晾衣绳架，衣服晾晒整齐，每个职工宿舍和办公室等要落实各项除"四害"措施，控制"四害"孳生。

（12）生活区及施工现场要有防火管理制度和措施，防火责任制健全，有专人负责，重点部位配备必需的消防器材及消防水龙头。

（13）焊割工持证上岗，明火作业经质安部门同意，有专人负责。

（14）木工间应有禁烟牌，易燃物及时清理，易燃物与明火的安全距离符合规定。民工宿舍严禁私拉乱接电线，严禁使用电炉等明火设备。

（15）施工单位要主动与工地周围的有关乡村单位搞好合作，从"爱民、便民、利民"出发，积极开展共建文明活动，发挥文明窗口的作用，树立水利水电建筑业良好形象。

16.10.6.3　环境保护

（1）洞内施工废水统一排放到洞口的沉淀池中，去除油污及有害杂质后再排放到小溪中。

（2）按指定地点弃渣，保证渣体堆放平整，做好渣体护坡和渣体周围的永久排水沟。

（3）施工区位于农田内，要设法保护施工区的农田环境：①混凝土拌和站侧向架设毛竹片挡风墙，降低粉尘污染周围农田；②生产和生活废水统一排放到沉淀池内进行无害化处理，严禁废水沟渠与农田灌溉渠道接通。

（4）生产和生活垃圾统一运埋。

（5）爱护当地草木，不人为破坏山地和耕地，保护植皮，不任意砍伐树林，违者从严处理。

（6）在施工流域内，树立醒目标语牌，加强环保文明施工宣传力度。

（7）搞好与兄弟单位的协作关系和当地群众团结，以礼待人，严明纪律，绝不侵犯群众利益。

（8）金属结构的制作与安装工程中对环境影响较大的是防腐作业，对本工种的防腐作业安排在本公司的防腐车间室内进行。因而避免了工地防腐造成噪声大，粉尘飞物的情景，也有利于相关工程顺利施工和指挥部的现场管理。

第 **3** 篇

土 石 坝 管 理

17 土石坝安全监测概述

知识目标：了解土石坝监测项目分类，监测设备布置原则，熟悉安全监测资料分析方法及资料整理内容；掌握土石坝安全监测方法、土石坝巡视检查的方法和要求。

能力目标：会土石坝的巡视检查，能进行土石坝的安全监测。

17.1 土石坝的安全监测

土石坝的安全监测是通过仪器观测和巡视检查对土石坝的主体结构、地基基础、两岸边坡、相关设施以及周围环境所作的测量及观察。"监测"既包括对建筑物固定测点按一定频次进行的仪器观测，也包括对建筑物外表及内部大范围对象的定期或不定期的直观检查和仪器探查。

我国水工建筑物监测工作于20世纪50年代开始系统进行，首先在丰满、官厅、佛子岭、南湾、上犹江、流溪河等工程上开展；50年代中期，制成多种大应变计，并致力研制各种差动电阻式仪器，60年代已广泛投入使用；70年代，研制成多种测压管水位遥测设备，并开展了激光位移监测，垂线法和引张线法位移监测在混凝土大坝上的使用；80年代以来，监测技术迅速发展，研制成功了一系列新型监测仪器设备，提高了现场测试和遥测水平，在几十个工程设置了自动监测系统，实现了主要监测项目的数据采集、数据处理自动化。许多工程利用计算机整编、分析资料。1984年在南京成立了大坝监测资料分析中心，1985年在杭州成立了水电站大坝安全监察中心，1988年在南京成立了水利部大坝安全监测中心，1994年成立了水利部大坝安全管理中心。2012年水利部颁布了《土石坝安全监测技术规范》（SL 551—2012）。

17.1.1 土石坝的监测项目

土石坝失事的主要原因常是渗透破坏和坝坡失稳，表现为坝体渗漏、坝基渗漏、塌坑、管涌、流土、滑坡等现象。主要观测项目有垂直和水平位移、裂缝、浸润线、渗流量、土压力、孔隙水压力等（见闸坝变形观测、渗流观测）。

土石坝的安全监测，应根据工程的等级、规模、结构型式以及地形、地质等条件和地理环境等因素，设置必要的监测项目及相应的设施并及时整理分析监测资料，具体见表17.1。

17.1.2 监测设备布置应遵循的原则

（1）监测仪器、设施的布置，应密切结合工程的具体条件，突出重点，兼顾全面。相关项目应统筹安排，配合布置。

表 17.1 安全监测项目分类及选择表

序号	监测类别	监测项目	建筑物级别		
			1	2	3
一	巡视检查	坝体、坝基、坝区、输泄水洞（管）、溢洪道、近南方圆区	★	★	★
二	变形	1. 坝体表面变形	★	★	★
		2. 坝体（基）内部变形	★	★	☆
		3. 防渗体变形	★	★	
		4. 界面、接（裂）缝变形	★	★	
		5. 近坝岸坡变形	★	☆	
		6. 地下洞室围岩变形	★	☆	
三	渗流	1. 渗流量	★	★	★
		2. 坝基渗流压力	★	★	☆
		3. 坝体渗流压力	★	★	☆
		4. 绕坝渗流	★	★	☆
		5. 近坝岸坡渗流	★	☆	
		6. 地下洞室渗流	★	☆	
四	压力（应力）	1. 孔隙水压力	★	☆	
		2. 土压力	★	☆	
		3. 混凝土应力应变	★	☆	
五	环境量	1. 上、下游水位	★	☆	
		2. 降水量、气温、库水图	★	☆	
		3. 坝前泥沙淤积和下游冲刷	☆	☆	
		4. 冰压力	☆		
六	地震反应		☆		
七	水力学		☆		

注 1. ★不必设项目，☆不一般项目，可根据需要选设。

2. 坝高小于 20m 的低坝，监测项目选择可降一个建筑物级别考虑。

（2）监测仪器、设施的选择，要在可靠、耐久、经济、适用的前提下，力求先进和便于实现自动化监测。

（3）监测仪器、设施的安装埋设，应及时到位，专业施工，确保质量、仪器、设施安装埋设时，宜减少对主体工程施工影响；主体工程施工应为仪器设备安装埋设提供必要的条件。

（4）应保证在恶劣的条件下，仍然进行必要项目的监测。必要时，可设专门的监测站（房）和监测廊道。

17.1.3 安全监测的方法

仪器监测的方法可分为巡视检查、仪器监测、仪器监测与巡视检查相结合。监测仪器的主要技术指标应符合国家现行标准的规定。仪器监测应适时建立基准值，按规定测次进行监测，发现异常，立即复测。应做到监测连续、记录真实、注记齐全、整理及时，一旦发现问题，应及时上报，测读仪表应定期率定，更换时应进行比测。各监测项目在不同阶段的测次见表17.2。

表 17.2　　　　　　　　　　　　　　安全监测项目测次表

监 测 项 目	监测阶段和测次		
	第一阶段（施工期）	第二阶段（初蓄期）	第三阶段（运行期）
日常巡视检查	8～4 次/月	30～8 次/月	1～3 次/月
1. 坝体表面变形	4～1 次/月	10～1 次/月	6～2 次/年
2. 坝体（基）内部变形	10～4 次/月	30～2 次/月	12～4 次/年
3. 防渗体变形	10～4 次/月	30～2 次/月	12～4 次/年
4. 界面及接（裂）缝变形	10～4 次/月	30～2 次/月	12～4 次/年
5. 近坝岸坡变形	4～1 次/月	10～1 次/月	6～4 次/年
6. 地下洞室围岩变形	4～1 次/月	10～1 次/月	6～4 次/年
7. 渗流量	6～3 次/月	30～3 次/月	4～2 次/月
8. 坝基渗流压力	6～3 次/月	30～3 次/月	4～2 次/月
9. 坝体渗流压力	6～3 次/月	30～3 次/月	4～2 次/月
10. 绕坝渗流	4～1 次/月	30～3 次/月	4～2 次/月
11. 近坝岸坡渗流	4～1 次/月	30～3 次/月	2～1 次/月
12. 地下洞室渗流	4～1 次/月	30～3 次/月	2～1 次/月
13. 孔隙水压力	6～3 次/月	30～3 次/月	4～2 次/月
14. 土压力（应力）	6～3 次/月	30～3 次/月	4～2 次/月
15. 混凝土应力应变	6～3 次/月	30～3 次/月	4～2 次/月
16. 上、下游水位	2～1 次/日	4～1 次/日	2～1 次/日
17. 降水量、气温	逐日量	逐日量	逐日量
18. 库水温		10～1 次/月	1 次/月
19. 坝前泥沙淤积及下游冲刷		按需要	按需要
20. 冰压力	按需要	按需要	按需要
21. 坝区平面监测网	取得初始值	1～2 年 1 次	3～5 年 1 次
22. 坝区垂直监测网	取得初始值	1～2 年 1 次	3～5 年 1 次
23. 水力学		根据需要确定	

　注　1. 表中测次，均系正常情况下人工测读的最低要求。如遇特殊情况（如高水位、库水位骤变、特大暴雨、强地震以及边坡、地下洞室开挖等）和工程出现不安全征兆时应增加测次。

　　　2. 第一阶段：若坝体填筑进度快，变形和土压力测次可取上限。

　　　3. 第二阶段：在蓄水时，测次可取上限；完成蓄水后的相对稳定期可取下限。

　　　4. 第三阶段：渗流、变形等性态变化速率大时，测次应取上限；性态趋于稳定时可取下限。

　　　5. 相关监测项目应力求同一时间监测。

17.2 土石坝的巡视检查

大坝巡视检查具有全面性、及时性和直观性等特点，是大坝仪器监测及其自动化所不能代替的。据国内外有关资料统计，通过大坝巡视检查发现大坝的重大安全隐患，约占出险水库总数的70%。巡视检查范围包括坝体、坝基、坝肩、泄洪设施及其闸门，以及对大坝安全有重大影响的近坝区岸坡和其他与大坝安全有直接关系的建筑物和设施。

17.2.1 巡视检查分类

我国古代对堤防的巡视检查，有"四防"（昼防、夜防、风防、雨防）、"三巡"（春巡、伏巡、冬巡）。巡视检查分为日常巡视检查、年度巡视检查和特别巡视检查。工程施工期、初蓄期、运行期均应进行巡视检查。

17.2.1.1 日常巡视检查

（1）日常巡视检查由运行管理单位人员根据工程具体情况和特点，制定切实可行的检查制度，应具体确定巡视检查时间、部位、内容和方法，按照巡视检查路线、顺序实施，并由有经验的技术人员负责进行。

（2）土石坝的日常巡视检查频次每月不少于1次，汛期应视汛情相应增加次数，见表17.2，但遇到特殊情况（如高水位、大洪水）和工程出现异常时，应增加测次。次数一般每周1~2次，高水位时增加次数，大洪水时每天至少1次。

17.2.1.2 年度巡视检查

年度巡视检查，是指每年汛前、汛中高水位期间以及汛后进行的例行性定期检查。

（1）巡视检查由水行政主管部门按照管理权限组织技术人员和工程管理人员进行检查。汛前、汛中巡视检查是以工程当年能否安全度汛为标准，并对存在问题提出处理意见，确保工程安全。汛后巡视检查是工程实施养护修理、更新改造的依据，检查中发现的问题，作为维修、改造计划，在非汛期加以实施，并在下一年度汛前全部完成。

（2）年度巡视检查应在每年的汛前、汛后、高水位、死水位、低温及冰冻较严重的地区的冰冻和融冰期进行，按规定的检查项目，对土石坝进行全面或专门的巡视检查，检查次数，每年不宜少于2次。

17.2.1.3 特别巡视检查

特别巡视检查，是指当工程发生较严重水情（如遇到大洪水、大暴雨、有感觉地震、泄洪、库水位骤变、高水位运行）或有影响大坝安全运用的特殊情况时进行，必要时应组织专人对可能出现险情的部位进行连续监视，并采取相应措施，保证工程安全。

不同类别的土石坝工程，各省市可结合水利工程标准化管理规程、水利工程管理实施办法、水利工程标准化管理手册等进行管理。

17.2.2 巡视检查项目和内容

17.2.2.1 坝体检查

（1）坝顶有无裂缝、异常变形、积水或植物滋生等现象；防浪墙有无开裂、挤碎、架空、错断和倾斜等情况。

（2）迎水坡护面或护坡是否损坏；有无裂缝、剥落、滑动、隆起、塌坑、冲刷或植物滋生等现象；近坝水面有无冒泡、变浑、漩涡和冬季不冻等异常现象。块石护坡有无翻起、松动、塌陷、垫层流失、架空或风化变质等损坏现象。

（3）混凝土面板堆石坝应检查面板之间接缝的开合情况和缝间止水设施的工作状况；面板表面有无不均匀深陷，面板和趾板接触处沉降、错动、张开情况；混凝土面板有无破损、裂缝，表面裂缝出现的位置、规模、延伸方向及变化情况；面板有无溶蚀或水流侵蚀现象。

（4）背水坡及坝趾有无裂缝、剥落、滑动、隆起、塌坑、雨淋沟、散浸、积雪不均匀融化、冒水、渗水坑或流土、管涌等现象；表面排水系统是否通畅，有无裂缝或损坏，沟内有无垃圾、泥沙淤积或长草等情况；草皮护坡是否完好；有无蚁穴、兽洞等隐患；滤水坝趾、减压井（或沟）等导渗降压设施有无异常或破坏现象；排水反滤设施是否堵塞和排水不畅，渗水有无骤增骤减和发生浑浊现象。

17.2.2.2 坝基和坝区检查

（1）基础排水设施的工况是否正常；渗漏水的水量、颜色、气味及浑浊度、酸碱度、温度有无变化；基础廊道是否有裂缝、渗水等现象。

（2）坝体与岸坡连接处有无错动、开裂及渗水等现象；两岸坝端区有无裂缝、滑动、隆起、塌坑、异常渗水和蚁穴、兽洞等。

（3）坝趾近区有无阴湿、渗水、管涌、流土、凹陷或隆起等现象；排水系统是否完好。

（4）坝端岸坡有无裂缝、塌滑迹象；护坡有无隆起、塌陷或其他损坏情况；下游岸坡地下水露头及绕坝渗流是否正常。

（5）有条件时应检查上游铺盖有无裂缝、塌坑。

17.2.2.3 输水洞（管）检查

（1）引水段有无堵塞、淤积、崩塌。

（2）进水口边坡坡面有无新裂缝、塌滑发生，原有裂缝有无扩大、延伸；地表有无隆起或下陷；排（截）水沟是否通畅、排水孔工作是否正常；有无新的地下水露头，渗水量有无变化。

（3）进水塔（或竖井）混凝土有无裂缝、渗水、空蚀或其他损坏现象；塔体有无倾斜或不均匀沉降。

（4）洞（管）身有无裂缝、坍塌、鼓起、渗水、空蚀等现象；原有裂缝有无扩大、延伸；放水时洞内声音是否正常。

（5）出水口放水期水流形态、流量是否正常；停水期是否有水渗漏；出水口边坡同（2）。

（6）消能工有无冲刷、磨损、淘刷或砂石、杂物堆积等现象，下游河床及岸坡有无异常冲刷、流程和波浪冲击破坏等情况。

（7）工作桥是否有不均匀沉陷、裂缝、断裂等现象。

17.2.2.4 溢洪道检查

（1）进水段（引渠）有无坍塌、崩岸、淤堵或其他阻水现象；内外边坡同上。

（2）堰顶或闸室、胸墙、边墙、溢流面、底板有无裂缝、渗水、剥落、冲刷、磨损、空蚀等现象；伸缩缝、排水孔是否完好。

（3）消能工及工作桥（或交通桥）同上。

17.2.2.5 闸门及启闭机检查

（1）闸门有无变形、裂纹、脱焊、锈蚀及损坏现象；门槽有无卡堵、气蚀等情况；启闭是否灵活；开度指示器是否清晰、准确；止水设施是否完好，吊点结构是否牢固；栏杆、螺杆等有无锈蚀、裂缝、弯曲等现象；钢丝绳或节链有无锈蚀、断丝现象。

（2）启闭机能否正常工作；制动、限位设备是否准确有效；电源、传动、润滑等系统是否正常；备用电源及手动启闭是否可靠。

17.2.2.6 近坝岸坡检查

（1）岸坡有无冲刷、开裂、崩塌及滑移迹象。

（2）岸坡护面及支护结构有无变形、裂缝及错位。

（3）岸坡地下水露头有无异常，表面排水设施和排水孔工作是否正常。

17.2.3 检查方法

17.2.3.1 常规检查

常规检查方法主要为眼看、耳听、手摸、鼻嗅、脚踩等直观方法，或辅以锤、钎、钢卷尺、放大镜、石蕊试纸等简单工具器材，对工程表面和异常现象进行检查。对安装了视频监控系统的土石坝，可利用视频图像辅助检查。

17.2.3.2 特殊检查

特殊检查可采用开挖探坑（或槽中）、探井、钻孔取样或孔内电视、向孔内注水试验、投放化学试剂、潜水员探摸或水下电视、水下摄像或录像等方法，对工程内部、水下部位或坝基进行检查。在有条件的地方，可采用水下多波束等设备对库底淤积、岸坡崩塌堆积体等进行检查。

17.2.4 检查要求

由于土石料间的联结强度低、抗剪能力弱、颗粒间的孔隙大等原因，故在运用中易发生的主要问题有坍塌、边坡滑动、裂缝、渗漏、沉陷、冰冻、震动破坏及护坡破坏等现象。为确保土石坝的正常运用，应认真做好检查、维护、加固和除险工作。

17.2.4.1 日常巡视检查

日常巡视检查人员应相对稳定，检查人员应为熟悉工程情况的专业技术人员，检查时应带好必要的辅助工具和记录笔、巡查记录簿、照相机、录像机、手机 APP 等设备。

17.2.4.2 年度、特别巡视检查

（1）年度检查和特别检查总负责人应为运行管理单位行政负责人或主管部门行政负责人，并成立工作组。汛期高水位情况下，对大坝有面（包括坝脚、镇压层）进行巡视检查时，宜由数人列队进行拉网式检查，防止疏漏。

（2）年度检查和特别巡视检查，均应制订详细的检查计划并做好如下准备工作：①安排好水库调度，为检查输水、泄水建筑物或进行水下检查创造条件；②做好电力安排，为检查工作提供必要的动力和照明；③排干检查部位的积水，清除检查部位的堆积物；④安装或搭设临时交通设施，便于检查人员行动和接近检查部位；⑤采取安全防范措施，确保检查工作、设备及人身安全；⑥准备好工具、设备、车辆或船只，以及量测、记录、绘草

图、照相机、录像机等。

17.2.5　记录与整理

（1）每次巡视检查均按规范要求格式做好详细的现场记录。如出现异常情况，除应详细记述时间、部位、险情和绘出草图外，必要时应测图、摄像。对于有可疑迹象部位的记录，应在现场就地对其进行校对，确定无误后离开现场。

（2）现场记录应及时整理，登记专项卡片，还应将本次巡视检查结果与上次或历次巡视检查结果进行比较分析，如有异常现象，应立即进行复查。

17.3　安全监测资料整理

17.3.1　资料的收集与积累

监测成果以一定型式的资料体现，监测资料是监测工作的结晶。收集和积累监测资料才能为利用监测成果提供条件。为了对监测成果进行分析，必须了解各种相关情况，这也需要有相当的资料。因此，收集和积累资料是整理分析的基础。监测分析水平与分析者对资料掌握的全面性及深入程度密切相关。正确的结论只能来自适当搜集的具有代表性的资料。监测人员必须十分重视收集和积累资料，并爱护资料，熟悉资料。为了做好监测分析工作，应收集、积累或熟悉、掌握的资料有以下三个方面。

17.3.1.1　监测资料

（1）监测成果资料。包括现场记录本、成果计算本、成果统计本、曲线图、监测报表、整编资料、监测分析报告等。

（2）监测设计及管理资料。包括监测设计技术文件和图纸，监测规程、手册，监测措施及计划、总结，查算图表、分析图表等。

（3）监测设备及仪器资料。包括监测设备竣工图，埋设、安装记录，仪器说明书、出厂证书，检验或率定记录，设备变化及维护、改进记录等。

17.3.1.2　水工建筑物资料

（1）水工建筑的勘测、设计及施工资料。包括水工建筑物原始测量地形图、断面图，水工建筑物场址地质资料（地质图、剖面图，岩芯柱状图，坑槽探平、剖面图，物探资料，断层、裂隙、软弱破碎带及夹层的细部资料，地下水位及水文资料，地震、地质资料等），基础开挖竣工图，地基处理（固结灌浆、帷幕灌浆、排水孔钻设备、断层破碎带加固处理等）资料，水工建筑物设计及计算资料，水工建筑物的水工模型试验和结构模型试验资料，混凝土施工资料，建筑物及地基岩体物理力学性能测定成果（强度、弹性模量、泊松比、抗渗性、抗冻性、热学参数）等。

（2）水工建筑物的运用、维修资料。包括上、下游水位，流量资料，气温、水温、降水、冰冻资料，泄洪资料，地震资料，建筑物的缺陷检查记录，维修、加固资料等。

17.3.1.3　其他资料

其他资料包括国内外典型水工建筑物监测成果及分析成果，各种技术参考资料等。资料收集、积累的范围与数量，应根据需要与可能而定。各厂部、分场和班组存档的分工，应便于使用并有利于长期管理和保存为宜。

17.3.2 监测资料整理的几个环节

从原始的现场监测数据，变成便于使用的成果资料，要进行一定的加工，以适当的型式加以展示，这就是监测资料整理。清楚而明晰的展示，对于了解和正确地解释资料有重要的帮助，它是资料分析的基础。主要包括以下三个环节：计算监测成果；绘制监测成果图；编制监测成果册。

17.3.2.1 计算监测成果

把现场监测数据化为成果数值。如根据压力表读数及表的高程推算扬压力、水位、渗透系数等，根据水准测量记录计算测点高程及垂直位移值等。

(1) 记录格式。应统一格式，印制成表，按表填记。表格内框的基本尺寸：横表为 $15\mathrm{cm} \times 22\mathrm{cm}$，竖表为 $16\mathrm{cm} \times 21\mathrm{cm}$。

(2) 填表要求。字体要清楚、端正。现场填记可用铅笔或钢笔，计算统计表填记可用钢笔或复写，但一般不宜用圆珠笔。有错时不得涂改，应以斜线或横线划掉，然后在上方填上正确数字。有疑问的数字，应在左上角标以可疑符号"※"并在备注栏内说明疑问原因。

(3) 计算要求。计算方法、采用单位及有效数字的位数均应遵守有关规定，不应任意变化。计算应在现场监测后及时进行，发现问题要查明原因，必要时补测或重测。

坚持严格的校审制度，计算成果一般应经过全面校核、重点复核、合理性审查等几个步骤，以保证成果准确可靠。

(4) 基准值的选用。位移、沉陷、接缝变化等皆为相对值，每个测点必须有基准值作为相对的零点。它影响以后每次测值的计算成果，必须慎重选定。基准值宜选工程竣工验收，初次投入前的实测值，比如水库，一般宜选择水库蓄水前数值或低水位数值。在该期若干测次中挑出误差较少、数值较合理的一次选用值。一个项目若干测点的基准值宜取用同一测次的，以便相互比较。

17.3.2.2 绘制监测成果图

根据几何原理，把成果数据用图形表示出来，如用曲线的型式、形状、长度、曲率、所围面积或用散点、曲面等几何图形来表示监测值与时间、位置、各有关物理量之间的关系，这就是监测成果的作图表示法。可绘制过程线、分布图、相关图等，它简明直观地展现出测值的变化趋势、特点、相互关系，是监测资料整理中常用的成果表达方式。作图中应注意下列事项。

(1) 图幅。大小要合适，以能代表所表达数值的范围和精度为宜。能用小图表达的就不要用大图。图幅一般内框 $16\mathrm{cm} \times 22\mathrm{cm}$，以便和文字、表格一同装订并便于翻阅。图纸常用毫米格纸。

(2) 坐标。一般以所考察的监测量（因变量）为纵坐标，影响因素（自变量）为横坐标。坐标的分度（坐标上一定长度所代表的数值的大小）应使每一点在坐标纸上都能方便地点绘和读数为宜。要先查明所绘变量的变化幅度，再根据图幅确定比例尺和坐标分度。比例尺宜选为1、2、5、10等的一倍、十倍、百倍数。尽量使点据在纵横两个方向都大致占满图幅，不要使点据偏于一隅。绘制相关曲线时，还应尽量使曲线与横坐标成 $30°\sim 60°$ 角。

（3）点据。应以适当符号表示在图上。不同组的点据可用不同符号。

（4）曲线。曲线的绘制应力求准确清楚、线条均匀、粗细一致，主次线条的线宽应有区别。有的图只绘出点据称为散点图。有的在点据群中加上回归线（计算出或目估定线）称为相关图。有的将各点据按序（如按时间或位置）连线称为连线图。有的将各点据数值绘出等值线，称为等值线图。有的在一幅图上可绘出多个项目或多个测点的点据及曲线，称为综合图。

（5）说明。图名、比例尺、图例、坐标名称、单位、标尺及必要的说明应在图上适当位置标注清楚。字体应端正清晰。

17.3.2.3 编制监测资料成果册

1. 概念

把成果表、曲线图做适当整理编排并加以说明，汇编成册，提供使用。习惯上，常将长系列（一年或数年）监测资料的系统整理并汇编刊印成册的工作称作整编。

资料整理是对日常现场巡视检查和仪器监测数据的记录、检验，以及监测物理量的换算、填表、绘制过程线图、初步分析和异常值判别等，并将监测资料存入计算机。

资料整编是在日常监测资料整理的基础上，定期对监测资料（监测竣工图、各种原始数据和有关文字、图表、影像、图片）进行分析、处理、编辑、刊印和生成 PDF 格式标准电子文档等。

2. 监测资料工作内容

（1）监测资料整理的工作内容一般包括：①审核记录及计算有无错误、遗漏，精度是否符合要求；②进行成果统计，填制成果表或报表；③绘制必要的曲线图；④编写说明。整理工作应在每次监测后（特别是高水位期）及时进行。汛前、汛后一般还应做阶段性整理。

（2）监测资料整编工作的内容一般包括：①汇集资料；②对资料进行考证、检查、校审、精度评定；③编制监测成果表；④绘制各种曲线图；⑤编写监测情况及资料使用说明；⑥刊印。有的单位将资料整理、整编和分析分开，整理整编只提供成果，不包括分析。有的单位则将分析与整理、整编结合起来，这时整编成果还包括分析报告的内容。

（3）整编成果质量应达到项目齐全、图表完整、考证清楚、方法正确、资料恰当、说明完备、规格统一、字迹清晰、数字正确。成果表中应没有大的、系统的错误，一般性错误的差错率不超过 1/2000。

（4）整编时对监测设备情况的检查考证，包括水位和高程的基面考证，水准基点和水尺零点高程考证，位移基点位置稳定性考证，扬压测值的孔口高程、压力表中心高程以及校表情况的考证等。

（5）整编时对监测成果的合理性检查，包括历史测值的对照，相邻测点测值的对照，同一部位几种有关项目的测值对照等。对不合理数据应说明；不属于十分明显的错误，一般不应随意舍弃或改正。

（6）整编时对监测成果的校审，包括数据记录、计算的校核，关系曲线的定性检查，制表、统计方面的检查，表面统一性检查（消除表面矛盾和规格不统一现象）以及全面综合检查等。

（7）整编时对监测精度的分析评定，应给出误差范围，以利于资料的正确使用。

（8）整编中的监测说明，包括监测布置、测点情况、仪器设备、监测方法、基准值、计算方法等的简要介绍以及考证、检查、校审、精度评定的说明等。

17.4　安全监测资料分析方法

监测资料分析是从已有的资料中，抽出有关信息，形成一个概括的、全面的数量描述的过程，并进而对资料进行解释、导出结论、做出预测。一般分初步分析及详细分析。

17.4.1　初步分析方法

初步分析是介于资料整理和分析之间的工作。常用的方法是绘制测值过程线、分布图和相关图，对测值进行分析与检查。

17.4.1.1　绘制测值过程线

以监测时间为横坐标，所考查的测值为纵坐标点绘的曲线称为过程线。它反映了测值随时间而变化的过程。由过程线可以看出测值变化有无周期性，最大最小值是多少，一年或多年变幅有多大，各时期变化梯度（快慢）如何，有无反常的升降等。图上还可同时绘出有关因素如水库水位、气温等的过程线，借以了解测值和这些因素的变化是否相适应，周期是否相同，滞后多长时间，两者变化幅度大致比例等。图上也可同时绘出不同测点或不同项目的曲线，用来比较它们之间的联系和差异。

17.4.1.2　绘制测值分布图

以横坐标表示测点位置，纵坐标表示测值所绘制的台阶图或曲线称为分布图。它反映了测值沿空间的分布情况。由图可看出测值分布有无规律，最大、最小数值在什么位置，各点间特别是相邻点间的差异大小等。图上还可绘出有关因素如坝高、弹性模量等的分布值，借以了解测值的分布是否和它们相适应。图上也可同时绘出同一项目不同测次和不同项目同一测次的数值分布，借以比较其间的联系及差异。当测点分布不便用一个坐标来反映时，可用纵横坐标共同表示测点位置，把测值记在测点位置旁边，然后绘制测值的等值线图来进行考察。

17.4.1.3　绘制相关图

以纵坐标表示测值，以横坐标表示有关因素（如水位、温度等），所绘制的散点加回归线的图称为相关图。它反映了测值和该因素的关系，如变化趋势，相关密切程度等。有的相关图上把各次测值依次用箭头相连并在点据旁注上监测时间，又可在此种图上看出测值变化过程，因素值升和降对测值的不同影响以及测值滞后于因子变化的程度等，这种图也称为过程相关图。

有些相关图上把另一影响因素值标在点据旁（如在水位-位移关系图上标出温度值），可以看出该因素对测值变化的影响情况。当影响明显时，还可绘出该因素等值线，这种图称为复相关图，表达了两种因素和测值的关系。

由各年度相关线位置的变化情况，可以发现测值有无系统的变动趋向，有无异常迹象。由测值在相关图上的点据位置是否在相关区内，可以初步了解测值是否正常。

17.4.1.4　对测值进行分析检查

（1）和历史资料对照。和上次测值相比较，看是连续渐变还是突变；和历史极大、极小值比较，看是否有突破；和历史上同条件（水库水位、温度等条件相近）测值比较，看差异程度和偏离方向（正或负）。比较时最好选用历史上同条件的多次测值作参照对象，以避免片面性。除比较测值外，还应比较变化趋势、变幅等方面有否异常。

（2）和相关资料对照。和相邻测点测值互作比较，看它们的差值是否在正常范围之内，分布情况是否符合历史规律；在有关项目之间作比较，如扬压力与涌水量，水平位移挠度，坝顶垂直位移和坝基垂直位移等，看它们是否有不协调的异常现象。

（3）和设计计算、模型试验数值比较。看变化和分布趋势是否相近，数值差别有多大，测值是偏大还是偏小。

（4）和规定的安全控制值相比较，看测值是否超过。和预测值相比较，看大小是偏于安全还是偏于危险。

17.4.2　系统分析方法

系统分析是在初步分析的基础上，采取各种方法进行定性、定量以及综合性分析，并对工作状态作出评价。资料分析可用的方法有比较分析法、过程分析法、特征值统计法及数学模型法。

17.4.2.1　比较分析法

比较分析法包括监测值与技术警戒值相比较、监测物理量之间的相互对比、监测成果与理论的或试验的成果（或曲线）相对照等三种。

17.4.2.2　过程分析法

过程分析法包括各监测物理量的过程线图及特征原因量（如库水位等）下的效应量（如变形量、渗漏量等）过程线图、各效应量的平面或剖面分布图，以及各效应量与原因量的相关图等。

17.4.2.3　特征值统计法

特征值统计法是对各物理量历年的最大值和最小值（包括出现时间）、变幅、周期、年平均值及变化趋势等进行统计分析。

17.4.2.4　数学模型法

建立效应量（如位移、渗流量等）与原因量（如库水位等）之间的定量关系，它分为统计模型、确定性模型及混合模型等。使用数学模型法做定量分析时，应同时用其他方法进行定性分析，加以验证。

18 土石坝安全监测技术

知识目标：了解土石坝变形监测项目及一般规定、裂缝监测、近坡岸坡渗流，掌握水平位移监测、垂直位移监测、渗流监测方法，熟悉土石坝压力监测、应力应变及温度监测的主要仪器设备和监测方法。

能力目标：能进行土石坝变形监测。

18.1 变形监测一般规定

变形监测项目主要包括坝体（基）的表面变形和内部变形，防渗体变形，界面、接（裂）缝和脱空变形，近坝岸坡以及地下洞室围岩变形等。变形监测一般规定如下。

（1）表面变形监测用的平面坐标及高程系统，应与设计、施工和运行等阶段的控制网坐标系统一，有条件的工程应与国家等级控制建立联系。

（2）坝体及近坝岸坡表面监测点，其垂直位移与水平位移监测精度相对于临近工作基点应不大于±3mm。对于特大型及具有特殊性工程的表面监测点，其监测精度可依据具体情况确定。

（3）变形监测应遵循：表面垂直位移及水平位移监测，宜共用一个测点，并兼顾坝体内部变形监测断面布置。坝体内部垂直位移及水平位移监测，宜在横向、纵向及垂向兼顾布置，相互配合。

（4）表面变形监测基准点应设在不受工程影响的稳定区域，工作基点和监测点均应建在可靠的保护设施。

（5）内部变形监测采用的沉降管、测斜管和多点位移计等线性测量设备，底部应布设在相对稳定的部位，其延伸到表面的端点宜表面变形监测点。

（6）变形监测的正负号应符合以下规定：垂直位移下沉为正，上升为负；水平位移向下游为正、向左岸为正，反之为负；界面、接（裂）缝及脱空变形张开（脱开）为正、闭合为负。相对于稳定界面（如混凝土墙、趾板、基岩岸坡等）下沉为正，反之为负，向左岸或下游为正，反之为负；面板挠度沉陷为正，隆起为负；岸坡变形向坡外为正，反之为负；地下洞室围岩变形向洞内为正（拉伸），反之为负（压缩）。

18.2 水平位移监测

用监测仪器和设备对土石建筑物及地基有代表性的点位，如最大坝高、地形坝高突变点、合龙段等进行的水平方向位移量的量测。规范规定水平位移的方向：向下游为正，向上游为负；向左岸为正，向右岸为负。土石建筑物的水平位移主要是由于水荷载的作用、坝体土料的压缩（或固结）、坝基不均匀沉降、土料的冰冻消融等引起。水平位移变化有一定规律性。监测并分析水平位移的规律性，目的在于了解水工建筑物在内、外荷载和地基变形等因素作用下的状态是否正常，为工程安全运行提供依据。

水平位移监测分为表面水平位移监测和内部水平位移监测。

18.2.1　表面水平位移监测

表面水平位移监测是量测水工建筑物和坝基的表面测点或水工建筑物内部结构的表面测点的水平位移，其主要监测设备安装在表面。监测方法有视准线法、前方交会法、极坐标法、垂线法和 GPS 法等。

18.2.2　内部水平位移监测

内部水平位移监测主要用于土石坝、岩土边坡的监测。将监测仪器、设备埋设在坝体、坝基及近坝库岸的内部或其交界处，用以量测相应测点的水平位移。主要监测仪器有引张线法、水平位移计、电测位移计、测斜仪和挠度计等。

土石坝内部水平位移监测布置要和表面水平位移监测以及其他监测项目配合进行，选择有代表性的重点监测断面，如不同高程和不同土料交界面以及可能产生拉应力的部位。

根据不同的监测目的、施工方法和埋设部位，选择相应的监测仪器、设备。

水平位移监测资料应按规范要求及时整理分析，有条件的应建立反映变化规律的数学模型，用以进行测值预报和安全监控。

18.3　垂直位移监测

18.3.1　垂直位移的概述

使用监测仪器、设备对土石坝及地基有代表性的点位进行垂直位移量的量测。混凝土闸、坝的垂直位移是由于库水自重和坝体自重引起的地基沉陷、自重作用下的坝体压缩变形、水平裂缝开展、基岩失稳、温度与湿度的变化以及碱性骨料反应等原因形成的。土石坝的垂直位移又称沉降，是由于库水自重和坝体自重引起的地基沉降、自重作用下坝体的压缩变形、孔隙压力消散形成的土料固结、坝体或地基的滑动、坝体的开裂或滑坡、土层的冰冻和消融、筑坝材料或坝基的冲蚀等原因而形成的。

不均匀的垂直位移有可能使坝体开裂，甚至导致更为严重的破坏。垂直位移的异常变化可能预示着某种破坏的形成或综合影响的发展。对垂直位移及其他有关项目的监测资料进行分析，可以预测坝体开裂、滑坡、坝基失稳或其他有关险情，从而采取相应措施，防止事故的发生和扩大。因此，在水库首次蓄水时和长期运行阶段，垂直位移监测都是大坝安全监测的基本项目之一。在施工阶段的垂直位移监测可以作用于控制土石坝填筑速度，研究并测定基岩的回弹变形和坝体土料特性，其监测成果可作为修改设计、改进施工的依据。

18.3.2 垂直位移监测

垂直位移监测分为表面垂直位移监测和内部垂直位移监测。

18.3.2.1 表面垂直位移监测

表面垂直位移监测方法有几何水准测量法和液体静力水准测量法两种。两者都是以起测基点高程为基准，引测建筑物变形前后的测点高程，通过计算求得测点高程变化，即测点的垂直位移，如图18.1所示。

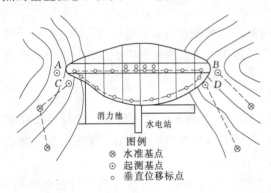

图18.1 测点的垂直位移布置图

图例
⊗ 水准基点
⊙ 起测基点
○ 垂直位移标点

18.3.2.2 内部垂直位移监测

内部垂直位移监测又称沉降监测，主要用于土石坝内部监测，是对土石坝在施工期和竣工后的分层沉降量的测量。沉降监测是通过分层界面沉降量测量来计算该监测层的沉降量（测层沉降量为该层上下两界面同期沉降量之差），又称分层沉降监测。沉降监测的目的是了解施工期和运用期间坝体沉降量及其变化过程，为施工控制、评价土石坝质量、分析坝体内部变形和验证设计提供资料，也可采用沉降监测方法进行土基的沉降监测。

18.3.3 资料整理分析

资料监测完成后要及时计算整理分析，绘制土石坝沉降过程线、沉降量沿高程分布图及沉降量等值线图等，结合土石坝变形、孔隙水压力、土压力、裂缝等监测资料以及外荷载变化情况进行分析，并与设计对比，判断土石坝沉降量是否在正常范围内。必要时，建立沉降与其他相关物理量的数学模型，进行测值预报。

18.4 裂缝监测

18.4.1 裂缝概述

由于土石坝结构、蓄水、水位变化等原因造成坝体的挤压而出现裂缝。根据裂缝所处部位的不同，可分为表面裂缝、内部裂缝；根据裂缝的走向不同，可分为横向裂缝、纵向裂缝、水平裂缝、龟纹裂缝；根据裂缝形成的原因不同，可分为沉降裂缝、滑坡裂缝、干缩裂缝、冻融裂缝、振动裂缝等，如图18.2所示。通过检查观察发现土石坝发生裂缝后，要掌握裂缝发展情况，分析其产生的原因和危害，以便进行有效的处理。应进行裂缝监测，特别是对横向裂缝和纵向裂缝都应进行监测。但对缝宽显著

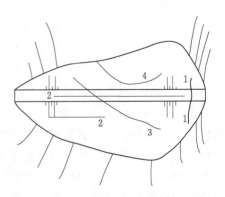

图18.2 裂缝分布示意图
1—干缩裂缝；2—冻融裂缝；
3—沉陷裂缝；4—滑坡裂缝

或长度较大的裂缝、深度较深的裂缝、垂直坝轴线的裂缝、明显的垂直错缝、弧形缝、与混凝土建筑物连接部位的裂缝、坝肩基岩陡变部位的裂缝等，则必须及时进行监测。

对于土石坝内部可能发生裂缝的部位，在施工时可埋设土应变计，凭借应变量分析判断是否发生裂缝。在已成土工建筑物的深层或隐蔽裂缝，可利用原有或增设的变形点的监测资料进行裂缝分析，判断产生裂缝的可能性。

18.4.2 裂缝的监测

土石坝裂缝的监测包括位置、走向、长度、宽度、深度、错距等项内容，其方法如下：

（1）土石坝裂缝的位置、走向，可在裂缝地段按坝轴线和距坝轴线的距离标注，如桩号等。

（2）土石坝裂缝长度的监测，可在裂缝两端用石灰划出标记，然后用皮尺沿缝迹测量。石灰标记处需标注日期，以掌握其发展情况。

（3）裂缝宽度可在缝宽最大处，选择有代表性的缝段，用石灰等划出标记作为测点，用钢尺测量。钢尺要求有毫米刻划，读数估至 0.1mm。测量时应尽量不损坏测点处的缝口。在测点处的缝口可喷洒少量石灰水，以便检查缝口是否遭受损坏。

（4）在需要了解裂缝的可见深度时，可以用细铁丝探测。除较大的滑坡裂缝，经上级主管部门批准可进行钻孔或坑探检查外，一般可不必进行坑探。

（5）土石坝裂缝监测的测次应根据裂缝发展情况而定。在裂缝初期可每天监测一次，当裂缝有显著发展和上游水位变化较大时增加测次，在裂缝发展减缓后适当减少测次。

在监测范围内，按建筑物轴线桩号、距轴线的距离，划出坐标方格，量出缝的分布位置和长度、宽度、深度。必要时，在裂缝部位埋设位移计（测缝计），对裂缝进行监测。

监测土石坝裂缝，应同时监测建筑物变形、渗流和上、下游水位等。根据绘制的带有发展过程的裂缝平面图、剖面图及展视图，结合各有关监测资料、土样试验资料以及设计、施工等资料，分析判断裂缝产生的原因及其影响，以便采取相应的措施。土石坝裂缝监测的成果需详加记录，如记录裂缝发生的时间、裂缝的特征等，应在大坝平面图上绘上裂缝分布草图。

18.5 渗流监测

18.5.1 渗流监测概述

土石坝渗流监测项目通常包括渗透压力监测、渗流量监测、渗水水质监测等。根据工程具体情况确定所需的渗流监测项目，并应同时进行上下游水位、水温、降雨量及其他必要的水文气象项目的监测。在工程初次蓄水（或挡水、泄水）运用期间以及高水位、上游水位骤变、强震等情况下，应加强渗流监测。

渗流监测资料应及时整理分析，填列统计表，绘制过程线、相关线和变量分布图等，并结合巡视检查成果、隐患探测与变形监测等资料进行全面分析，以判断水工建筑物的工作状态是否存在异常或存在异常的部位及其对工程安全的影响程度与变化趋势等。

18.5.2　渗透压力监测

18.5.2.1　坝体渗流压力监测

坝体渗流压力监测内容包括监测断面渗流压力分布和浸润线位置的确定。监测横断面宜选在最大坝高处、施工合龙段、地形地质条件复杂坝段、坝体与穿坝建筑物接触部位、已建大坝渗流异常部位等，不宜少于 3 个监测断面，并尽量与变形、应力监测断面相结合。监测横断面上的测点布置，应根据坝体的结构型式、断面大小和渗流场特征，不宜少于 3 条监测线。监测线上的测点布置应根据坝高和需要监视的范围、渗流场特征，并考虑能通过流网分析确定浸润线位置，沿不同高程布点。需要监测上游坝坡内渗流压力分布的均质坝、心墙坝时，应在上游坡的正常蓄水位与死水位之间适当增设监测点。

18.5.2.2　坝基渗流压力监测

坝基渗流压力监测内容包括坝基岩土体、防渗体和排水设施等关键部位的渗流压力及分布情况。监测横断面的布置主要取决于坝基岩土特性、地质结构及其渗透性确定，断面不宜少于 3 个，并宜顺流线方向布置或与坝体渗流压力监测断面相重合。监测横断面上的测点布置，应根据建筑物地下轮廓形状、基础地质条件以及防渗和排水型式等确定，每个断面上的测点不宜少于 3 个。

18.5.2.3　绕坝渗流压力监测

绕坝渗流压力监测内容包括两岸坝肩及部分山体、土石坝与岸坡或混凝土建筑物接触面，以及防渗墙或灌浆帷幕与坝体或两岸接合部等关键渗流情况。绕坝监测布置应根据左右两坝肩结构、水文地质条件布设，宜沿流线方向或渗流较集中的透水层（带）布设 1～2 个监测断面，每个断面上设 3～4 条监测铅直线（含渗流出口）。如需分层监测，应做好层间隔水。不同水工建筑物结合部的渗流压力监测，应在接触轮廓线的控制处设置监测线，沿接触面不同高程布设监测点。在岸坡防渗齿槽和灌浆帷幕的上、下游侧应各设 1 个监测点。

18.5.3　渗流量监测

渗流量监测内容包括渗漏水的流量及其水质分析。

18.5.3.1　渗漏水的流量

对坝体、坝基、绕坝及导渗（含减压井或减压沟）的渗流量，应分区、分段进行监测。如条件许可，可利用分布式光纤温度测量反映大坝渗流状况。所有集水和量水设施，均应避免客水干扰。当下游有渗漏水出逸时，应在下游坝址附近设导渗沟，在导渗沟出口或排水沟出口或排水沟内应设置量水堰测其出逸（明流）流量。当透水层深厚、渗流水位低于地面时，可在坝下游河床中设渗流压力监测设施，通过监测渗流压力计算出渗透坡降和渗流量。渗流压力测点沿顺水流方向宜布设 2 个，间距 10～20m。在垂直水流方向，应根据控制过水断面及其渗透性布设。对设有检查廊道的面板堆石坝，可在廊道内分区、分段设置量水设施。对减压井的渗流，宜进行单井流量、井组流量和总汇流量的监测。

18.5.3.2　渗漏水质的分析

渗漏水分析水样的采集，应在相对固定的渗流出口或堰口进行。水样分析项目及取样要求，可参照有关专业规定进行。

18.5.4　近坡岸坡渗流

近坝岸坡渗流监测主要针对岸坡潜在不稳定体，内容包括地下水位、渗流压力和渗流量监测。岸坡监测断面选取，应根据岸坡规模、水文地质条件确定，宜沿可能滑移方向或地下水流向布设，监测断面不应少于1个，每个断面测点宜不少于3个，测点高程应伸入滑动面或最低地下水位以下至少1m。岸坡有渗水点时，可按渗流量分区分段布设监测。

18.5.4.1 监测方法与要求

（1）测压管水位的监测。宜采用电测水位计，有条件的可采用遥测水位计或自计水位计等。对于水位超过管口高程的，可在管口安装压力表或各种压差计进行监测。测压管水位，每次应平行测读2次，其读数差不应大于1cm；电测水位计的长度标记，应每隔3～6个月用钢尺校正；测压管管口高程，在施工期和初次蓄水期应每隔3～6个月校测1次，疑有变化时随时校测。

（2）孔隙水压计的监测。孔隙水压计的监测应测记稳定计数，其2次读数差值不应大于2个读数单位。测值物理量宜用渗流压力水位表示。在隧洞监测时，也可直接用渗压表示。

（3）当在开敞式渗流监测设施（如测压管）中安装水压力计监测水位时，有条件时宜同时监测记录坝址气压，以便进行气压修正。监测渗流压力时应同时监测上游和下游水位、渗流量、降水量、气温、大气压力等其他有关项目。蓄水初期、高水位、上游水位骤变阶段、遇有较大地震或发现异常渗流情况时，均应加强监测。

（4）绕坝渗流监测。透水段依据监测目的与坝肩渗透性确定，回填材料应与周围岩体渗流特性相适应。若两坝肩岩体较完整，绕坝监测设施可直接利用钻孔，不再下入测压管，但在孔口应设保护装置。

（5）渗流量监测。应根据渗流量的大小和汇集条件，当流量小于1L/s时宜采用容积法，充水时间不应少于10s，平均2次测量的流量差不应大于均值的5%；当流量在1～300L/s时宜采用量水堰法，水尺的水位读数应精确至1mm，测针的水位读数应精确至0.1mm，堰上水头两次监测值之差不应大于1mm。量水堰堰口高程及水尺、测针零点应定期校测，每年至少1次；当流量大于300L/s或受落差限制不能设量水堰时，应将渗漏水引入排水沟中，采用流速法，可采用流速仪或浮标法，2次流量测值之差不应大于均值的10%。在监测渗流量的同时，应测记相应渗漏水的温度、透明度和气温，温度应精确到0.5℃，透明度2次的测值之差不应大于1cm，当为浑水时，应测出相应含砂量。

（6）渗流水的水质分析。可根据分析项目和取样要求进行全分析或简分析，但宜仅限于简分析。

18.5.4.2 资料整编与分析

监测资料应及时整编和分析。资料整编一般包括：①测压管或孔隙水压力计的考证记录；②测压管水位或渗流压力统计表的填写，统计表中应同时记录上、下游水位以及降水量等监测资料；③测压管水位或渗流压力过程线图、分布图、相关图以及测压管水位或渗流压力特征值过程线、位势过程线等的绘制。

18.6 土石坝压力（应力）监测

土石坝应力监测是对土石坝坝体在外力和自重作用下产生的内部应力的监测。通常在坝内埋设土压力计监测压应力。土石坝应力监测的目的是掌握土石坝内压应力的大小、分布和变化情况，以分析土石坝是否稳定、内部是否有裂缝，为安全运行和养护修理工作提供依据，并可验证土石坝设计计算结果。

18.6.1 压力监测内容与规定

压力监测内容包括孔隙水压力、土压力、混凝土应力应变、钢筋（钢板、锚杆）应力、预应力锚索锚固力。孔隙水压力、土压力、锚固力以压为正；混凝土应变、钢筋、锚杆、钢板等应力以拉为正，反之为负。

18.6.2 监测布置及要求

18.6.2.1 孔隙水压力

孔隙水压力监测宜布置 2～5 个监测横断面，应优先设于最大坝高、合龙段、坝基地质地形条件复杂处；在同一模断面上，孔隙水压力测点的布置宜能绘制孔隙水压力等值线，可设 3～4 个监测高程，同一高程设 3～5 个测点；孔隙水压力监测断面宜与渗流监测结合，孔隙水压力测点可作为渗流压力测点使用。

孔隙水压力采用孔隙水压计监测，当黏性土的饱和度低于 95％时，宜选用带有细孔陶瓷滤水石的高进气压力孔隙水压力计。孔隙水压力计在施工期埋设时，宜采用坑式法，在运行期埋设时，宜采用钻孔法。孔隙水压力应在仪器埋设前（饱水 24h）至少测读 3 次，读取其零压力状态下的稳定测值作为期基准值。

18.6.2.2 土压力

土压力监测内容包括土体压力及接触土压力。土体压力监测直接测定的为土体或堆石体内部的总应力，可设 1～3 个土体压力监测横断面，每个横断面宜布设 2～4 个高程，每个监测高程宜布设 2～4 个测点，每一土体压力测点处宜布置 1 个孔隙水压力计，与土压力计间距不宜超过 1m，以确定土体的有效应力；接触土压力监测应沿刚性界面布置，每一接触面上宜布设 2～3 个监测断面，每一监测断面可布设 2～3 个测点，包括土和堆石等与混凝土、岩面或圬工建筑物接触面上的土压力监测。土压力在仪器埋设后、土体回填前应至少测读 3 次，取其稳定值作为基准值。

根据土石坝结构、地质情况和需要获取监测数据的部位等布置测点。一般在土石坝上选定 1～3 个监测断面，其中包括最大断面。在断面上，结合其他有关监测设备，如应变计、固结管、垂直水平位移计、孔隙水压力计等进行综合布置。以黏土心墙坝为例，测点可布置在心墙、心墙与坝壳接触面和坝壳内，具体布置如图 18.3 所示。

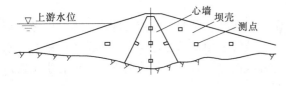

图 18.3　土坝应力测点布置示意图

18.6.2.3 应力应变及温度

（1）面板混凝土应力应变监测断面宜按面板条块布置，监测断面宜设 3～5 个，可布设于两端受拉区，中部最大坝高处（受压区）。每一断面的测点数宜设 3～5 个，在面板受压区的测点可布设两向应变计组，分别测定水平向及顺坡向应变，在受拉区的测点宜布设三向应变计组，应力条件复杂或特别重要处宜布设四向应变计组，每一组应变计测点处均应布设 1 个应力计；钢筋应力监测断面宜页面布设于受拉区，在拉应力较大的顺坡向或水平向布设钢筋应力测点。面板中部受压区的挤压应力较大时，也可设钢筋应力测点。温度监测应布置在最长面板中，测点可在面板混凝土内距表面 5～10cm 处沿高程布置，间距 1/15～1/10 坝高，蓄水后可作为坝前库水温度监测。

（2）沥青混凝土心墙或斜墙的应力应变、温度监测宜布设 2～3 个监测断面，每一断面设 3～4 个监测高程，每个高程设 1～3 个测点。

（3）防渗墙混凝土应变宜设 2～3 个监测横断面，每一断面根据墙高设 3～5 个监测高程；同一调和的距上下游面约 10cm 处沿铅直方向各布置一支应变计，在防渗墙的中心线处布置一支无应力计。

（4）岸坡压力（应力）监测应布置在岸坡稳定性较差、支护结构受力最大、最复杂的部位，根据潜在不稳定体规模可设 1～3 个监测断面；沿抗滑结构正面不同高程宜布置压应力计，混凝土应变计和钢筋计，按抗滑结构高度可设 3～5 个监测高程；锚杆（索）计布置数量为施工总量的 5%

18.6.3   监测仪器设施

（1）应变计在面板埋设时，可采用支座、支杆固定；在防渗墙内埋设时，宜采用专门的沉重块及钢丝绳固定，安装埋设要求见有关规范。

（2）无应力计埋设时，应使无应力计的大口朝上，其应变计周围筒内的混凝土应与相应应变计组外的混凝土相同。在面板内埋设无应力计时，应将无应力计大部分埋设于面板之下的垫层中，且使筒顶低于面板钢筋 100mm 以上。

（3）混凝土内应力应变仪埋设时，宜取得混凝土的配合比、不同龄期的弹性模量、热膨胀系数等相关资料，必要时，可取样进行徐变试验。

（4）钢筋计、钢板计及锚杆应力计的埋设，宜采用焊接法。焊接时，应边焊边浇水降温，仪器内的温度不应超过 60℃。

（5）压应力计埋设时，应使仪器承压面朝向岩体并固定在钢筋或结构物上，浇筑的混凝土应与承压面完全接触。

（6）锚索测力计应选择在无黏结锚索中安装，混凝土墩钢垫板与钻孔倾斜度不宜大于 2°，测力计与锚孔同轴，偏心不大于 5mm，测力计垫板厚度不宜小于 2cm。

18.6.4   监测方法

（1）应变计、无应力计、钢筋（锚杆）应力计、钢板应力计、压应力计等仪器的测读方法，依所选用的仪器类型而定。

（2）混凝土的应力应变监测，仪器埋设后应每隔 4h 监测 1 次，12h 后改为每隔 8h 监测 1 次，24h 后改为每天监测 1 次，一直到水化热趋于稳定时实施正常监测。

（3）当进行压力（应力）监测时，应同时记录库水位、气温等环境量。

18.6.5   监测资料及成果

监测应按记录表格要求记录，应真实可靠，每次监测工作完成后，应立即按相关规定进行整理，通过计算将检验合格的数据随时换算成压力（应力）物理量，根据工程特点和要求，绘制各监测成果及特征值统计表，并画出各监测物理量的过程线图、分布图和相关图等。

19　土石坝修理

知识目标：了解土石坝常见的病害现象，分类，熟悉土石坝病害产生原因；掌握土石坝常见病害产生的原因、修理方法。

能力目标：能进行土石坝的养维护修理。

19.1　土石坝的裂缝修理

土石坝的坝体裂缝是一种常见的病害现象。有的裂缝在坝体表面，有的隐藏在坝体内部。细小的裂缝对坝体存在潜在的危险性，但有时往往没有给予应有的重视，从而造成严重后果。如细小的横向裂缝，因水位上升会发展成为集中渗漏通道而导致溃坝失事；细小的纵向裂缝会因雨水入渗后导致或加剧滑坡。有些裂缝虽然不一定会发展成上述情况，但土石坝存在裂缝总是对安全不利。因此，对有裂缝的土石坝都应及时采取措施或进行处理，以防止裂缝的发展或扩大。

19.1.1　裂缝产生的类型与产生原因

19.1.1.1　干缩和冻融裂缝

干缩裂缝是由于土体表面水分蒸发面收缩，而土体内部不收缩（或收缩很小），使表层土受到约束而形成裂缝；冻融裂缝是土壤温度发生急剧变化而冻裂形成裂缝。干缩和冻融裂缝呈龟裂状、纵横交错。

19.1.1.2　变形裂缝

由于土石坝不均匀沉降产生的裂缝，有纵向裂缝、横向裂缝、水平裂缝。纵向裂缝一般出现在坝顶或坝坡；横向裂缝多出现在同坝体与岸坡的接头处，或坝体与其他建筑物的连接处；水平裂缝多是内部裂缝，常贯彻上下游，形成集中渗漏通道，是土石坝的一大隐患。

19.1.1.3　滑坡裂缝

因滑移土体开始位移面出现的裂缝，这种裂缝多发生在滑坡顶部，在平面上呈弧形张开裂缝。

19.1.1.4　水力劈裂缝

水力劈裂缝是由于水压力所引起的水平或垂直裂缝。这种裂缝多是因土石坝已有裂缝，库水进入裂缝而使缝张开形成的裂缝。在土石坝心墙、斜墙、黏土铺盖、均质坝等处可能产生，或灌浆压力过大也可能产生。

19.1.2　坝体裂缝的修理

土石坝坝体出现的各种裂缝都应及时处理。发现后，一方面注意了解裂缝的特征，监测裂缝的发展和变化，找出裂缝产生的原因，判断裂缝的性质。另一方面要采取防止裂缝进一步发展的措施，同时制订处理方案。处理前水库必须定出限制蓄水位，同时要采取临时防护措施。严防雨水向裂缝内灌注和冰冻等的不利影响。非滑坡性裂缝的修理，一般有以下几种方法。

19.1.2.1　翻松夯实

对于细小的干缩裂缝（龟裂缝）可以只进行表面处理。即将缝口土料翻松并润湿，然后夯压密实，封堵缝口。处理后面层铺上厚约10cm砂性土料保护层，以防继续开裂。在寒冷地区应在坝坡或坝顶用块石、碎石、砂性土作保护层。保护层厚度应大于当地冻土层深度，如果土石坝坝体在施工停歇期，用黏性土料填土表面亦应采用保护层，防止裂缝产生，发现坝面有冻融裂缝、龟裂缝、必须在继续填土前，将出现裂缝的坝面土层全部翻松。翻松深度应超过已开裂的土层，然后重新碾压到规定标准再继续填土。

19.1.2.2　开挖回填

开挖回填方法简单，效果好，是裂缝处理方法中最彻底的办法。即是将发生裂缝部分的土料全部挖出重新回填。因此这种方法适用于缝深度在2m之内，已停止发展的裂缝。处理裂缝开挖时，可先沿缝灌入少量石灰水，以便沿裂缝下挖，可挖成梯形断面，或台阶形的坑槽，如图19.1所示。槽的长度和深度均应超过裂缝0.3～0.5m，开挖边坡以不至坍塌并便于施工为原则，槽底宽为0.3～0.5m。开挖完成后，如土的含水率低于土的最优含水率，应将槽周洒湿，用与坝体相同的土料回填、分层夯实，每层填土厚度以0.15～0.2m为宜。在回填前注意削成规定的边坡，保持梯形断面，便于新回填的土料和原坝体紧密结合。

在开挖回填处理裂缝时应注意以下几点。

（1）对于贯穿坝体上、下游的横向裂缝，不论缝的宽窄，都应采用开挖回填的办法进行彻底处理。开挖处理时，沿裂缝方向每隔5m左右与裂缝相交成十字形，视裂缝深度而开挖一定宽度的结合槽，如图19.2所示，挖槽的深度至少要在裂缝底以下0.3～0.5m，开挖长度应超出缝端点约2.0m，槽底宽和边坡以便于施工操作和安全为原则。

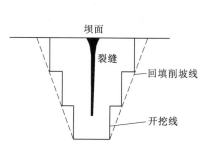

图19.1　裂缝开挖回填示意图

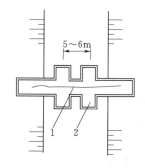

图19.2　横向裂缝处理示意图
1—横向裂缝；2—结合槽

（2）对迎水面坝端裂缝应在裂缝部位沿坝端与山坡接触面开挖，挖到缝底以下约

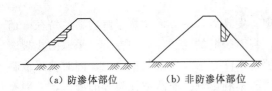

（a）防渗体部位　　　（b）非防渗体部位

图 19.3　纵向裂缝开挖回填示意图

0.3～0.5m 左右，在迎水面还应在垂直裂缝方向挖十字形结合槽坑，然后类似横缝进行处理。

（3）对纵向裂缝的开挖回填方式如图 19.3 所示。其中，图 19.3（a）为防渗体部位、纵向裂缝不深时的处理情况，图 19.3（b）为非防渗体部位裂缝不深时的处理情况。

在进行纵向裂缝处理时，开挖出的大量土料不应堆放在坝顶或裂缝以下的坝坡上，以免对坝坡稳定不利。挖出的土料，须经鉴定合格，方能作为回填土料使用。否则应用新土回填。处理裂缝宜在枯水期进行，如果库水位过高裂缝又较深时，处理前应适当降低库水位，以策安全。同时在开挖回填期间要尽量避免日晒雨淋和冰冻。例如：四川沙溪河水库，库容 110 万 m³，均质土石坝，高 22m，坝轴线长 105m，坝顶宽 4m。该库由于长期超高蓄水 1m，放水后，又长时间干旱，气温高，土料失水后，在坝顶出现了接近轴线并与之平行的纵向裂缝。该裂缝长 95m，宽 5cm，深 1.0m，缝口两侧无错距，经分析，属非滑坡性裂缝。经采取以上开挖回填方法处理已运行至今，未再产生裂缝。

19.1.2.3　充填灌浆

当坝体裂缝部位较深时，采用开挖回填法往往开挖工程量较大，同时影响蓄水。此时可采用充填灌浆法处理，或在裂缝上部开挖回填，下部较深的细小裂缝进行充填灌浆处理。充填灌浆法就是在坝体裂缝部位用较低压力或浆液自重把浆液灌入坝体内，充填密实裂缝和孔隙，以达到加固坝体的目的。该法适用于深度较大的非滑坡性裂缝处理。若为滑坡裂缝深部的细微裂隙，必须待土石坝滑坡处理稳定并经可行性论证后，方可进行充填灌浆处理。

19.2　土石坝渗漏修理

土石坝的坝身填土和坝基都存在一定的透水性，因此，当水库蓄水后，在水压力作用下，库水必然会通过坝身土体，坝基以及坝端两岸的孔隙，或坝体与地基接触面发生渗漏，这是不可避免的。如果渗漏量符合设计范围，则属于正常的渗漏现象。但是，渗漏水量超过允许范围，或者渗流逸出点太高，下游坡面出现渗水散浸，这就是异常渗漏现象了。更为甚者，如果发生集中渗流，出现管涌，流土等渗流破坏现象，则将危及土石坝的安全。因此，对土石坝的异常渗漏必须引起重视，应及时采取措施处理。

19.2.1　渗漏的类型

异常渗漏是土石坝工程的一种"多发病"。按照土石坝的渗漏部位和特征，其分类包括以下几种。

19.2.1.1　坝体渗漏

水库蓄水后，库水通过坝体在下游坡面或坡脚附近逸出。可分散浸和集中渗漏两种。

19.2.1.2　坝基渗漏

渗漏水流通过坝基的透水层，从坝脚或坝脚以外的覆盖层的薄弱部位逸出，一般情况可使坝后形成沼泽化，严重情况渗水由清变浑或冒水翻砂流出。

19.2.1.3　绕坝渗漏

渗水绕过土石坝两端渗向下游，在下游岸坡逸出，这种渗漏远离坝肩慢慢减弱，如果是沿坝肩接触面上的接触渗漏则是危险的。

19.2.2　渗漏产生的原因

19.2.2.1　坝体渗漏产生的原因

（1）筑坝质量差。如铺土过厚，碾压不实，或分期分块填筑的结合面少压漏压。特别是分层填筑斜墙、心墙时，层面结合不密实引起坝体渗漏。

（2）坝体尺寸单薄或土料透水性大，均会引起散浸。

（3）反滤层质量差，未按反滤原理铺设或土石混合坝未设反滤过渡段，常引起管涌塌坑。使斜墙、心墙遭受破坏。

（4）坝后反滤排水体高度不够，或由于下游水位过高，洪水淤泥倒灌使反滤层被淤堵。浸润线逸出点抬高，在下游坡面形成大面积散浸。

（5）坝下涵洞（管）外壁与土体结合回填不密实，涵洞未做截流环，引起沿管壁的集中渗漏，或涵管断裂造成坝体渗流破坏导致坝面塌坑等。

（6）生物洞穴，如白蚁、獾、鼠、蛇等动物在坝身打洞、营巢或坝体土料中含有树根、杂草腐烂后在坝身内形成空隙，常常造成坝体集中渗漏。

（7）坝体不均匀沉陷引起的横向裂缝、心墙的水平裂缝等，也是造成坝体集中渗漏的原因。

19.2.2.2　坝基渗漏产生的原因

造成坝基渗漏的主要原因是坝趾工程地质条件不良，如透水地基。而设计施工中没有采取有效的措施进行处理所引起。造成坝基渗漏的直接原因如下。

（1）清基不彻底。施工时没有将杂草、树根等杂物清除干净，腐烂后致使坝体与基础在结合面上产生渗漏。

（2）缺少必要的防渗措施。如坝基为透水的砂、卵石层，截水槽深度不够，未与不透水层相连接，或截水槽的填筑质量不好，或地基未作截水槽，铺盖长度、厚度不够，防渗效果差，或质量不好被击穿。

（3）未设反滤层。黏土铺盖与透水砂砾石地基之间未设有效的反滤层，铺盖在渗水压力作用下被破坏。

（4）施工管理不善在库内挖坑取土，天然铺盖被破坏。或因水库放空时铺盖暴晒发生裂缝而未加处理，或在坝后任意挖坑，取土修建鱼池，破坏了地基的渗透稳定而引起坝基渗漏。

19.2.2.3　绕坝渗漏产生的原因

（1）两岸地质条件过差，如覆盖层单薄，且有透水层，或风化岩层透水性过大、岩层破碎严重、节理发育、岩溶等不利地质条件，以及生物洞穴等未妥善处理，均可能成为漏水通道。

（2）坝岸接头防渗处理措施不完善，如岸坡截水槽有时不但没伸入不透水层，反而挖掉了透水性较小的天然覆盖层，暴露出内部强透水层，加剧了绕坝渗漏。

（3）施工质量差，如岸坡开挖过陡、截水槽回填质量差、坝端截水槽回填夯压不实等，特别是土石坝防渗体，与岸坡结合不好，在结合面上容易产生的绕坝接触集中渗漏，对大坝安全威胁特别大。如四川凉水井水库，均质土石坝高 22m，库容 180 万 m³。由于大坝左段绕坝渗漏未处理，逐年加剧，1990 年突然渗漏量剧增，渗水变浑，在坝后漏出浑水带出大量的泥沙，使大坝左段下游坝面发生大面积塌坑，从而将坝顶拉裂产生数条纵向裂缝，出现了险情。

19.2.3　渗漏的修理

土石坝的各种异常渗漏，无论发生在什么部位都应视其产生的不同原因进行处理，总的原则是"上截下排"。"上截"就是在坝轴线以上部分坝体和坝基堵截渗流途径，防止和减少渗漏水量渗入坝体和坝基，提高其防渗能力；"下排"就是在下游做好反滤导渗排水设施，使渗入坝体、坝基的渗水在不带走土颗粒的前提下安全通畅地排向下游。

19.2.3.1　上游截渗法

上游截渗方法较多，主要包括黏土斜墙、抛土或放淤、灌浆、防渗墙、黏土铺盖等。

（1）黏土斜墙法。主要用于均质土石坝坝体施工质量差，渗漏严重；斜墙坝中斜墙被渗流顶穿；坝端岸坡岩石裂隙较多、节理发育或岸坡岩石为石灰岩，存在溶洞，产生绕渗，可在上游坝坡和坝端岸坡修筑贴坡黏土斜墙。

（2）抛土或放淤法。用于黏土铺盖、黏土斜墙等局部破坏的抢护，或岸坡较平坦时堵截绕渗和接触渗漏。当水库不易放空时，可用船只装运黏土至漏水部位，由水面向下均匀倒入水中，抛土形成一个防渗层，封堵渗漏部位。也可在坝顶用输泥管沿坝坡放淤或输送泥浆在坝面淤积而成为防渗层。

（3）灌浆法。当均质土石坝或心墙坝施工质量不好，坝体坝基渗漏严重，特别是出现接触渗漏、坝体裂缝渗漏、绕坝渗漏，采用灌浆处理可以形成一道阻渗帷幕效果较好。根据情况可选用黏土水泥或化学材料进行灌浆处理。

（4）防渗墙法。可用于坝体、坝基、绕坝和接触渗漏处理，对于坝基透水层较深或不易放空水库的情况较为适宜。具体做法是利用专门的造孔机械以泥浆固壁法造孔，然后浇筑混凝土，形成一道直立且连续的混凝土墙。这种方法防渗效果较为可靠，因此，在土石坝及堤防工程中应用很多。

（5）黏土铺盖法。对于土石坝的黏土铺盖防渗能力不足或因天然铺盖的损坏，坝基渗漏严重，而附近有丰富的符合标准的黏土情况，可将水库放空，在原铺盖或天然铺盖上再做一层新的黏土铺盖。

（6）截水墙法。当坝体质量较好，坝基渗漏严重，岸坡有覆盖层，风化层或砂卵石层透水严重时，采用这种方法较为可靠，如黏土截水墙、混凝土截水墙、砂浆板桩截水墙等。

19.2.3.2　下游导渗法

为了增强坝体稳定性，应在不引起渗透破坏的情况下，将渗水顺畅地排出坝外。常用的下游排水导渗方法包括导渗沟、贴坡排水、导渗砂槽、排渗沟、排水盖、减压井等。

（1）导渗沟法。在坝坡面上开挖浅沟，沟内用砂、砾、卵石或碎石按反滤要求回填而成的排水导渗沟。导渗沟按其在平面图上的形状可分为 Ⅰ、Y 和 W 三种型式。

（2）贴坡排水法。主要用于坝坡出现大面积较严重的渗漏，土石坝的浸润线逸出点较高，坝坡湿润软化已处于不稳定状况时，采用这种措施，对于排出坝体渗水和增强坝坡稳均有较好作用。

（3）导渗砂槽法。当散浸严重，坝坡较缓采用导渗沟和贴坡排水不易解决时，可用导渗砂槽处理，在渗漏严重的坝坡上用钻机钻相互搭接的排孔，搭接 1/3 孔径，一般要求孔径较大，孔深根据排水要求确定。在孔槽内回填透水材料，孔槽要和排水体相连，形成一条导渗砂槽。

（4）排渗沟法。这种方法适用于坝基渗漏严重造成坝后长期积水，使坝基湿软，承载力降低，坝体浸润线抬高；或因坝基面有较薄的弱透水层，坝后产生渗透破坏，而在上游难以防渗处理时，可在下游坝基设排渗沟。排渗沟可分为明沟和暗沟两种型式。排渗明沟应与坝轴线垂直布置若干条，两端分别与排水体和新挖的平行坝轴线的排水渠相连；排渗暗沟是由透水的无砂混凝土管或其他透水材料做成，一般平行坝轴线布置，并连接排水沟将渗水排出。

（5）排水盖重法。对于较软弱的坝基，因浸湿将地面隆起，而导致坝基失稳，可采用排水盖重法进行处理。先清理相关部位的坝基，在渗水出露地段上铺设反滤层，然后在反滤层上铺筑石块，需要厚度较大的可先填土后铺块石护面。这样既能使渗水排出，又能使覆盖层加重，以达到增加渗透稳定性的目的。

19.3　土石坝滑坡修理

土石坝在施工或竣工以后的运行中，由于各种内、外因素综合影响，坝体的一部分（有的还包括部分坝基）失去平衡，脱离原来的位置，发生滑坡。这是目前土石坝常见的一种病害现象，若不及时处理，将会影响水库效益的发挥，严重的滑坡，还可能造成垮坝事故发生。

19.3.1　滑坡产生的原因

土石坝滑坡的原因很多，情况比较复杂，往往是多种因素的组合，但产生滑坡的条件基本相同。从大量的水库土石坝滑坡原因分析中指出，土石坝滑坡主要取决于基础状况，筑坝土料性质，其次才是坝坡断面尺寸。

19.3.1.1　勘测设计方面

（1）基础资料没查清，坝基中有含水率很高的淤泥层，软黏土，湿陷性黄土，软基未处理或处理不彻底，以致抗剪强度指标低，坝基承载能力不够，筑坝后产生剪力破坏。这种情况极为普遍。

（2）以往修建或加固的小型水库，拟定土石坝的剖面尺寸很少做过坝坡稳定分析计算，仅凭经验类比法或定型设计选用尺寸。在设计中，对坝体稳定分析所选择的计算指标偏高，群众性施工很难达到，以致设计坝坡陡于土体的稳定边坡。

（3）土料选择不当，分布不合理，均质土石坝或黏土心墙坝横断面上土料不是按"内粘外砂"的原则分布，上、下游坡坝壳多为透水性小的细粉黏土，且又未护坡。由于坝面排水不畅，在长期降雨时，下游坝坡土料饱和易产生滑坡，水位下降时，产生上游滑坡。

特别是小型工程施工中使用的土料未经周密勘测调查，土质差。

19.3.1.2 施工方面

施工质量差是土石坝在修建过程中及运行的前一、二年产生滑坡的重要原因，施工质量差包括以下几方面问题。

（1）基础淤泥、软弱层未清除干净，如湿陷性黄土、耕作土，以及河槽深部淤泥处理不当等。

（2）填筑时土料不符合设计要求，并铺土较厚，填筑土块大，压实工具轻，碾压次数及含水率控制指标都达不到设计要求。

（3）在雨季施工时，未采取防雨和排水措施，以致造成表层填土浸水软化，未加处理又填土碾压形成含水率较大的软弱夹层；在冬季施工时，没有采取适当的保温措施，未及时清理冰雪，以致填土中产生冰土层，解冻或蓄水后，库水入渗，形成软弱夹层。这些软弱夹层抗剪强度极低，很容易引起滑坡。

（4）汛前抢筑坝体临时断面，质量差，特别是我国北方水中填土筑坝下部坝体未固结，又继续填土，造成滑坡。

19.3.1.3 管理方面

（1）未能正确确定土石坝的工作条件，放水时水位降落速度过快，或因闸门开关失灵等原因引起库水位骤降而无法控制。或最大日降水速度虽慢，但库水位降落幅度大，而坝壳含黏粒多，透水性小，水位下降速度与浸润线下降不同步，即是水位已下降数日，上游坝体中孔隙水，向迎水坡面排出，造成较大的反向渗透压力（滑动力）引起上游坝滑坡。特别是坝壳透水性差的水库，虽已运行多年，但当水位降落速度快或降幅大，往往是导致上游滑坡的主要原因。同时，因为在浸润线以下至下降后水位之间的土体由浮容重突然变成饱和容重，其滑动力也相应加大。因此，当水位降落幅度较大时，滑动力也相应增大，这样就很容易引起上游坡的滑动。

（2）雨水沿裂缝入渗，由于坝面排水不畅，维修养护差，对产生的各种裂缝未能及时封闭处理，在长时间连续降雨情况下，雨水沿裂缝渗入坝体，增大坝体含水率，降低抗剪强度导致滑坡。

19.3.1.4 其他方面

（1）盲目加高坝体。未搞清原基础设计的状况，盲目增高坝体。加高时不从坡脚直到坝顶培厚加高而是戴帽式加高，因而降低了坝坡的稳定性，凡此增高坝体者较多产生滑坡。

（2）坝体渗漏。有的坝体下游坝坡长期散漏。浸润线逸出点较高，下游坝体长期处于饱和状态，加之雨水入渗抗剪强度（土体对剪切破坏的极限抵抗力）降低，往往在汛期高水位时产生外滑坡。

（3）地震及人为因素。强烈的地震或由于在坝岸附近爆破采石或者在坝体上部堆放料物等人为因素影响，也可能造成局部滑坡。

（4）冰冻影响。北方严寒地区春季解冻后坝体中的冻土体积膨胀，干密度减低，融化后土体软化，抗剪强度降低也可能产生滑坡。

综上原因分析，滑坡是多种原因共同作用的结果。然而水位下降，汛期雨水入渗或高水位是土石坝内外滑坡的主要诱发原因。

19.3.2　滑坡的修理

　　滑坡的处理原则，是设法减少滑动力，增加抗滑力，使坝坡满足稳定要求。其做法可归纳为"上部减载"与"下部压重"。如因渗漏而引起的滑坡，还必须采取"前堵后排"的措施。"上部减载"的措施是在滑坡体上部与裂缝上侧陡坎部分进行削坡，或适当降低坝高，加防浪墙等减载措施；"下部压重"的措施是放缓坝坡，在坡脚处修建镇压台，滑坡段下部做压坡体等。

19.3.2.1　开挖回填

　　在彻底处理时，无论是坝体局部滑动还是深入基础的深层滑动都需要将滑坡体松散部分挖除，再用好土回填压实。但是滑坡体的开挖应视滑动土体的方量大小而定，对体积较小的局部滑坡最好全部挖去，再用与原来坝体相同的土料分层回填夯实。如果坝体内部夹有软弱层，则应将软弱土层全部挖去。如滑坡体方量很大，全部挖去确有困难时，也可将滑弧上部松土挖掉。然后由下而上分层填土夯压密实。在开始回填前应洒水湿润，将表层刨毛再填土夯实，以利层面结合。在开挖回填的同时，要翻筑维修好坝趾的排水设施，使其保持排水通畅，并起到压脚抗滑作用。

19.3.2.2　放缓坝坡

　　对于坝坡过陡，坝体单薄而引起的滑坡应结合处理滑坡体时放缓坝坡，一般在滑坡体上部与裂缝上侧陡坎部分进行削坡。当坝体单薄，坝顶宽度较窄，无法进行削坡时，通常采取适当降低坝高，增设防浪墙，达到原坝顶高程，以减少上部荷载。上部放缓坝坡后，为维持原有坝顶宽度，应适当加厚下游坝体断面，如图19.4所示。加厚坝体断面应将原坡面挖成阶梯，用与原坝体相同土料分层回填夯实再削成斜面。放缓下游坝坡或加厚下游坝体断面时，应将原有排水体延伸或接通新的排水体。确定计算指标时，

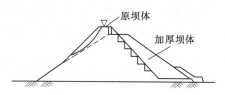

图19.4　放缓坝坡处理示意图

可参照滑坡后的坝体稳定边坡确定放缓的坡度。坝坡太缓投资增大，坝坡过陡又达不到稳定要求。

19.3.2.3　增设防滑体

　　对滑坡的处理常在滑坡段采取压重固脚的措施，以阻止坝体的下滑，特别是对于上游滑坡的处理一定要查清滑动位置、范围（是否连同基础滑动），然后在滑动坡脚增设阻滑体。如砌石固脚或抛石压脚，也有采用镇压台的。

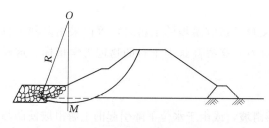

图19.5　抛石压脚示意图

　　（1）抛石压脚。对死库容较大，库水不能放空的滑坡整治一般采用抛石压脚。但抛石位置和数量要得当，否则起不到固脚抗滑的作用。抛石压脚的部位应当在滑弧的下沿靠近坝脚处，即如图19.5所示。圆弧中心线 OM 以左，抛石不能放在坝坡上，否则就不能起到增大抗滑力的作用，

抛石的数量，要根据坝高及滑坡的严重程度等因素而决定，一般每米坝长约在 $30\sim50\mathrm{m}^3$ 以上，当压重厚度大于 1.5m 时，对阻止滑坡就会有显著效果。抛石压脚的石料应具有足够的强度，并且有耐水和耐风化的特性。石料的抗压强度一般不宜低于 29.4MPa。

（2）砌石固脚。土石坝上、下游滑坡整治，一般结合上部削坡减载，开挖回填、放缓坝坡，同时在下部砌石固脚进行整治，如图 19.6 所示。对内滑坡，或水库能放空（或筑围埝排干库水），清基到基岩砌石固脚是最彻底的整治办法。特别是严重的内滑坡，放水后，按整治设计放缓的坝坡脚，清除淤泥、软土以及散堆于坝坡体上原护坡石，再砌石固脚。

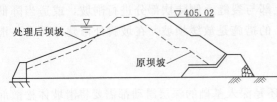

图 19.6　砌石固脚示意图（单位：m）

砌石体断面尺寸应根据稳定要求计算确定，小（2）型水库也可根据坝高及滑坡的情况拟定。

（3）镇压台。对坝基存在淤泥夹层，清基时未做处理或处理不彻底而引起的滑裂面深入基础的严重滑坡，一般采用镇压台。压重固脚的材料最好用砂石料，在砂石料缺乏的地区也可用风化土料或与坝体相同的土料，但应夯压达设计要求的密实度。有排水要求的要同时考虑排水设施。镇压台的尺寸应根据使用材料和压实程度通过计算确定。当坝高小于 30m 时，压坡体的高度一般可采用滑坡体高度的 1/2 左右，镇压台的高度如采用石料可为 $3\sim5\mathrm{m}$（或 1/3 压坡体高度），如采用土料，应比石料高 $0.5\sim1.0\mathrm{m}$。压坡体的坡度当采用土料时，可以放缓至 1:4 左右，如图 19.7 所示。

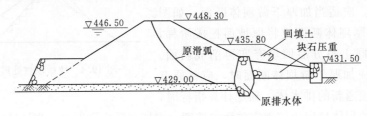

图 19.7　坝坡处理示意图（单位：m）

下游排水体外用个 850mm 冲击钻造孔，钻至平台下 15.5m 粉细砂岩层面上，然后用 800mm 外径混凝土花管（按 200mm 间行距钻 $\phi10$ 的通水孔）外包土织物置钻孔中，通水孔可将排水体和淤泥层等渗水集中在混凝土管的井中，然后用潜水泵自动排水，控制井水位在淤泥层面以下。沿坝脚设 10 孔排水井，充分达到外排的目的，以保证坝坡的稳定性。

19.3.2.4　多种土料掺和

对原筑坝土料物理力学指标差，而当地又缺乏适宜筑坝的土料时，可以采用多种土料掺和或用含石土（在黏性土料中掺入少量的砾石）来提高筑坝土料的物理力学指标。这样还可以节省工程量和造价。

19.3.2.5　增设防渗设施

对在高水位下，由于坝体渗漏引起的下游滑坡，或由于水位下降引起的上游滑坡使防渗斜墙受到破坏，均应根据具体情况，在整治滑坡的同时采取"前堵后排"的防渗导渗设施。

19.4　土石坝护坡的破坏

护坡是土石坝外部结构的重要组成部分，它的作用，在上游坡主要是保护坝坡以及坝体免受风浪的掏刷和冰凌的影响，防止靠近泄水，放水建筑物处的上游坝坡遭受顺坝的水流冲刷，在下游坡主要是防止被雨水冲刷破坏。常见的护坡型式迎水坡主要是干砌石护坡、浆砌石护坡、混凝土板护坡、框格砌石护坡、水泥土护坡，背水坡多为干砌石护坡和草皮护坡等。

19.4.1　护坡破坏的原因

19.4.1.1　设计方面的原因

（1）设计只注重了防止一般风浪对坝面冲刷破坏，而忽视了温差变化大、冻融对护坡破坏，护坡的稳定和强度往往偏小，护坡的结构尺寸也偏小，这也是造成破坏的重要原因。

（2）未设垫层和阻抗齿墙。护坡不设垫层或垫层不良，易导致护坡破坏。当较大的风浪来回袭击时，水流则通过石块孔隙淘刷坝体土粒，使块石松动并被冲走，最后导致波浪直冲坝体，引起坝坡崩陷。有的护坡虽有碎石垫层，但铺设不均匀或有孔隙，造成一处开始而扩展到全坝。有些坝脚未设阻滑齿墙，或虽设齿墙但过浅，坡脚土层易受风浪冲击剥落齿墙外露，在重力作用下，护坡失稳而产生滑动破坏。

19.4.1.2　施工方面的原因

（1）施工所用护坡材料不符合质量要求。护坡石块体积小，重量轻，护坡块石质量差，大小悬殊不等，石块重量不足，在风浪作用下，不能维持应有的稳定，这是护坡破坏的主要原因。

（2）施工砌筑质量差，护坡砌筑质量差，表面凹凸不平，外观不整齐，护坡砌石达不到紧、稳、平、实的要求，块石与块石之间未连成整体，相互分离，孔隙率大，或块石下面出现空洞，受波浪掏刷，使块石松动而脱落破坏。

19.4.1.3　其他原因

如管理方面运行水位缺乏严格控制，维修养护不及时，局部损坏后未能及时修补，逐渐扩大或翻修不当等，也是护坡破坏的原因。还有的原坝体坡度过陡不但增加波浪爬高，同时护坡的稳定性差，特别是库水位下降时，护坡容易下滑。

19.4.2　护坡损坏的加固

当护坡遭受风浪和冰凌破坏经临时紧急抢护后，要尽快进行整治设计，并彻底的加固处理，以免遭受更严重的破坏。加固的措施，应根据护坡破坏的主要原因，原护坡的结构型式和破坏范围的大小，建筑材料，气温和风力，施工条件和库水位情况，技术上可靠性和经济上合理，综合分析比较，合理选定。在一般情况下，在现有的基础上填补翻修或其他方案，如重新选用适宜的结构型式等。

19.4.2.1　填补翻修或设阻滑齿墙

填补翻修适用于施工质量差而引起的局部脱落、塌陷、隆起、底部淘空、垫层流失等破坏。先清除紧急抢险时压盖的物料，并按设计要求将反滤层修补完整；再按原护坡的类型护砌完整。如采用干砌块石护坡，块石规格、垫层都应符合设计要求。干砌石护坡厚度南方一般为25~40cm，垫层厚度为10~15cm，垫层级配合理，否则砂层易被风浪淘刷流失，最好第一层用砂，第二层应采用砾石，第三层采用卵石或碎石。护坡达到紧、稳、平、实的要求。施工时，为防止上部原有护坡塌滑，可逐段拆砌。当出现局部破坏淘空，导致上部护坡滑动时，可增设阻滑齿墙。

19.4.2.2　细石混凝土灌缝或盖面

护坡块石较小，不能抵抗风浪冲刷的干砌块石护坡，可采用细石混凝土灌缝、浆砌框格结构；对于厚度不足，强度不够的干砌石护坡或浆砌石护坡，可在原砌体上浇筑混凝土盖面，增加抗冲能力。沿海台风地区或北方严寒冰冻地区，可采用块材质粒径和重量符合设计要求的石料竖砌，如无大块径的石料，可采用细石混凝土填缝或框格结构加固。

19.4.2.3　加厚反滤垫层

冰冻地区由于反滤垫层厚度不够而产生的破坏，可采用加厚反滤垫层，即将垫层的每层厚度适当加大，则可避免冰推和坝体冻胀引起的护坡破坏。新疆北部采用浆砌石或现浇混凝土护坡即抗冻胀和防渗透破坏，最常用的办法是在护面与坝面间铺20~60cm厚的砂砾石垫层，也可以在正常水位上下部位加厚垫层，因为水位上下波动带是防冻害的重点部位。

19.4.2.4　塑膜坝面保温

利用塑料薄膜做坝面保温，可防止毛细水上升，消除坝面冻胀，减少投资，节省工程量。可在坝面铺1~2层塑膜，用5~10cm土层保护，其上铺砂。这样能减少垫层厚度，不但可使坝面保温，并避免了毛细水上升，从而可达到消除坝面冻胀，减少冰推力的目的。

19.4.2.5　土工织物作反滤垫层

北方地区风沙大，冬季严寒，不少的护坡结构常常因风浪淘刷而遭到严重破坏。采用土工织物作反滤垫层，护坡结构型式为坝坡上铺一层土工织物，在土工织物上又铺20cm厚的碎石，在碎石上再铺20cm厚混凝土板护坡。

19.5　土石坝蚁害修理

土石坝白蚁危害是危及大坝防洪安全的重大隐患之一，我国已发现白蚁的种类较多，分布较广，遍布于南北各省，其中以栖居在堤坝上的土栖白蚁对堤坝危害最大，严重影响工程安全。尤其在广东、福建、浙江、江西等南方各省气候温湿，受土栖白蚁危害甚为严重。如广东省约有90%以上的堤坝受白蚁危害，有20%的堤坝因蚁道穿通堤坝而出现漏水；浙江金华金兰水库大坝曾遭白蚁危害，于20世纪70年代末进行过处理。因此，白蚁防治任务十分艰巨，只有消除蚁源蚁患才能把白蚁对工程的危害控制到最低限度。

19.5.1　白蚁的危害

白蚁的种类很多，栖居在土石（堤）坝上的白蚁多为土栖白蚁，它对坝体危害极大。土栖白蚁中，又以黑翅土白蚁危害尤为严重，土栖白蚁活动非常隐蔽，其巢穴不易发现，行迹外露时危害已重。土栖白蚁进入坝体后，在浸润线以上与坝面以下1~3m的坝体内营巢繁殖。由于生活和生存的需要，须找水寻食和自然繁殖，并随着巢龄的增加，群体数量不断增多，巢体逐渐扩大，主巢直径可达1m以上，副巢数量有的多达上百个，蚁路不断蔓延，四通八达。有的横穿大坝形成管涌。库水位上涨时，水即沿蚁路浸入蚁巢，从背水坡流出，成为漏水通道。随水压力增大和时间延长，带出大量的泥土，洞径不断扩大，造成坝身突然下陷或坝面塌坑，如抢救不及时就可能溃坝，甚至晴天也有可能发生溃坝。特别是长期低水位运行的水库，当库水位升到蚁道高程时，易出现险情。

白蚁的繁殖速度非常快，一个大型蚁巢每年约有3000～4000个有翅成虫飞出，少数交配成新巢，这些新巢3～5年后又开始分群建巢。当土栖白蚁进入坝体营巢繁殖，即使质量再好的大坝也会溃于蚁穴，如任其发展后患无穷。因此，必须重视土石坝白蚁的防治工作，有效的消除和控制白蚁对土石坝的危害，确保工程安全。

19.5.2 白蚁产生的原因

19.5.2.1 坝的两端基础隐存蚁患

施工清基时，忽视了对基础蚁患的检查处理，或处理不彻底，将蚁患埋在坝基，工程建成后蚁路在坝体串通。这种蚁患，蚁巢入土深，危害早且严重，往往使堤坝发生早期漏水，处理也较困难。

19.5.2.2 繁殖蚁在堤坝上营巢

附近山坡、松木林中孳生的白蚁，一般不在原巢内脱翅，求偶繁殖，它们在巢内发育成熟后，待气候适宜便离巢分飞，到处降落，寻找配对，一旦落到堤坝上，便挖洞营巢，繁殖新的群体，这是堤坝白蚁的主要来源。

19.5.2.3 附近山坡白蚁蔓延

堤坝周围山地因枯树、杂草、竹根等常常孳生白蚁，它们为了生存和发展，便到处寻找食料和水源；而土石坝坝面茅草、草皮正是白蚁所需食物，同时堤坝内土壤温度和湿度又很适宜白蚁生长和发育，山上的白蚁容易蔓延到坝上来，这也是堤坝白蚁的来源之一。

19.5.2.4 人为招引

有些工程管理单位因管理制度不严，在堤坝上晒柴草，堆放木材等，过后又不及时清理；有的在坝体附近筑坟盖猪舍，搭柴棚，建厕所等，甚至在大坝两端种植许多白蚁喜食的桉树等，这些人为地招引周围白蚁到大坝上取食营巢。

19.5.2.5 原坝内蚁患未除

大坝加高培厚时未清除原堤坝内的白蚁。目前，在土石坝的扩建和加固中，对坝体进行加高和培厚，往往忽视旧坝体内存在的蚁患进行彻底的清除，就把相当厚的土层覆盖上去，使原坝内的白蚁隐患埋藏得更深。白蚁巢穴越深对土石坝的安全威胁越大。特别是加高后，水位提高，当蓄水位超过原来的坝顶时，常常因蚁患导致管涌而出现险情。

19.5.3 白蚁的预防

土石坝在未产生蚁患前采取措施，不让土栖白蚁侵入到堤坝上来，对土石坝白蚁治理应当贯彻以防为主，防治结合，综合治理的方针。预防比除治更困难、更重要，只治不防，则蚁患难除，必须在除治的同时搞好预防，以达到"长期无蚁"的效果。预防白蚁主要是防繁殖蚁分群扩散，注意消灭土石坝附近几百米范围内的白蚁孳生场所，如山坡、树林、房屋、坟地等，不让有翅成虫飞上水库土石坝。预防的措施有以下几种。

19.5.3.1　土石坝基础处理

在土石坝加高培厚时，在施工前对堤坝基础及大坝周围都要认真地进行检查和灭治工作。注意消除岸坡、基础和附近山坡上的白蚁。填土时严禁带入杂草和树根，严格控制有白蚁、菌圃的土料上坝。对附近山坡上的白蚁隐患，先用挖巢法把蚁巢摧毁；为了防止后患，较大的蚁道，用灭蚁诱饵条毒杀效果较佳。对于加高培厚的土石坝工程，如原坝有白蚁隐患存在的，应首先将白蚁灭杀后再加高培厚，必须先清除原坝面表土层杂草。同时在新老土结合部位还要铺设毒土防蚁层，以防白蚁侵入。对土石坝的基础处理，一定要严格、认真处理好，否则今后发现隐患，处理就更加困难。

19.5.3.2　消灭有翅成虫

繁殖蚁分飞季节，利用它们的趋光特性（向有亮的地方扑），在大坝两端一定距离以外的位置设灯光诱杀，减少新群体发生，但灯光不能离坝太近，有翅成虫的飞翔距离因地形、风力、风向而异，否则繁殖蚁掉在大坝上，反而招来白蚁，适得其反。

19.5.3.3　加强工程管理

消除堤坝上枯树、杂草、禁止在堤坝上堆放柴草、木材、保持堤坝和周围的干净，减少白蚁蔓延。

（1）灭杀蚁源。用"灭蚁诱饵条"，在除治堤坝蚁患的同时，对能飞临堤坝的周围几百米范围内的白蚁孳生地的白蚁也要同样杀灭，减少白蚁上坝的机会。

（2）保持堤坝干净，不利有翅成虫打洞入土，延长其裸露于坝面的时间，提倡天敌灭杀白蚁，白蚁分飞期严格控制堤坝灯光，以免招来有翅成虫繁殖，铲除堤坝坡面高秆杂草、灌木、挖净树根，坝上不准晒草、放木料，堤坝脚不准修厕所、坟墓，减少白蚁食物来源，避免白蚁孳生。

19.5.4　白蚁危害的治理

如果发现土石坝已有蚁患，就应及时采取灭治措施不让其蔓延。在灭杀白蚁后，对坝体内巢穴、蚁道导致的渗漏等隐患进行处理，达到灭蚁加固的目的，以保土石坝安全。

土栖白蚁的活动十分隐蔽、巢深路远、危害地点不固定，同一种白蚁在不同环境条件下，其活动规律不一样，危害的部位也不同，必须弄清白蚁的来龙去脉和危害历史，分析灭治方法，归纳起来有找巢、灭杀、填灌3个环节。

19.5.4.1　找巢

（1）地表象征的寻找。以每年春秋两季（3—6月或9—11月）白蚁外出活动盛期，地表特征比较明显，泥线、泥被是土栖白蚁外出活动时留下明显的痕迹、分群孔（又称分飞孔，羽化孔，移植孔），比较容易寻找。泥线、泥被一般在杂草丛生或阴暗潮湿的背水坡上出现泥线、泥被较多，特别是久晴不下雨的坝体下部和久雨不晴的坝体上部比较容易发现；分群孔一般在地势较高、杂草少、通风向阳的地方较多。

（2）引诱法寻找白蚁。在土石坝表面难以发现白蚁的地表活动象征泥被、泥线时，可采用挖引诱坑、引诱包法、引诱堆法进行诱杀。

（3）蚁道的查找。查找到土石坝白蚁的地表象征泥被、泥线或通过多种引诱方法找到白蚁后，就应找到通往主巢的主蚁道，可从泥被、泥线、分群孔、野杂草枯苑、引诱物中找蚁道，从而有效地进行灭杀和填灌。

（4）蚁巢的寻找。找到主巢是灭治土石坝白蚁的重要环节，可从主蚁道迫挖找巢、用锥探找巢、根据鸡丛菌、炭棒菌确定巢位。

19.5.4.2 灭杀白蚁

当白蚁巢基本找准后进行灭杀，才能彻底地消灭白蚁。灭杀白蚁的方法很多，归纳起来有灭蚁灵毒杀、诱杀法、诱饵法、挖穴取巢，把制成的灭蚁灵饵料，投放到白蚁正在活动的部位上，让工蚁蛀食。经 35 天左右，全巢白蚁均可毒死。诱杀法和诱饵法都不受季节限制，只要找准投药地点，都可进行毒杀，方法简单，操作方便，容易掌握，不需多的工具，用工少成本低，不污染环境，灭杀效果非常理想，各地现已广泛采用；挖巢灭蚁回填夯实是一种古老的而又行之有效且比较彻底的方法。

19.5.4.3 填灌

白蚁灭杀后，坝体内的蚁穴，蚁道仍然存在而有的已成为漏水通道，因此，还需进行充填灌浆，处理坝体隐患。

（1）巢位指示物处钻孔灌浆。利用巢位指示物钻孔灌浆适用于巢位指示物明确，土石坝无其他渗漏时。先做出分群孔分布图像，标注在大坝平面图上，并大概确定主巢分布方位区；用灭蚁诱饵条将白蚁毒杀死。查找死亡巢位出现的炭棒菌，记录出菌条数目，并在菌株密集处标记清楚，施药后每隔 10～15 天在主巢方位区内或附近，认真仔细地查找巢位指示物炭棒菌和鹿角菌。在菌株内，菌株密集处或上方进行钻孔灌浆，布孔 3～5 个，多的可 7～8 个。用 2～3cm 直径的钢锥钻孔，孔深 2.5～3m，用手摇灌浆机进行灌浆，观察灌浆充填效果，回浆时即可停灌。若蚁巢的蚁道已穿通坝体的上下游时，灌浆时如出现冒浆，立即堵住冒浆孔后再灌，直至灌浆孔回灌出来，就证明了蚁巢和蚁道已完全填满。

（2）巢位区探中空洞灌浆。当死亡蚁巢太深或其他原因无法出菌时，可利用分群孔与主巢方位的关系，判断巢位分布区，进行锥探中空洞再灌浆。

（3）灌浆充填堵漏。当土石坝体内白蚁已灭杀后，蚁道数量众多，纵横交错，而土石坝有明显的渗漏部位，散漏面积较大时，除进行以上两种方法局部处理外，还可进行以堵漏为主充填帷幕灌浆处理。

（4）开挖回填与灌浆相结合。如蚁巢体积较大，或坝面已发生塌坑（跌窝）经灭杀白蚁后，进行开挖回填夯实处理后并在蚁巢或塌坑附近范围内进行钻孔灌浆，充填蚁道或漏水通道。布孔可按实际情况定。

20　土石坝防渗加固技术

知识目标：了解土石坝加固技术和坝体防渗灌浆、高压喷射灌浆施工程序和施工方法，掌握套井回填、混凝土防渗墙的适用条件、施工程序和质量检查方法。

能力目标：能根据土石坝的特点，选择防渗加固技术。

20.1　套井回填

套井回填是指在土石坝渗漏范围内，平行于坝轴线单排或多排布孔，利用冲抓式钻机干式取土造孔，采用黏土分层回填夯实，形成一定宽度连续的套接黏土防渗墙。黏土防渗墙是利用冲抓式打井机具，在土石坝的渗漏区域内原防渗体中钻孔，用黏性土料进行分层回填夯实，造成一个连续的截水墙截断坝身或坝基渗流，如图20.1所示。黏土防渗墙是处理土石坝坝体渗漏较好的措施之一，在回填黏土夯击时，夯锤对井壁的土层挤压，使

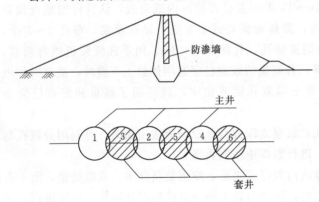

图20.1　套井防渗墙示意图

其周围土体密实，提高堤坝质量，从而起到防渗和加固的目的。套井回填具有设备简单，操作方便，处理彻底，便于检查等优点。20世纪70年代以来，浙江、湖南等省在中小型水库渗漏处理中广泛应用，并在防渗技术上不断总结和提高，均收到了较好的效果。

20.1.1　适用条件

套井回填适用于坝高小于30m的小型均质坝、宽黏土防渗墙的坝身渗漏处理，主要用于坝基为粉质黏土、粉土等渗透性为中等、弱透水性的土层。

20.1.2　施工程序

套井回填施工程序：布孔→安机→造孔→清理→回填夯实→质量检查。

20.1.2.1　布孔、安机、造孔

造孔前必须尽早将库水位降低到要求处理的高程以下，用冲抓式打井机具在防渗墙布置的轴线上钻孔，一般造孔直径要求110～120cm，如图20.2所示，以便打孔完毕后进入检查和清除浮土碎石。钻孔要垂直，造孔顺序先主井后套井。套井中心距可为80～90cm，

孔深达相对不透水层。套井的排数一般视坝高而定，坝高 25m 以下时，坝体防渗只布置一排套井；坝高 25～40m，可考虑 2～3 排。

20.1.2.2 清孔、回填夯实

清除井底浮土、碎石后应以物理力学性能好的黏土回填，回填时应保持井底无水。

如井内有渗水应抽干，或倾倒干土反复抓净以至把水吸干。然后在分层回填黏土并夯实，放入松土层以 30～50cm 厚为宜，回填土料的含水率和干密度要符合设计要求。夯实时深井底部夯锤落距宜小，落锤要平稳，一般回填时夯距为 2～3m，夯击次数 20～25 次，当距坝顶 2m 以内时夯距可小于 2m 以防坝顶开裂。石夯锤直径一般选取 0.8～0.9 倍孔径。填土完毕再打第二孔，相邻两孔之间应有一定的搭接厚度，以保证黏土防渗墙的有效厚度，如图 20.2 所示。

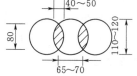

图 20.2 相邻两孔之间的搭接（单位：cm）

20.1.2.3 质量检查

土料回填过程中，及时与现场监理对每井做检测，主要是干密度、含水率，并及时抽取土样进行渗透性试验，不符合要求坚决予以返工，并做好成果记录。土料干密度、含水率试验为每孔检测一次，渗透系数为每一个单元检测一次。并按规定及时做好每孔测量记录及隐蔽工程验收单。

浙江省玉环县龙溪水库是一座以供水为主，兼有防洪、除涝、灌溉等综合利用的小（1）型水库，2009 年 10 月对水库进行除险加固，大坝采用防渗套井回填处理，处理长度 193.1m，设计防渗套井冲抓孔直径 1.10m，采用双排孔，防渗套井孔距 0.86m，有效厚度 1.58m，套井底部高程 12.00m，累计防渗套井长度 8550 延米。

20.2 坝体防渗灌浆

20.2.1 概述

土石坝灌浆法即用一定的压力把泥浆灌入坝体，使浆液充填裂缝、洞穴、挤实疏松土体。同时泥浆进入裂缝中经过析水，固结后与坝体结合密实，在坝体内形成一道防渗墙，提高坝体防渗性能。坝体灌浆方式有充填灌浆和劈裂灌浆两种。充填灌浆是利用较小的灌浆压力或浆液自重，将浆液灌入坝体隐患处，以堵塞洞穴和裂缝。该法适用于处理性质和范围都已确定的局部隐患。如坝体非滑坡性裂缝处理，坝下涵洞漏水处理，坝面塌坑开挖回填处理后周围细小的裂隙充填，以及白蚁危害产生漏水的处理等。劈裂灌浆是沿坝轴线布置灌浆孔，利用一定的灌浆压力将坝体沿轴线方向劈裂，同时灌注合适泥浆充填堵塞漏洞、裂缝，浆液析水后与坝体结合紧密，形成连续的防渗墙。它适用于处理范围较大，隐患的部位不能完全确定的坝体。如土石坝坝体浸润线出逸点过高，坝下游坡大面积散浸或坝体有较多的隐患，而坝坡无滑坡现象时，均可采用劈裂灌浆。

20.2.2 施工程序

20.2.2.1 布孔

灌浆孔一般布置在漏水坝段的坝轴线或略偏向上游。

（1）充填灌浆孔一般布置在隐患处或附近，按隐患的性质或范围决定布孔。四川等地

有采用单排或双排孔进行充填帷幕灌浆处理，坝高低于 20m 采用单排孔，孔距约 3m，坝高 20m 以上，则双排布孔，孔距 3m 左右。排距为 0.5～1.0m。如灌药泥浆处理白蚁时一般采取多排梅花形布孔。处理裂缝灌浆布孔也是沿裂缝或附近，终孔距离 3～5m，造孔深度应超过隐患 2～3m。造孔必须按序进行，要求 2～3 序，一般坝高 20m 以下采用两序即可；由稀到密，最终孔距按设计要求。

（2）劈裂灌浆多沿坝轴线单排布孔，如果坝高大于 25m，坝体普遍碾压不好时，也可采用双排布孔。终孔距离 5～10m。在河槽段，孔深大于 15m 时，孔距可大一些，如 6～10m；孔深小于 15m 时，孔距为 5m 左右。适宜的孔距应针对工程的实际情况决定，在岸坡段，弯曲坝段布孔，应适当缩小孔距，也可参照充填式布孔决定。造孔深应根据坝体隐患部位确定，应伸入相对不透水层。

20.2.2.2　灌浆

（1）灌浆方法。坝体灌浆常采用分序和"少灌多复"即一次灌浆量要少，重复灌浆的次数要多的灌浆方法。劈裂式灌浆应先灌河槽段，后灌岸坡段和弯曲段。采用"孔底注浆，全孔灌注"的方法。将注浆管下到距孔底 0.5～1.0m 处，不设阻浆塞灌浆，经过几次灌注，当基本不吃浆或孔口压力达到或接近设计灌浆压力时，应立即停灌，提升注浆管 3～4m 继续灌到设计要求，如此反复灌注，直至该孔灌浆达终灌标准为止。充填式灌浆应先灌上游排孔，再灌下游排孔，后灌中间排孔。灌浆时采用下套管"自下而上，分段灌注"的方法，在灌浆中应先对第一序孔轮灌，采用"少灌多复"的方法，待第一序孔终灌后再进行第二序孔，第二序孔结束后再进行第三序孔。每孔灌浆次数一般为 5～10 次。两次灌浆间隔时间不应少于 5 天。

（2）灌浆压力。土石坝灌浆中，孔口压力应控制在按设计时的最大允许灌浆压力范围内。充填式灌浆，注浆管上端孔口压力一般控制在 0.05～0.1MPa。劈裂式灌浆允许最大孔口灌浆压力，可以按有关公式计算，根据一些工程的灌浆资料，一般都在 0.05～0.1MPa 范围内。

（3）浆液材料。土石坝灌浆的主要材料是土料，有时加少量的水泥，浆液以黏土浆为主。劈裂式灌浆和充填式灌浆对土料粗细颗粒的含量和浆液的物理力学性质要求不同，从表 20.1 中可看出，黏粒含量应在 20％ 以上并有较多的粉粒。根据实践经验，一般以黏壤土或粉质壤土含黏粒在 25％～30％ 为宜。用重黏土成浆率高，但析水慢。劈裂灌浆的浆液中，含沙量应比充填灌浆高一些。一般蓄水位较高时施工，浆液中可掺 3％～5％ 的水泥，至多不要超过 10％。

表 20.1　　　　　　　　　　　　浆液土料选择表　　　　　　　　　　　　%

项　目	劈裂灌浆	充填灌浆	项　目	劈裂灌浆	充填灌浆
粘粒含量	20～30	20～45	有机质含量	10～30	<2
粉粒含量	30～50	40～70	可溶盐含量	<8	<8
砂粒含量	<2	<10			

（4）灌浆中应注意的问题。每孔每次平均灌浆量以孔深计，每米孔深控制在 0.5～1.0m³；为保证坝坡稳定和灌浆质量，应对灌浆时坝面裂缝开裂宽度加以限制。由于南方北方建坝土质不同，灌浆时应以停灌后 24h 内，坝体裂缝能基本复原的原则，对充填式灌

浆应尽量避免坝面出现裂缝，一旦发现产生裂缝，应立即暂停灌浆，处理后再灌；劈裂灌浆则应尽量推迟和限制坝顶出现裂缝。裂缝开展宽度，除特殊情况可控制在 3cm 以内外，一般要求在停灌后能基本复原。

（5）灌浆结束标准及封孔。当浆液升至孔口，经连续反复轮灌三次，不再吃浆，灌浆孔内的泥浆液面基本不下降即可终灌。

劈裂式灌浆封孔：当每孔灌完后，可将注浆管拔出，注满容重大于 $1.5s/cm^3$ 的稠浆，如果浆面下降，可继续灌注稠浆，直至浆面升至坝顶不再下降为止。

充填灌浆封孔：当每孔灌完后，待孔周围泥浆不再流动时，将孔内浆液取出，扫孔到底。用直径 2～30m、含水率适中的黏土球分层回填夯实，均质土石坝可向孔内灌注稠浆或用含水率适中的土料捣实。

（6）灌浆出现问题的处理。当坝面出现纵向裂缝后，应分析发生的原因，注意观察。如果是湿陷缝可以继续灌浆；如果是劈裂缝，当缝宽超过限制宽度时应立即停灌，待裂缝基本闭合后再灌，并注意控制灌浆压力。当坝面出现横向裂缝时，应立即停灌检查，如果裂缝深度较浅，可以沿缝开槽，用黏土回填夯实后继续灌浆；如果裂缝较深，可用稠浆灌注裂缝，先灌上游再灌下游后灌中间。当弯曲坝段出现裂缝时，应立即停灌，并改在坝顶上游坝肩处沿裂缝布孔，按照多孔轮灌的方法灌注稠浆堵住裂缝；也可以采取加密孔距，减小灌浆压力和一次灌浆量，轮灌或几孔同时灌注，以及增加复灌次数的方法进行灌浆。坝顶坝坡冒浆立即停灌，挖开冒浆出口，用黏性土料回填夯实。钻孔周围冒浆，可采用压砂处理，再继续灌浆。白蚁洞冒浆，应先在冒浆口压砂堵住洞口，再继续灌浆。水下坝坡或土石坝与其他建筑物接触带冒浆，可采用稠浆间歇灌注。第一序孔灌浆时，若相邻孔串浆应加强观测、分析，如确认对坝体安全无影响，灌浆孔和串浆孔可同时灌注，或用木塞堵住串浆孔，然后继续灌浆。当灌浆后期相邻孔串浆，说明已形成连续的泥浆，可减少灌浆量。

（7）灌浆效果检查。坝体灌浆处理后，应对其灌浆效果进行检查。

用直观的办法观察检查，在蓄水位较高时检查下游坝面渗漏量的变化情况，集中渗流、散浸面积是否消失或减少，并与灌浆前相同水位的情况下进行比较，有条件的、已安浸润线测压管的，也可以观测相同水位下与灌浆前浸润线变化情况进行比较。如果不是试点工程，一般不必开挖探井观察，特别是在汛期或雨季，以免给治理好的坝体造成薄弱环节。

20.2.2.3　导渗

导渗为"下排"措施。它的作用是将坝体和坝基内的渗水顺利地排出坝外，使土体和土粒应保持稳定而不被带走以达到降低浸润线，保护渗流出口，并使坝体与坝基不发生渗透破坏的目的。目前广泛采用的是反滤排水体，贴坡式排水和排水暗沟等。导渗适用于原有排水设施完全淤堵失效，或者排水棱体设计高度不够而引起坝体浸润线抬高或浸润线逸出点在排水体以上的坝后坡逸出。也可采用重新修筑反滤排水体，或新建贴坡式导渗处理，以改善坝体排水系统和保护渗流出口。但由于坝体填筑质量差，土料透水性大引起的坝体严重渗漏，坝体外坡散漫面积大，此种情况非一般导渗措施所能解决，还是必须"上截下排"才能见效。

20.3 混凝土防渗墙

防渗墙是修建在挡水建筑物和透水地层中防止渗透的地下连续墙,利用钻机、挖槽机械,在松散透水地基或坝(堰)体中以泥浆固壁,挖掘槽形孔或连锁桩柱孔,在槽(孔)内浇筑混凝土或回填其他材料筑成的具有防渗等功能的地下连续墙。具有结构可靠,防渗效果好,适应多种不同的地层条件,施工方便,造价低等优点,所以得到了广泛的应用。

20.3.1 防渗墙的类型

防渗墙的基本型式是槽孔型。它是由一段段槽孔套接而成的地下墙。先施工的槽孔称一期槽孔,后施工的称二期槽孔。

20.3.1.1 按防渗墙的结构分类

(1)槽孔(板)型防渗墙。槽孔(板)型防渗墙是由一段段槽孔套接而成。它先施工的槽孔称一期槽孔,后施工的称二期槽孔,一、二期槽孔套接而成一道连续墙。

槽孔的厚度:防渗墙的有效厚度 D,取决于结构方面的要求,筑墙材料和筑墙方法。钢板桩水泥砂浆或水泥黏土砂浆灌注墙,厚度仅 $10\sim20cm$;泥浆槽级配料填筑墙,可达 $300cm$;而一般混凝土、黏土混凝土防渗墙,D 为 $60\sim80cm$。

槽孔的长度 L:在可能条件下宜尽量加长,以减少槽孔间接头数目,提高墙身的整体性。一个槽孔最好坐落在地形起伏不大、地层性质比较接近的地段上;在容易塌孔、容易漏浆、地下水流速较大的地段,宜采用较短的槽孔;施工能力较弱,墙身较深的槽孔,为了缩短成槽时间,亦以采用较短的槽孔为宜。一般 L 为 $5\sim9m$。

(2)桩柱型防渗墙。桩柱型防渗墙是由互相搭接的混凝土柱组成。施工时,先建单号孔柱,再建双号孔柱,搭接成为一道连续墙。这种墙由于接缝多,有效厚度难以保证,孔斜要求较高,施工进度较慢,成本较高,已逐渐被槽孔型取代。

20.3.1.2 按墙体材料分类

防渗墙墙体材料,按其抗压强度和弹性模量,一般分为刚性材料和柔性材料。

(1)普通混凝土。普通混凝土指强度在 $7.5\sim20MPa$,不加其他掺和料的高流动性混凝土。由于防渗墙的混凝土是在泥浆下浇筑,故要求混凝土能在自重下自行流动,并有抗离析与保持水分的性能,其坍落度一般为 $18\sim22cm$,扩散度为 $34\sim38cm$。

(2)黏土混凝土。黏土混凝土是在混凝土中掺入一定量的黏土(一般为总量的12%~20%)。不仅可以节省水泥,还可以降低混凝土的弹性模量,改变其变形性能,增加其和易性。黏土混凝土的强度在 $10MPa$ 左右,抗渗性相对普通混凝土要差。黏土混凝土防渗墙厚度一般为 $60\sim80cm$。

(3)粉煤灰混凝土。粉煤灰混凝土在混凝土中掺入一定比例的粉煤灰。可改善混凝土的和易性,降低混凝土发热量,提高混凝土密实性和抗侵蚀性,并具有较高的后期强度。这对于防渗墙的施工和运行都是十分有利的。

(4)塑性混凝土。塑性混凝土是以黏土和(或)膨润土取代普通混凝土中的大部分水泥所形成一种柔性墙体材料。其抗压强度不高,一般为 $0.5\sim2MPa$,弹性模量为 $100\sim500MPa$,渗透系数 $10^{-6}\sim10^{-7}cm/s$。

塑性混凝土与黏土混凝土有本质区别：黏土混凝土的水泥用量降低并不多，掺黏土的主要目的是改善和易性，并未过多改变弹性模量。塑性混凝土的水泥用量仅为 $80\sim100\text{kg/m}^3$，使得其强度低，特别是弹性模量值低到与周围介质（基础）相接近，这时，墙体适应变形的能力大大提高，几乎不产生拉应力，减少了墙体出现开裂现象的可能性。

（5）自凝灰浆。自凝灰浆是在固壁浆液（以膨润土为主）中加入水泥和缓凝剂所制成的一种灰浆。凝固前作为造孔用的固壁泥浆，槽孔造成后则自行凝固成墙。可以很好地适应墙后介质的变形，墙身不易开裂。自凝灰浆减少了墙身的浇筑工序，简化了施工程序，使建造速度加快、成本降低，在水头不大的堤坝基础及围堰工程中使用较多。

（6）固化灰浆。固化灰浆在槽段造孔完成后，向固壁的泥浆中加入水泥等固化材料，砂子、粉煤灰等掺和料，水玻璃等外加剂，经机械搅拌或压缩空气搅拌后，凝固成墙体。其强度在 0.5MPa 左右，弹性模量 100MPa，渗透系数 $10^{-6}\sim10^{-7}\text{cm/s}$，一般能够满足中低水头对抗渗的要求。以固化灰浆作为墙体材料，可省去导管法混凝土浇筑工序，提高造接头孔工效，减少泥浆废弃，使劳动强度减轻，施工进度加快。

20.3.2　施工工艺

混凝土防渗墙的施工顺序一般分为：造孔前的准备工作；泥浆固壁进行造孔；终孔验收和清孔换浆；防渗墙混凝土浇筑；成墙质量验收等过程。

20.3.2.1　造孔前的准备工作

首先根据设计要求及施工能力确定截面型式、槽孔长度、宽度，做好槽孔的测量定位工作，并在此基础上，设置导向槽。

防渗墙施工前，要做好施工平面布置，其主要内容包括施工平面布置、混凝土系统、泥浆系统、风水电系统以及场内交通、仓库等主要设施的平面布置。布置时要注意各部分相互间的关系，同主体建筑物施工的协调，施工期度汛的影响，防渗墙分期、分段施工的衔接等问题。

20.3.2.2　导向槽

为了标定防渗墙的位置和范围，为钻机导向，防止槽壁坍塌并阻止废浆脏水倒流入槽，需设置导向槽。导向槽沿防渗墙轴线，设在槽孔上方，导墙内壁垂直，顶部保持水平，平行于防渗墙轴线。导墙高度宜在 $1.0\sim2.0\text{m}$，导墙内侧间距宜比防渗墙设计宽度的大 $50\sim200\text{mm}$。深度以 $1.5\sim2.0\text{m}$ 为宜，底部高程一般应高出地下水位 0.5m 以上，以有利于维持槽壁的稳定。导向槽可用木料、条石、灰拌土或混凝土做成。为防止地表积水倒流和便于自流排浆，其顶部高程要高于两侧地面高程。

导向槽安设好后，在槽侧铺设钻机轨道，钻机轨道应平行于防渗墙轴线，应控制地基变形，满足钻机施工要求，轨枕间宜充填石渣。倒渣平台宜采用现浇混凝土铺筑，其下可设置石渣垫层。安装钻机，修筑运输道路，架设动力和照明线路及供水供浆管路，做好排水排浆系统，宜对导墙的沉降、位移进行观测，并向槽内充灌泥浆，保持液面在槽顶以下 $30\sim50\text{cm}$，即可开始造孔。

20.3.2.3　造孔成槽

防渗墙开挖槽孔的机具主要有冲击钻机、回转钻机、钢绳抓斗及液压铣槽机等。对于复杂多样的地层，一般要多种机具配套使用。

（1）钻劈法。钻劈法，又称"主孔钻进，副孔劈打"法。它是利用冲击式钻机的钻头自重，首先钻凿主孔，当主孔钻到一定深度后，就为劈打副孔创造了临空面。使用冲击钻劈打副孔产生的碎渣。出渣方式有两种：利用泵吸设备将泥浆连同碎渣一起吸出槽外，通过再生处理后，泥浆可以循环使用；也可用抽砂筒、接砂斗出渣，钻进与出渣间歇性作业。这种方法一般要求主孔先导 8～12m，适用于砂卵石等地层。

（2）钻抓法。钻抓法，又称为"主孔钻进，副孔抓取"法。它是先用冲击钻或回转钻钻凿主孔，然后用抓斗抓挖副孔，副孔的宽度要求小于抓斗的有效作用宽度。这种方法可以充分发挥两种机具的优势，抓斗的效率高，而钻机可钻进不同深度地层。具体施工时，可以两钻一抓，也可以三钻两抓、四钻三抓形成不同长度的槽孔。钻抓法主要适合于粒径较小的松散软弱地层。

（3）分层钻进法。分层钻进法。采用回转式钻机造孔，分层成槽时，槽孔两端应领先钻进，它是利用钻具的重量和钻头的回转切削作用，按一定程序分层下挖，用砂浆泵经空心钻杆将土渣连同泥浆排出槽外，同时，不断地补充新鲜泥浆，维持泥浆液面的稳定。分层钻进法适用于均质颗粒的地层，使碎渣能从排渣管内顺利通过。

（4）铣削法。采用液压双轮铣槽机，先从槽段一端开始铣削，然后逐层下挖成槽。液压双轮铣槽机是目前一种比较先进的防渗墙施工机械，它由两组相向旋转的铣切刀轮，对地层进行切削，这样可抵消地层的反作用力，保持设备的稳定。切削下来的碎屑集中在中心，由离心泥浆泵通过管道排出到地面。

20.3.2.4　泥浆固壁

（1）泥浆。泥浆材料可选膨润土、黏土等。泥浆在造孔中主要起到固壁作用，同时也可起到排渣、润滑、冷却钻头的作用。其具有较大的比重（一般为 1.1～1.2），以静压力作用于槽壁，借以抵抗槽壁土压力及地下水压力。此外，泥浆还能起到钻头冷却，护壁防渗及辅助出渣等作用；它直接影响墙底与基岩、墙段间结合质量。一般槽内泥浆面应高出地下水位 0.2～0.6m。制浆黏土多用膨润土，粘粒含量大于 45%，塑性指数大于 20%，含沙量小于 5%。

（2）泥浆系统。为降低成本，保护环境，固壁泥浆需通过再生净化和回收，进行循环使用。一般在黏土、淤泥中成槽，泥浆可回收利用 2～3 次，在砂砾石中成槽，可回收利用 6～8 次。

泥浆系统主要包括：料堰（仓）、供水管路、量水设备、泥浆搅拌机、贮浆池、泥浆泵以及废浆池、振动筛、旋流器、沉淀池、排渣槽等泥浆再生净化设施。其主要是将成槽过程中含有土渣的泥浆通过振动筛，旋流器和沉淀池，利用筛分作用，离心分离作用和重力沉淀作用，将粗细颗粒的土渣从泥浆中分离出去，恢复泥浆的物理性能。

20.3.2.5　终孔验收和清孔换浆

槽段施工终槽验收合格后，还要进行清槽换浆，才能浇筑混凝土。清槽换浆的目的，就是要清除回落在槽底的土渣，换上新鲜泥浆，以保证泥浆下浇混凝土质量。

清孔换浆应达到的标准是经过 1h 后槽底沉淀物淤积厚度不大于 10cm，槽底以上 0.2～1m 处的泥浆比重不大于 1.3，黏度不大于 30s，含砂量不大于 12%。一般要求清孔换浆以后 4h 内开始浇筑混凝土。如果不能按时浇筑，应采取措施，防止落淤。

20.3.2.6　防渗墙混凝土浇筑

泥浆下浇筑混凝土常采用导管提升法。导管由若干根 $\phi 20 \sim 25$ 的钢管用法兰盘连接而成，每根钢管长 2m 左右，沿槽孔轴线布置，钢管连接长度由槽孔深度而定。相邻导管的间距不宜大于 3.5m，一期槽孔两端的导管距孔端以 $1.0 \sim 1.5m$ 为宜，二期槽孔两端的导管距孔端以 $0.5 \sim 1.0m$ 为宜，当孔底高差大于 25cm 时，导管中心应布置在该导管控制范围的最低处，如图 20.3 所示。这样布置导管，有利于全槽混凝土面均衡上升，有利于一、二期混凝土的结合，防止混凝土与泥浆掺混。

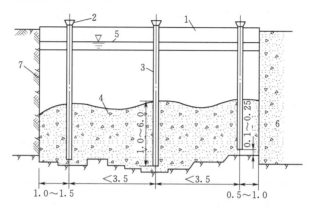

图 20.3　导管布置图（单位：m）

1—导向槽；2—受料斗；3—导管；4—混凝土；5—泥浆液面；
6—已浇槽孔；7—未挖槽孔

浇筑前，应仔细检查导管的形状、接头和焊缝的质量，过度变形和破损的不能使用，并按预定长度在地面进行分段组装和编号，然后安装布置到槽段中。浇筑开始时，要在导管中放置直径略小于导管内径的木球，以便在开浇时，把混凝土与泥浆隔开；再由受料斗倒入水泥砂浆，使管内泥浆被木球及其上部的水泥砂浆排涝出去，导管内充满水泥砂浆和混凝土。然后将导管稍微上提（不能提得过高）使木球压出导管，浮出泥浆液面。然后迅速检查导管连接处是否漏浆，若不漏浆，立即开始连续浇筑混凝土，维持全槽混凝土面均衡上升，其上升速度不小于 2m/h，随着混凝土顶面的不断上升，继续拆管，始终使导管底口埋入混凝土内 $1 \sim 6m$ 的深度，直至将混凝土顶面浇筑至规定高程。

在导管提升过程中，应严格遵循先深后浅的原则。即从最深的导管开始，由深到浅一个个依次开浇，直到全槽混凝土面浇平以后，再全槽均衡上升。相邻混凝土面高差控制在 0.5m 范围以内。当混凝土面上升到距槽口 $4 \sim 5m$ 时，由于混凝土柱压力减小，槽内泥浆浓度增加，混凝土扩散能力相对减弱，易发生堵管和夹泥等，可采取加强排浆、稀释泥浆，抬高漏斗，增加起拔次数，经常提动导管以及控制混凝土坍落度等措施来解决。混凝土浇筑结束时，槽顶必须超过设计标高 $30 \sim 50cm$，以确保防渗墙的质量。

20.3.2.7　成墙质量检查验收

对混凝土防渗墙的质量检查应按规范及设计要求进行，包括工序质量检查和墙体质量检查。

（1）工序质量检查应包括造孔、终孔、清孔、接头处理，混凝土浇筑等检查，槽孔的检查，包括几何尺寸和位置、钻孔偏斜、岩深度等；清孔检查，包括槽段接头、孔底淤积厚度、清孔质量等；混凝土质量的检查，包括原材料、新拌料的性能、硬化后的物理力学性能等。

（2）墙体的质量检测，应在成墙后 28 天进行，检查的内容为必要的墙体物理力学性能指标、墙段接缝和可能存在的缺陷，检查主要通过钻孔取芯、超声波及地震透射层析成像（CT）技术等方法全面检查墙体的质量。

诸暨市青山水库除险加固工程坝顶长 285m，最大坝高 27.5m，坝顶宽 5.5m，防渗处理采用低弹模混凝土防渗墙，设计墙厚 80cm，墙体深入弱风化基岩 1m，工程采用钻抓法施工，用膨润土泥浆护壁，冲击钻机配合抓斗成槽机成槽，成槽面积 6955m²，工程质量优良。

20.4　高压喷射灌浆

高压喷射灌浆法是利用钻机造孔，然后将带有特制合金喷嘴的灌浆管下到地层预定位置，然后慢慢地提升钻杆，边提升边旋转，边从喷嘴喷出一定压力的液体和气体的射流，把浆液和水、气高速喷射到周围地层，对地层介质产生冲切、搅拌和挤压等作用，同时被浆液置换、充填和混合，待浆液凝固后，就在地层中形成一定形状的凝结体。

高压喷射灌浆技术是在 20 世纪 80 年代开始应用在软基防渗加固和软基防渗技术处理等水利工程的一项新技术。高压喷射灌浆法具有对地层条件适用性广、浆液可控性好、施工简便、操作安全、成本低、既加固地基又防水止渗等优点，在大颗粒地层、动水、淤泥地层和堆石堤（坝）等场合，应用高压喷射灌浆技术具有显著的技术经济效益，广泛应用于已有建筑和新建建筑的地基处理，应用于已建大堤、堤后、土石坝、施工围堰等渗漏的处理，取得了较好的效果。

20.4.1　高压喷射注浆法的工艺类型

当前高压喷射注浆法的基本工艺类型有单管法、双管法、三管法。

20.4.1.1　单管法

单管法单独喷射高压水泥浆液一种介质。采用高压灌浆泵以大于 20MPa 的高压将浆液从喷嘴喷出，冲击、切割地层，并产生搅和、充填作用，硬结成凝结体。该方法施工简易，但有效范围小。

20.4.1.2　双管法

双管法有两个管道，同轴复合喷射高压水泥浆和压缩空气两种介质。其中外喷嘴喷射压力为 1～1.5MPa 的压缩空气，内喷嘴喷射压力为 20MPa 左右的高压浆液。高压浆液流在和它外围的环绕空气流共同作用下，对土体的破坏能力加强，易于将地层加压密实。这种方法工效高、效果好，尤其适合处理地下水丰富、含大粒径块石及孔隙大的地层。

20.4.1.3　三管法

三管法用水管、气管、浆管同轴布设组成喷射杆，杆底部设置有喷嘴，气、水喷嘴在上，浆液喷嘴在下，高喷时，随着喷射杆的旋转和提升，先是高压水和气的射流冲击扰动地层土体呈翻滚松散状态，随后以低压注入浓浆掺混搅拌，硬化后形成凝结体。

工艺参数主要有：水压 20MPa 左右；气压 0.6～0.8MPa；浆压 2～5MPa，施工设备价廉，易购，高喷质量可满足设计要求，工效高，造价低，能充分利用原地土体，就地取材，机械化程度高。

20.4.1.4　多管法施工

喷管包括输送水、气、浆管、泥浆排出管和探头导向管，采用超高压水射（压力约40MPa）流切削地层，所形成的泥浆由管道排出，用探头测出地层中形成的空间，最后由浆液、砂浆、砾石等置换充填，形成直径较大的柱状凝结体。

20.4.2　施工工艺

高压喷射灌浆主要机具有高压水泵、空压机、搅灌机、喷射装置、孔口提升装置、灌浆泵等。喷射装置采用三条管路将水、气、浆送至喷头管间，采用蝶纹压胶团连接，不会发生串通和堵塞事故，效果较好。其施工工艺如下。

（1）钻机就位。钻机就位是旋喷注浆施工作业的第一道工序。一般先将钻机安置在设计孔位上，钻杆头对准孔位中心。

（2）钻孔。钻孔的目的是为了将旋喷注浆管插入地层，并到达预定的深度。钻孔方法很多，可根据地层的工程地质情况、预期的加固深度和现有的机具设备条件等因素选定。通常多使用旋转型钻机，钻进深度可达 30m 以上，适用的地层为标准贯入度小于 40cm 的砂类土和黏性土层。遇到比较坚硬的地层时，宜选用地质钻机钻孔。

（3）插管。采用地质钻机钻孔时，钻孔完毕后需拔出芯管，换上旋喷管，并将其插入钻孔，到达预定深度。在插管过程中，宜边射水边插管，以防泥沙堵塞喷嘴。水压力一般不宜超过 1MPa，以免孔壁坍塌。

（4）旋喷注浆。旋喷管插入钻孔并到达预定深度后，立即按设计配合比搅拌浆液、旋喷作业开始后，边旋转边提升族喷管，并随时检查注浆流量、风量、压力和旋转提升速度等参数，看是否符合设计要求。

族喷管提升到设计标高时，旋喷作业即告结束。

（5）冲洗。施工完毕后，应将注浆管等机具设备冲洗干净，管内、机内不得残存水泥浆。冲洗时通常把浆液换成水，在地面上喷射，靠高速水流将泥浆泵、注浆管内的浆液全部排除。

（6）移动机具。将钻机等设备移到新的孔位上，为下一个孔的注浆做准备。

20.4.3　喷射灌浆方式、连接方式及主要特点

20.4.3.1　喷射灌浆方式

在缓慢连续提升的过程中，采用不同的喷射灌浆方式，可以形成不同形状的凝结体，旋转喷射可形成圆形（称为旋喷桩）、定向喷射可形成板形、摆动喷射可形成哑铃形等凝结体，如图 20.4 所示。其有效防渗厚度依次减小。

20.4.3.2　凝结体连接方式

高压喷射的浆液形成的凝结体连接方式有切割式和焊接式两种。切割式连接即在先期形成的凝结体强度还不高时即开始邻孔喷射，后喷的射流可以将其冲开，使新老砂浆胶凝成整体，形成插入式连接；另一种是焊接式连接，即当先期凝结体强度已较高，难以实现切割，但在喷射流作用下，可将其表面冲刷剥离干净、新的浆液仍能较好与之黏结。

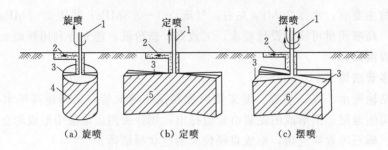

（a）旋喷　　　　　　（b）定喷　　　　　　（c）摆喷

图 20.4　高压喷射灌浆的三种方式

1—喷射注浆管；2—冒浆；3—射流；4—旋转成桩；5—定喷成板；6—摆喷成墙

20.4.3.3　防渗凝结体主要特点

高压喷射灌浆形成的凝结体为复合式防渗结构，即由渗透凝结层、浆皮层、凝结体内核三部分组成，渗透水流的通行路线为渗透凝结层→浆皮层→凝结体内核→浆皮层→渗透凝结层，故防渗效果好。高压喷射凝结体的结构布置型式如图 20.5 所示。

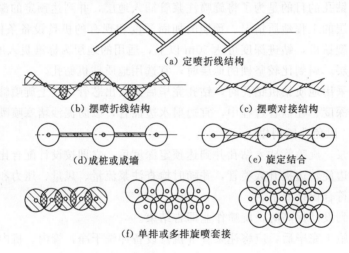

（a）定喷折线结构

（b）摆喷折线结构　　　　　　　　　（c）摆喷对接结构

（d）成桩或成墙　　　　　　　　　　（e）旋定结合

（f）单排或多排旋喷套接

图 20.5　高压喷射凝结体的结构布置型式

涝河水库位于山西省临汾市涝河干流上，水库始建于 1975 年，由大坝、泄洪洞、溢洪道组成，是一座以防灌溉为主的中型水库。大坝为土坝，采用水中填土轻碾法及机械碾压法填筑，坝长 865m，最大坝高 43.15m，主河槽坝基有一层厚 3～7m 的全新统砂砾石层，建库时在坝轴线上游 45m 处埋设黏土截水槽截断，坝基稳定；但大坝左右坝肩分别有两层贯穿于上游的砂砾石，由于覆盖层较厚，建坝时未做处理，1979 年水库蓄水后，在右岸下游坡脚多次产生渗漏并开成管涌。除险加固工程对右坝肩渗透层进行高压喷射注浆法防渗处理，设计的高喷防渗墙全长 272m，为定喷板墙，采用三管式喷射装置，孔距 1.7m，采用偏离轴线 15°定喷，分 Ⅰ、Ⅱ 序孔形成的墙体切割或焊接式连接，形成折板连接式整体防渗墙，墙厚 0.30m，墙底伸入相对不透水层 2m，消除了工程多年来一直存在的隐患。

参 考 文 献

［1］ 刘进宝. 水工建筑物［M］. 北京：中国水利水电出版社，2005.

［2］ 董邑宁. 水利工程施工技术与组织［M］. 2版. 北京：中国水利水电出版社，2010.

［3］ 孙邦丽. 水利水电工程施工员培训教材［M］. 北京：中国建材工业出版社，2010.

［4］ 奚立平，朱友聪. 水利工程安全监测与养护修理［M］. 郑州：黄河水利出版社，2015.

［5］ 刘能胜，钟汉华，冷涛，等. 水利水电工程施工组织与管理［M］. 3版. 北京：中国水利水电出版社，2015.

［6］ 中华人民共和国水利部. SL 174—2014 水利水电工程混凝土防渗墙施工技术规范［S］. 北京：中国水利水电出版社，2014.

［7］ 中华人民共和国水利部. SL 551—2012 土石坝安全监测技术规范［S］. 北京：中国水利水电出版社，2012.

［8］ 中华人民共和国水利部. SL 210—2015 土石坝养护修理规程［S］. 北京：中国水利水电出版社，2015.

［9］ 中华人民共和国水利部. SL 648—2013 土石坝施工组织设计规范［S］. 北京：中国水利水电出版社，2013.

［10］ 中华人民共和国水利部. SL 49—2015 混凝土面板堆石坝施工规范［S］. 北京：中国水利水电出版社，2015.

［11］ 中华人民共和国水利部. SL 303—2017 水利水电工程施工组织设计规范［S］. 北京：中国水利水电出版社，2017.

［12］ 中华人民共和国水利部. SL 274—2001 碾压式土石坝设计规范［S］. 北京：中国水利水电出版社，2002.

［13］ 国家能源局. DL/T 5129—2013 碾压式土石坝施工规范［S］. 北京：中国电力出版社，2014.

［14］ 中华人民共和国水利部. SL 32—2014 水工建筑物滑模施工技术规范［S］. 北京：中国水利水电出版社，2014.

［15］ 中华人民共和国水利部. SL 252—2017 水利水电工程等级划分及洪水标准［S］. 北京：中国水利水电出版社，2017.